U0289335

河长制中的
集体行动研究

余益伟 ◎ 著

中国财经出版传媒集团

经济科学出版社
Economic Science Press

图书在版编目（CIP）数据

河长制中的集体行动研究/余益伟著 . —北京：
经济科学出版社，2021.10
ISBN 978 - 7 - 5218 - 2752 - 1

Ⅰ. ①河… Ⅱ. ①余… Ⅲ. ①河道整治 - 责任制 - 研
究 - 中国 Ⅳ. ①TV882

中国版本图书馆 CIP 数据核字（2021）第 155883 号

责任编辑：周国强
责任校对：刘 娅
责任印制：张佳裕

河长制中的集体行动研究

余益伟 著

经济科学出版社出版、发行 新华书店经销
社址：北京市海淀区阜成路甲 28 号 邮编：100142
总编部电话：010 - 88191217 发行部电话：010 - 88191522
网址：www. esp. com. cn
电子邮箱：esp@ esp. com. cn
天猫网店：经济科学出版社旗舰店
网址：http：//jjkxcbs. tmall. com
固安华明印业有限公司印装
710×1000 16 开 15.5 印张 2 插页 270000 字
2021 年 10 月第 1 版 2021 年 10 月第 1 次印刷
ISBN 978 - 7 - 5218 - 2752 - 1 定价：78.00 元
（图书出现印装问题，本社负责调换。电话：010 - 88191510）
（版权所有 侵权必究 打击盗版 举报热线：010 - 88191661
QQ：2242791300 营销中心电话：010 - 88191537
电子邮箱：dbts@ esp. com. cn）

前　　言

水治理是一项重要的集体行动。河长制之前我国水治理行动的实施和推进面临诸多困难，难以形成或维持一个长期有效的集体行动。在河长制的制度规则下，全国范围的水治理集体行动得以形成。由此产生了本书的研究问题：河长制下的集体行动何以可能？该问题可进一步分解为两个方面：第一，河长制下的集体行动如何形成，采用什么方式或路径，需要哪些要素？第二，河长制为何采取这种方式或路径形成集体行动？

根据对河长制的实践观察，河长制之前的集体行动困境既存在合作方面的困难，如部门间的职能冲突、地区间的推诿扯皮；也存在协调困难，如信息隔绝、错误配置等。相关治水部门和行政区域的党政领导普遍具有强烈的意愿破解共同面对的水治理集体行动困境。在破解途径方面，通常寄希望于上级机关的协调。河长制正是解决了高位协调的问题。在高位协调下，各部门或地区不仅相互配合，而且在一定条件下发展出基于互惠和信任的自主合作。由此，本书提出河长制下的实践是一项结合了协调和合作的复杂的集体行动，可以从协调和合作双要素出发对河长制下的集体行动机制进行解释。

合作和协调是集体行动中既相互交织又相互区别的两大要素，代表着不同的集体行动问题。其中，合作要素代表着集体行动者的行为选择问题（网络中的"节点"的选择），关注的是在"搭便车"行为更有利可图的情况下，哪些因素会促使集体行动者采取合作行为。本书梳理了促使集体行动者采取合作行为的自涉因素、关系因素和结构因素，以及相应干预措施。协调要素代表着集体行动者之间的联系问题（网络中的"纽带"的形成），关注的是如何有意、有序并以最小成本联合或调整集体行动参与者之间的互动。在此，协调不仅只有等级协调一种形式，而是具有多种协调机制、模式和具体方式。

由此，根据合作和协调的不同表现，集体行动发生路径可分为"积极协调下的合作"路径与"自主合作上的协调"路径。通过对河长制下集体行动的直接观察、相关人员访谈和文件分析，本书说明河长制下的集体行动主要采用"积极协调下的合作"发生路径，以协调带动合作，在解决协调困境和合作困境两方面都取得了一定的进展。在协调方面，河长制建立起了等级协调组织体系、星形协调结构和程序化协调通道，主要依靠正式反馈协调。在合作方面，河长制中促进行动者合作的因素包括：正式的制度规则、明确规定或划分收益和责任、揭示高度相互依赖性、进行充分的沟通交流、发展亲密与信任关系、提高贡献行为或"搭便车"行为的可观察性、奖励和鼓励第三方利他惩罚行为、发展个体学习与模仿成功的合作策略的能力、发展社会网络的择优汰劣机制等。在"积极协调下的合作"路径下，河长制中的等级协调体系和机制充分发挥了其作为"黏合剂"的作用，通过识别必要的参与者、选择性地激活主要参与者、动员潜在参与者、架构互动规则和行为规范等方式，将行为主体集合在一起，引导和激励他们为集体行动目标做出各自的贡献。同时，协调也发挥了"润滑剂"的作用，从降低知识共享和信息沟通的成本、建立互惠和信任的规范、促进学习、进行监督与制裁等多方面为集体行动参与者间的合作创造有利条件。

在分析河长制为何采用"积极协调下的合作"路径形成集体行动时，本书强调情境对于集体行动发生路径的选择具有重要作用。影响集体行动路径选择的情境包括：集体行动所在的生态性情境，如环境危害和环境破坏等；社会性情境及其识别，如已有制度安排、集体行动历史、集体行动资源、集体行动困境归因等。为此，本书选取了一个对比案例：加拿大不列颠哥伦比亚省（BC省）的《水可持续法案》（WSA）下的集体行动，对江苏省河长制案例和 BC 省的 WSA 案例在初始情境和情境识别、集体行动发生路径、产出、结果和评价等方面进行比较,说明了情境对于集体行动发生路径选择的影响。

通过对河长制的分析和比较,本书希望能够为围绕集体行动如何发生的经验研究领域增添一个新案例。河长制在中国情境下通过"积极协调下的合作"路径形成了水治理集体行动。该路径强调协调在集体行动中具有不可或缺的作用,有必要将协调同合作一起作为集体行动的核心分析要素。协调与合作的双因素分析可以将集体行动困境分析及其解决推进一步:集体行动困境可以进一步区分为合作困境和协调困境,相应地,解决集体行动困境也可以从合作和协调两方面进行努力。

目　录

| 第一章 | 绪论 / 1

第一节　研究缘起与研究意义 / 1

第二节　核心概念界定 / 7

第三节　国内外相关研究述评 / 12

第四节　研究框架与思路 / 23

第五节　研究方法 / 30

第六节　研究创新与不足 / 37

| 第二章 | 河长制再观察：以集体行动为中心 / 39

第一节　集体行动的知识基础 / 40

第二节　河长制之前的水治理集体行动困境 / 50

第三节　河长制的制度规则属性与实践操作属性 / 57

第四节　河长制制度规则的产生 / 59

第五节　河长制实践操作的观察 / 65

第六节　本章小结 / 70

| 第三章 | 河长制集体行动发生要素：合作与协调 / 72

第一节　集体行动中的合作和协调的范畴 / 73

第二节　集体行动者合作的影响因素及干预措施 / 76

第三节　河长制中的合作 / 91

第四节　集体行动的协调机制、模式和方式 / 101

第五节　河长制中的协调 / 114

第六节　本章小结 / 125

| 第四章 | 河长制集体行动发生路径：积极协调下的合作 / 129

第一节　"积极协调下的合作"路径的内涵 / 130

第二节　"积极协调下的合作"路径的作用机理 / 133

第三节　"积极协调下的合作"路径的作用条件 / 138

第四节　本章小结 / 147

| 第五章 | 河长制集体行动路径的情境约束：与 WSA 对比 / 148

第一节　对比框架 / 149

第二节　"积极协调下的合作"案例：江苏省的河长制 / 157

第三节　"自主合作上的协调"案例：不列颠哥伦比亚省
　　　　的《水可持续性法案》（WSA） / 171

第四节　本章小结 / 190

| 第六章 | 结论与讨论 / 193

第一节　研究结论 / 193

第二节　对"积极协调下的合作"路径的进一步讨论 / 195

结语 / 211

附录一　河长制的产出和结果：以太湖流域片河长制
　　　　考核评价指标体系表为例 ／ 213
附录二　访谈提纲 ／ 217
附录三　访谈逐字稿编码 ／ 219

参考文献 ／ 220
后记 ／ 238

第一章

绪　　论

第一节　研究缘起与研究意义

一、研究背景

水是人类生活与文明的永恒主题，它渗透于人类生活的每一个角落，深刻影响着人类的生物性存续和社会化发展。人类作为一个生物物种，其生存繁衍离不开充足的水资源和优良的水环境。人类社会的发展与文明的兴衰更是与水系统的变化有着密切的关系，水的使用直接或间接地影响着土地利用、空间规划、土壤管理、气候变化、人口发展、经济生产、公共卫生、贸易消费、国家安全等领域与事务。

遗憾的是，当今人类与水之间面临着前所未有的紧张关系。在我国，人口的扩张与社会的工业化进程给水环境造成的污染远远超过了水本身的自净能力。媒体上关于水体污染的报道与视图常常令人触目惊心，统计数字也不容乐观。根据

2018 年监测数据，我国 5.5% 的河流、16.1% 的湖泊、2.6% 的水库以及 9.0% 的省界断面水质为劣 V 类；浅层地下水水质评价总体较差，46.9% 的监测井为 V 类水质。[①] 长江、黄河、珠江、松花江、淮河、海河、辽河七大流域和浙闽片河流、西北诸河、西南诸河监测的 1613 个水质断面中，Ⅰ 类占 5.0%，Ⅱ 类占 43.0%，Ⅲ 类占 26.3%，Ⅳ 类占 14.4%，Ⅴ 类占 4.5%，劣 V 类占 6.9%。[②]《2010—2030 年国家水环境形势分析与预测报告》指出我国废水和污染物排放量将呈上升趋势。在现有废水处理水平正常提高的情景下，废水排放量将由 2007 年的 1838 亿吨上升到 2030 年的 2113 亿吨，增长约为 15%。[③] 淮河、海河、辽河这 "三河" 流域单位面积污染物排放强度最大，且呈现上升趋势，水污染已成为制约流域经济发展的重要因素之一，治理任务相当艰巨。

水环境的恶劣现状催生了水治理的理论与现实课题。国际上形成的共识是，水资源管理中的许多问题与治理失败相关，而不是与资源基础相关，需要在考虑背景因素的情况下对水治理进行重大改革。[④] 我国水治理方面最为复杂的问题在于条块分割的 "碎片化" 问题。一方面，我国水治理奉行属地原则。《中华人民共和国环境保护法》第十六条规定："地方各级人民政府，应当对本辖区的环境质量负责，采取措施改善环境质量。"《中华人民共和国水法》第十二条规定："国家对水资源实行流域管理与行政区域管理相结合

① 中华人民共和国水利部：《2018 年中国水资源公报》，2019 年 7 月 12 日，http://www.mwr.gov.cn/sj/tjgb/szygb/201907/t20190712_1349118.html，2019 年 10 月 11 日。根据《地表水环境质量标准》（GB 3838—2002），依据地表水水域环境功能和保护目标，我国的地表水按功能高低分为五类：Ⅰ、Ⅱ、Ⅲ、Ⅳ、Ⅴ。Ⅰ 类水主要适用于源头水、国家自然保护区。水质良好，地下水只需消毒处理，地表水经简易净化处理（如过滤）、消毒后即可供生活饮用。Ⅱ 类水主要适用于集中式生活饮用水地表水源地一级保护区、珍稀水生生物栖息地、鱼虾类产场、仔稚幼鱼的索饵场等；受轻度污染，经常规净化处理（如絮凝、沉淀、过滤、消毒等）后可供生活饮用。Ⅲ 类水主要适用于集中式生活饮用水地表水源地二级保护区、鱼虾类越冬场、洄游通道、水产养殖等渔业水域及游泳区；Ⅲ 类水质经过处理后也能供生活饮用。Ⅳ 类水主要适用于一般工业用水区及人体非直接接触的娱乐用水区；水质恶劣，不能作为饮用水源。Ⅴ 类水主要适用于农业用水区及一般景观要求水域。水质恶劣，不能作为饮用水源；而劣 V 类水，就是指污染程度已经超过 V 类的水，劣 V 类水质除调节局部气候外，几乎无使用功能。

② 中华人民共和国生态环境部：《2018 中国生态环境状况公报》，2019 年 5 月 29 日。

③ 王金南、马国霞等：《2010—2030 年国家水环境形势分析与预测报告》，北京：中国环境出版社，2013 年，第 6 页。

④ P. Rogers, A. W. Hall, *Effective Water Governance*, Stockholm：Global Water Partnership, 2003.

的管理体制"。另一方面，从当前的水资源管理体制上看，水利部门和环保部门承担主要的涉水管理工作；住建、农业、林业、交通、渔业、海洋等部门在相应领域内承担着与水有关的行业分类管理职能；发改、工信、财政等综合经济部门负责协调生态环境与经济发展的综合事务、重大项目安排和预算拨款等。[①] 属地负责、多部门分管的管理体制形成了我国水治理的条块分割的"碎片化"格局。

有学者以杭州市为例，说明了这种"碎片化"的严重程度。在杭州市，钱塘江归钱塘江流域管理局管、西湖归风景园林管理局管、苕溪等河流归水利局管、西溪湿地等归林业局管、地下水归国土局管、京杭运河归航管局管、入海口归海洋局管、上水和下水归建设局管、水质归环保局管。[②] 在属地负责、多部门分管的管理体制下，各个涉水部门，一方面认为自己部门的权威有限，即使发现问题也不能越权管理，因为管水量的不管水质、管水源的不管供水、管供水的不管排水、管排水的不管治污、管治污的不管污水回用；另一方面抱怨职责分工不够明晰，出了事情没有明确的责任边界；另外，还批评部门间的相互推诿，以及部门间治水信息分散化和相互封锁。[③] 涉水部门各自为政、地区间缺乏交流，这种"碎片化"的管理体制和低效的管理机制显然无法有效解决我国严峻的水环境污染和水生态破坏问题。

综上，我国现阶段面临着严峻的水环境污染、水生态破坏、水资源短缺等问题，而水资源管理体制的"碎片化"导致试图解决这些问题的集体行动常常囿于困境、流于失败。随着我国发展理念从单纯注重经济增长转变到注重人与自然和谐共处的绿色发展，近几年我国相继出台了多项防治水污染、提升水环境的规章制度，其中最令人瞩目的是河长制的全面实施。2016 年 11月，中共中央办公厅、国务院办公厅印发了《关于全面推行河长制的意见》。2017 年 6 月修订《水污染防治法》使得河长制法制化，明确省、市、县、乡建立河长制，分级分段组织领导本行政区域内江河、湖泊的水资源保护、水

① 中国科学院可持续发展战略研究组：《2015 中国可持续发展报告：重塑生态环境治理体系》，北京：科学出版社，2015 年，第 10 页。
② 沈满洪：《河长制的制度经济学分析》，《中国人口·资源与环境》2018 年第 28 卷第 1 期。
③ 任敏：《河长制：一个中国政府流域治理跨部门协同的样本研究》，《北京行政学院学报》2015 年第 3 期。

域岸线管理、水污染防治、水环境治理等工作。从目前实施的情况来看，河长制在我国水资源管理体制"碎片化"的现状下组织起了全国范围内的水治理集体行动。正是在这种挑战和机遇并存的背景下，本书研究我国河长制下的水治理集体行动何以可能。

二、问题提出

水资源是一种复杂的"公共池塘资源"[①]，具有资源系统的共享性和开放性，任何单位、企业、家庭、个人都可以使用，且所有水资源的利用活动以及其他生产生活都会直接或间接影响水环境。一旦对水资源的消耗或排放的有毒有害物质超出了水资源的自净能力和生态环境的承载能力，便会产生干净的水资源的"拥挤效应"和"过度使用"问题，甚至摧毁整个水资源系统。

故而，维持干净可持续的水资源是一项重要的集体行动。我国河长制的发生和运作即属于围绕水治理的集体行动，涉及的利益相关者极其多样化。水资源通常以流域为单元，每一个流域都涉及地域间、上下游、干支流、左右岸之间的利益。中央政府、流域涉及的地方政府、水利部门、环保部门、流域管理机构、社会相关组织、水业务管理机构、各类用水单位、广大用水个体以及其他利益相关者，所有这些组织和个人都是水治理的集体行动者。[②]

但是，由于水资源的使用和治理具有较强的外部性，水治理的集体行动常常陷入困境。所谓外部性是指私人收益与社会收益、私人成本与社会成本不一致的现象。[③] 一方面，水资源的过度与不合理的开发和利用具有较强的环境负外部性，其社会边际成本往往大于私人边际成本。但私人并不承担相应的社会成本，甚至私人并未意识到自己过度与不合理的水资源使用行为所产生的社会成本，由此将导致"公地悲剧"。另一方面，水资源的修复和治

---

① 埃莉诺·奥斯特罗姆：《公共事物的治理之道：集体行动制度的演进》，余逊达、陈旭东译，上海：上海译文出版社，2014年，第36页。

② 刘戎：《组织间关系理论与方法在水资源治理中的引入》，《科技与经济》2010年第23卷第6期。

③ 埃德温·曼斯菲尔德：《微观经济学：理论与应用》，郑琳华译，上海：上海交通大学出版社，1988年，第1页。

理具有较强的环境正外部性，其社会边际收益往往大于私人边际收益。并且，水环境治理好之后将潜在受益者排除在良好的水环境之外的成本是非常高昂的，故私人永远存在"搭便车"的诱惑。因此，由于水资源的"公共池塘资源"特性、行动者丰富多元、集体行动者存在"搭便车"动机等原因，形成并维持水治理的集体行动往往十分困难。比如，我国"碎片化"的水资源管理体制容易出现治理失败，其实质就是多个主体共同参与的集体行动困境。

从公共管理实践角度，成功的集体行动需要两个要素的相互支撑：一是"合作"，二是"协调"。集体行动形成的先决条件是行动者之间的相互合作，即利益相关又各自独立的行动者为了共同的目标或致力于解决共同的问题选择集合在一起。与此同时，集合在一起的集体行动参与者之间要能够进行意见的沟通、有序的互动等协调工作，从而使得每个人的努力和贡献有效地整合为统一的产出。反过来，一项集体行动如果无法从无到有的形成，或者形成后复而失败，其原因可能出自行动者的"搭便车"、机会主义、缺乏信任、违背承诺等合作方面的问题，也可能缘于行动者之间的信息沟通不畅、意见不能统一、执行偏差、缺乏监督等协调方面的问题。[①] 因此，成功的集体行动不仅要求克服搭便车、机会主义等"合作"方面的问题，也要求解决信息沟通等"协调"方面的问题。只有将集体行动中的"合作"与"协调"先分解再综合，才能发现集体行动困难的症结，为集体行动参与者提供可行的解决方案。

基于此，本书将合作与协调作为集体行动的两大要素，对河长制下的集体行动进行"要素＋机制"的基于中国情境的解释。这可进一步分解为"如何"和"为何"两方面问题：

第一，河长制下的集体行动如何形成？从合作和协调角度而言，河长制如何从合作方面和协调方面促进了我国水治理集体行动，采用了何种集体行动路径？与之相关的理论问题包括：如何对集体行动的合作方面和协调方面进行界定和划分？合作和协调分别有哪些影响因素和表现形式？在合作和协调双要素视角下，集体行动呈现出哪些情形和形成路径？第二，河长制为何

---

① R. Gulati, F. Wohlgezogen, P. Zhelyazkov. "The Two Facets of Collaboration: Cooperation and Coordination in Strategic Alliances," *The Academy of Management Annals*, vol. 6, no. 1, 2012, pp. 531–583.

能够采取某种路径而非其他路径形成集体行动？在此，本书主要关注情境对集体行动路径选择具有何种影响。

三、研究意义

（一）理论意义

水资源具有跨域多重特性，牵涉的利益主体分散而多元，要求整体协同的治理效果。这些典型性与复杂性使得如何在水治理领域形成有效的集体行动一直是公共管理学科与资源环境治理领域的重要研究问题。奥尔森和奥斯特罗姆的集体行动理论，被广泛用于自然资源的治理研究。但是这些理论有着一定的情境适用范围，主要适用于多元独立主体在自发秩序中形成集体行动。在不同的情境下，集体行动可能会采取已有集体行动理论分析之外的路径而形成，河长制即是其中一个例子。目前还很少有研究分析河长制下的集体行动发生路径与要素。本研究基于已有的集体行动经验研究以及对河长制的分析，提出以合作和协调为要素对集体行动的发生进行解释。在对河长制下集体行动的解释中发展出了"积极协调下的合作"路径，这对于集体行动之发生的相关理论研究和经验研究可以提供一定的启发。

（二）现实意义

我国正面临着严重的水资源短缺、水污染等环境生态问题，并且人民生活水平与需求的提高对水环境的质量提出了更高要求，这使得水环境治理成为日益紧迫的现实课题。多年来，各级政府投入了大量的人力物力财力进行流域水环境的治理，但是效果并不明显。学者们普遍将失败原因归结为"碎片化"的管理体制难以形成合力，但是部门间或地区间无法形成合力是由于合作动机不足，还是协调机制欠缺，却少有研究。在某些情况下，水治理中集体行动的失败可能是因为治理主体之间具有充分的合作意向但缺乏有效的协调机制；在另一些情况下，治理主体之间存在协调机制但缺乏合作动机，也会导致集体行动的困境。反过来，我国河长制在短时期内组织起了水治理的集体行动，是因为建立协调机制，还是加强了合作动机，也缺乏明确的研究。因此，本书从合作与协调两个方面研究导致我国水治理中集体行动困境的原因，分析河长制中的合作和协调问题，进而提出针对性的政策建议与改进方案，对于我国水环境治理实务具有一定的实践价值。

除了水治理领域，集体行动中的合作与协调问题是任何复杂公共事务治理所必须面对的问题。当下诸多公共事务的治理已超出单一公共部门提供单一公共物品或服务的范畴，而是涉及多个公共部门、市场、第三部门中的任何组织和个人的共同参与。从参与主体多样化与丰富性的意义上说，所谓"碎片化"已变成复杂公共事务治理的正常形态。在多个具有独立权威的主体共同参与公共事务治理的情况下，主体间的合作与协调格外重要。因此，从合作和协调方面研究我国河长制下的集体行动，也能为其他领域的复杂公共事务治理提供启发和借鉴。

第二节　核心概念界定

一、水资源及相关概念

与水紧密相关的术语有水体、水资源、水环境、流域、水污染等，由于本书在接下来的分析和阐述中经常用到这些术语，故在此将它们的概念含义界定如下：

水体即水的积聚体和储存体，指河流、湖泊、水库、沼泽、地下水、冰川、海洋等地表贮水体的总称。水体是一个完整的生态系统，包括水中的悬浮物、底泥及水生生物等。在水环境研究中，区分"水"和"水体"的概念十分重要。例如重金属污染易于从水中转移到底泥中，水中重金属的含量一般都不高，仅从水的含量分析，似乎未受到污染，但对于水体，则已受到较严重的污染。[①]

水资源指一切用于生产和生活的地表水、地下水和土壤水。不合理的开采地下水，可引起地面沉降、海水入侵、土地盐碱化，并使井水水质恶化。

---

① 方如康：《环境学词典》，北京：科学出版社，2003年，第28页。

工业废水未经处理，任意排放，既污染江河，又污染地下水。①

水环境是指地球上分布的各种水体以及与其密切相连的诸环境要素如河床、海岸、植被、土壤等。水环境主要由地表水环境和地下水环境两部分组成。地表水环境包括河流、湖泊、水库、海洋、池塘、沼泽、冰川等。地下水环境包括泉水、浅层地下水、深层地下水等。②

水污染又称水体污染。污染物进入河流、湖泊、海洋或地下水体后，使水体的水质和水体底泥的物理、化学性质或生物群落组成成分发生变化，从而降低了水体的使用价值和使用功能的现象。按水体污染物的性质，水污染可分为病原体污染、需氧物质污染、植物营养物质污染、石油污染、热污染、放射性污染、有机化学物质污染、盐污染等。③

流域是指地表水及地下水分水线所包围的集水区域的总称，习惯上常指地表水的集水区域，具有整体性、开放性、区段性、层次性的特点。④ 流域环境是自然区域环境的分类单元之一，人口、经济、交通的发展情况大多是沿河两岸向下游集中，并逐步形成一个独立的自然－社会－经济系统。⑤ 流域是行政、规划、管理部门进行区域划分的依据，但同时流域与行政区域不可能完全吻合，一个流域可能跨及多个行政区域，由此导致流域水环境问题的复杂性。

二、水治理及相关概念

由于水治理是更广泛意义上的治理的一个组成部分⑥，同时治理与集体行动密切相关，因此，要了解什么是水治理，必须先理解什么是治理。本书

---

① 方如康：《环境学词典》，北京：科学出版社，2003 年，第 28 页。

② 环境科学大辞典编委会：《环境科学大辞典》，北京：中国环境科学出版社，2008 年，第 625 页。

③ 方如康：《环境学词典》，北京：科学出版社，2003 年，第 35 页。

④ 王勇：《流域政府间横向协调机制研究——以流域水资源配置使用之负外部性治理为例》，南京大学博士学位论文，2008 年，第 6 页。

⑤ 方如康：《环境学词典》，北京：科学出版社，2003 年，第 3 页。

⑥ A. Y. Hoekstra, "The Global Dimension of Water Governance: Why the River Basin Approach is No Longer Sufficient and Why Cooperative Action at Global Level is Needed," *Water*, vol. 3, no. 1, 2010, pp. 21 – 46.

对治理、水治理，以及水环境治理的概念进行如下分析和界定。

学术界中对于何为治理不一而论，根据侧重点不同，治理可被视为一种过程、系统、能力、机制或制度，它是选择、监督和改变政府的过程，是行政、立法和司法之间的互动系统，是政府制定和实施公共政策的能力，是公民和团体确定其利益并与权力机构相互作用的机制，[①] 也是社会命令和处理其集体或共同事务的制度和程序的总和。[②] 考夫曼（Kaufmann）等人对治理的定义是："行使国家权力的传统和制度。这包括选择、监督和替换政府的过程，政府有效制定和实施健全政策的能力，公民和国家对统御他们之间经济和社会互动的制度的尊重。"[③] 联合国发展项目（UNDP）给出的定义是："行使政治、经济和行政权力来管理国家事务。公民和团体通过这些机制、过程、关系和制度表达他们的利益，行使合法权利和义务，并调解分歧。"[④]

治理中有三个核心要素体现在水治理含义中。首先，水治理是一种过程，包括了决策和行动；其次，该过程通过制度（包括成文与不成文的规则与规范所构成的机制、系统和传统）进行；最后，过程和制度涉及多个参与者[⑤]。如 OECD 组织认为水治理是一套行政系统，由正式制度（法律和官方政策）、非正式制度（权力关系和实践）和组织结构及其效率构成。良好的水治理需要透明、问责和协作的制度和政策框架。[⑥] 联合国发展项目（UNDP）对水治理的定义是："政府、市民社会和私营部门决定如何最好地利用、开发和管

① P. McCawley, *Governance in Indonesia*：*Some Comments*, Asian Development Bank Institute Discussion Papers, 2005.

② Institute of Governance Studies, *The State of Governance in Bangladesh* 2008：*Confrontation*, *Competition*, *Accountability*, Institute of Governance Studies, 2009.

③ D. Kaufman, A. Kraay, M. Mastruzzi, *Governance Matters IV*：*Governance Indicators for 1996 – 2004*, Policy Research Working Paper, 2005, no. 3630.

④ United Nations Development Programme, *Regional Bureau for Europe and the CIS. The Shrinking State*：*Governance and Sustainable Human Development in Europe and the Commonwealth of Independent States*, UNDP, 1997.

⑤ J. Lautze, S. De Silva, M. Giordano, et al., "Putting the Cart before the Horse：Water governance and IWRM," *Natural Resources Forum. Oxford*, *UK*：*Blackwell Publishing Ltd*, vol. 35, no. 1, 2011, pp. 1 – 8.

⑥ OECD, "Water Governance in OECD Countries：A Multi-level Approach" OECD Studies on Water, OECD Publishing, 2011, 转引自张宗庆、杨煜：《国外水环境治理趋势研究》，《世界经济与政治论坛》2012 年第 6 期。

理水资源的政治、经济、社会过程和制度。"① 哈伯特（Hurlbert）等人认为水治理："是一个由许多不同的利益相关者构成的过程，每个利益相关者都有自己的利益、决策过程和工具，包括法律裁决、规范和行为。"②

治理的三大要素也适用于水环境治理，但是水环境治理更加注重水的生物物理特性和环境绩效，如水环境中元素的存在、迁移和转化，以及环境质量（或污染程度）与水质评价。由于水环境问题具有多面性且没有地理和政治边界，它可能呈现为生物物理性问题，但实际可能是经济、社会、文化和政治问题。因此，近年来许多研究主张一种综合性的水环境治理概念框架。这种综合性观点将流域、河流、湖泊、湿地、沿海地区和海洋视为相互依存系统的一部分，认识到水文循环影响的方式，目标是建立能够在规划、决策和实施过程中考虑水的生物物理过程的治理系统、政策、制度和工具。因此，有学者认为在水资源和水环境领域，对治理的理解必须超越传统的制度和管理领域，深入探索其他社会和生物物理变量。"治理必须能够理解社会和生物物理方面的联系和相互作用，这些社会变量包括价值、制度和管理，生物物理变量包括水的数量、质量和土地覆盖等。"③

综合已有水环境治理的概念定义和研究趋势，本书对水环境治理的概念界定如下：水环境治理是涉水多元利益主体围绕控制水体污染、改善水体质量、维持人类发展与水资源可持续之平衡的政治、经济和社会过程和制度。其中，涉水多元利益主体包括政府、私营部门和第三部门，以及各个部门中的任何组织和个人的集合；过程包括决策、执行和争议解决，其中每个阶段都涉及集体行动的发起、形成、路径、产出与结果；制度包括成文的法律规章和不成文的社会规范和价值等。良好的水环境治理要求多样化的知识基础，包括社会性的价值制度和水的生物物理特性。

---

① K. Lewis, L. Yacob, *Water Governance for Poverty Reduction: Key Issues and the UNDP Response to Millenium Development Goals*, Water Governance Programme, Bureau for Development Policy, UNDP, 2004.

② M. Hurlbert, S. Regina, "An Analysis of Trends Related to the Adaptation of Water Law to the Challenge of Climate Change: Experiences from Canada," *Paper Presented at the Climate 2008*, Online, 3 – 7 Nov, 2008.

③ A. G. Toledo-Bruno, *Linking Social and Biophysical Variables of Water Governance: An Application of the Model*, State University of New York College of Environmental Science and Forestry, 2009, P. 48.

三、集体行动、合作与协调

本书采用奥尔森对集体行动的定义。奥尔森将集团（或组织）定义为"一些有共同利益的个人"①。组织最重要的类型是国家，一个国家首先是一个为其成员（即公民）提供公共物品的组织，其他类型的组织也类似地为其成员提供集体物品。他指出提供公共或集体物品是组织的基本功能。因此，集体行动即实现任一公共目标或满足任一公共利益的活动，也即向组织（集团）提供公共物品或集体物品的任何行动。集体利益或集体物品是具有非排他性的物品，只要提供给集团中的一个人，就无法将集团中的其他人排除在享用之外，即使那些没有购买任何公共或集体物品的人也不能被排除在对这种物品的消费之外。②

各个学科与研究领域对于合作和协调拥有不同的认识，本书在集体行动视域下研究合作与协调，参考古拉迪（Gulati）等人③的研究，将集体行动中的合作和协调的概念界定如下。集体行动中的合作是指集体行动参与者基于对实现集体利益/目标过程中所要做出的贡献和所能获得的收益的共同理解，选择联合起来以达成一致的目标。合作关注的是各个行动者的行为策略选择问题（网络中的"点"的选择），如是否愿意为集体利益做出贡献、做出了什么贡献，即"是否做"和"做什么"的问题。如果各个行动者同意为集体利益做出贡献，则他们之间达成了合作伙伴或联合行动的关系。

集体行动中的协调是指有意和有序地联合或调整集体行动者的贡献与活动以实现共同确定的目标。协调关注的是行动者之间如何组织互动并将互动成本降到最低（网络中的"线"的形成与调整），即"怎么做"的问题。

---

① 曼瑟尔·奥尔森：《集体行动的逻辑》，陈郁、郭宇峰、李崇新译，上海：格致出版社，2011年，第7页。

② 曼瑟尔·奥尔森：《集体行动的逻辑》，陈郁、郭宇峰、李崇新译，上海：格致出版社，2011年，第12~13页。

③ R. Gulati, F. Wohlgezogen, P. Zhelyazkov. "The Two Facets of Collaboration: Cooperation and Coordination in Strategic Alliances," *The Academy of Management Annals*, vol. 6, no. 1, 2012, pp. 531 –583.

第三节 国内外相关研究述评

一、国外相关研究

（一）水治理研究的相关理论视角

水治理领域的理论研究与经验分析非常丰富。博弈论是水治理研究最重要的理论基础之一。[①] 其中，非合作博弈模型为讨论具体的水资源竞争与纠纷提供了有效的分析工具[②]，合作博弈模型则关注水领域尤其是水利设施建设的利益相关方之间的合作以及合作产生的成本与收益的公平分配[③]。基于博弈论的分析内核，哈丁（Hardin）的"公地悲剧"论述了水资源等共享型的自然资源的开放进入问题，主张外部机制对自然资源进行管理。[④] 不满意于博弈论过于简化的分析以及依靠外在强制管理的解决方案，奥斯特罗姆（Elinor Ostrom）开发了制度分析与发展框架，致力于说明水资源等"公共池塘资源"领域中存在的自组自治的集体行动，以及这些行动的产生与外部结构变量和行为人特征之间的关系。[⑤]

奥斯特罗姆的思想深刻影响了正在发展中的治理理论。治理理论认识到，水资源与水环境中的许多问题与治理失败相关，而不是与资源基础相关，需要在考虑背景因素的情况下对水治理进行重大改革。[⑥] 随之出现了若干试图

---

① K. Madani, "Game Theory and Water Resources," *Journal of Hydrology*, vol. 381, no. 3, 2010, pp. 225 –238.

② C. Carraro, C. Marchiori, A. Sgobbi, *Applications of Negotiation Theory to Water Issues*, The World Bank, 2005.

③ I. Parrachino, S. Zara, F. Patrone, *Cooperative Game Theory and its Application to Natural*, *Environmental*, *and Water Resource Issues*：1. *Basic Theory*, The World Bank, 2006.

④ G. Hardin, "The Tragedy of the Commons," Science, vol. 162, no. 3859, 1968, pp. 1243 – 1248.

⑤ 参见埃莉诺·奥斯特罗姆：《公共事物的治理之道：集体行动制度的演进》，余逊达、陈旭东译，上海：上海译文出版社，2014 年。

⑥ P. Rogers, A. W. Hall, *Effective Water Governance*, Stockholm：Global Water Partnership, 2003.

解决水治理失败的治理理论，如整合性环境治理①、整合性水资源管理②、适应性治理③、适应性共同管理④、协作治理⑤、协作性流域管理⑥、协作性网络治理⑦等。这些治理理论各有侧重点。如整合性环境治理针对治理政策工具的"碎片化"问题，主张各种治理工具、治理策略乃至治理系统之间的良性平衡。⑧ 适应性治理针对社会生态系统的复杂性与不确定性，强调治理制度安排的调整、学习、适应、复原和重构能力。⑨ 协作治理相对于单一部门行动而言，主张多个参与者充分利用各自独特的属性和资源，共同参与和共同生产更大的公共价值。⑩ 上述治理理论共同具有更广泛的治理理论的特征，包括多元化的参与主体、共识性的治理原则、基于信任的伙伴关系、互惠性的信息与资源分享、沟通性的决策和争议解决、多中心多层次的制度安排、灵活多样的治理工具等。

① I. J. Visseren-Hamakers, "Integrative Environmental Governance: Enhancing Governance in the Era of Synergies," *Current Opinion in Environmental Sustainability*, vol. 14, 2015, pp. 136 – 143.

② Global Water Partnership Technical Advisory Committee, *Integrated Water Resources Management*, TAC Background Paper No. 4, 2000.

③ K. Akamani, P. I. Wilson, "Toward the Adaptive Governance of Transboundary Water Resources," *Conservation Letters*, vol. 4, no. 6, 2011, pp. 409 – 416.

④ D. Huitema, E. Mostert, W. Egas, et al., "Adaptive Water Governance: Assessing the Institutional Prescriptions of Adaptive (co-) management from a Governance Perspective and Defining a Research Agenda," *Ecology and Society*, vol. 4, no. 1, 2009, pp. 26 – 45.

⑤ K. Emerson, T. Nabatchi, S. Balogh, "An Integrative Framework for Collaborative Governance," *Journal of Public Administration Research and Theory*, vol. 22, no. 1, 2012, pp. 1 – 29.

⑥ T. M. Koontz, J. Newig, "From Planning to Implementation: Top-Down and Bottom-Up Approaches for Collaborative Watershed Management," *Policy Studies Journal*, vol. 42, no. 3, 2014, pp. 416 – 442.

⑦ N. Ulibarri, T. A. Scott, "Linking Network Structure to Collaborative Governance," *Journal of Public Administration Research and Theory*, vol. 27, no. 1, 2016, pp. 163 – 181.

⑧ Z. Bischoff-Mattson, A. H. Lynch, "Integrative Governance of Environmental Water in Australia's Murray-Darling Basin: Evolving Challenges and Emerging Pathways," *Environmental Management*, vol. 60, no. 1, 2017, pp. 41 – 56.

⑨ C. Folke, S. Carpenter, T. Elmqvist, et al., "Resilience and Sustainable Development: Building Adaptive Capacity in a World of Transformations," *AMBIO: A Journal of the Human Environment*, vol. 31, no. 5, 2002, pp. 437 – 441.

⑩ L. B. Bingham, "Legal Frameworks for Collaboration in Governance and Public Management," in L. B. Bingham and R. O'Leary, eds., *Big Ideas in Collaborative Public Management*, M. E. Sharpe, Inc., Armonk, NJ, pp. 247 – 269.

（二）水治理中的合作和协调的作用

合作和协调作为水治理的构成活动，对于治理的整体局势发挥着重要作用，如减少冲突、促进区域发展、改善网络治理、产生协同效应等。卡波尼拉（Caponera）[①] 指出，合作安排，包括其原则和制度，对于预防、减轻、管理和解决因使用具有跨界影响的自然资源而产生的问题是必要的。惠特曼（Whitman）[②] 认为跨流域规划的合作和协调是减少地区和区域水资源冲突、促进区域发展可持续性的重要组成部分和影响要素。帕兹施（L. Partzsch, 2008）[③] 分析了欧盟的"水倡议"（EUWI），指出该倡议的目标之一就是加强协调与合作以便在供水和卫生领域产生协同效应。

对合作和协调作用的比较全面的总结来自萨多夫（Sadoff）和格雷（Grey）[④]，他们认为跨流域合作（在其研究中主要是跨国河流的国际合作）可以产生四种类型的利益。第一，合作将有助于更好地管理生态系统，为河流带来利益（benefits to the river），并巩固所有其他好处。第二，共享河流的有效合作管理和开发可以从河流中获益（benefits from the river），如增加粮食和能源生产。第三，在国际河流上的合作将导致由于河流而导致的成本降低（reduction of costs because of the river），因为共同沿岸国家之间关于河流使用和开发的紧张局势将产生成本。第四，国际河流可以成为催化剂，从河流中获益并降低河流成本的合作可以为各国之间的更大合作铺平道路，甚至可以为各国之间的经济一体化做出贡献，从而在河流之外产生效益（benefits beyond the river）。

① D. A. Caponera, "Patterns of Cooperation in International Water Law: Principles and Institutions," *Natural Resources Journal*, vol. 25, no. 3, 1985, pp. 563 – 587.

② K. M. Whitman, *Regional Sustainability Assessment: Improving Collaboration and Coordination Across Watershed Plans in the Spokane River Basin*, Washington State University, 2013.

③ L. Partzsch, "EU Water Initiative-A (non-) Innovative Form of Development Cooperation," Available from https: //www. researchgate. net/profile/Lena_Partzsch/publication/290596915_ EU_Water_Initiative_ – _ A_non – Innovative_Form_of_ Development_Cooperation/links/ 56dc750108 aee1aa5f87400c. pdf, cited at 2018 May 23.

④ C. W. Sadoff, D. Grey, "Beyond the River: The Benefits of Cooperation on International Rivers," *Water Policy*, vol. 4, no. 5, 2002, pp. 389 – 403.

（三）水治理中的合作和协调的影响因素

关于什么因素会对水治理中的合作和协调产生影响，学者们进行了大量分析。有些研究致力于发现能够影响和预测水领域合作的某一主要因素，如规模、先前合作行为、制度结构与机构层级、社区条件、共同规范等。如莫斯（Moss）和尼维格（Newig）[①]论述了水文系统的规模在水资源合作治理中的重要性。雅格（Jager）[②] 在《欧洲水框架指令》这个协调框架下比较分析了欧洲各国间的跨域合作问题，认为交易成本和激励结构（如问题压力、法律或国内压力）是影响水环境治理的国际跨域合作的重要情境性因素。贝里（Berry）[③] 对流域合作以解决美国西部州际河流水质问题的研究发现，新的合作行为的发生概率与已有的合作行为数量相关：已有合作行为越多，开展新的合作行为所受到的阻力越小。该研究称这种现象为"合作惯性"和"潮流效应"。卢比尔（Lubell）等人[④]的研究表明，先前的制度结构可以提供能够促进未来合作的行为模型和模式，甚至邻近流域中的伙伴关系的存在也可以提供一些模型以降低开发新合作伙伴关系的成本。哈迪（Hardy）和库恩茨（Koontz）[⑤] 基于制度分析和发展框架分析了规则对合作的影响，指出规则的来源及其对后续合作行动水平的影响因群体类型而异，联邦和州政策在以政府为中心和混合成员群体中的作用要大于以公民为中心的群体。乌尼图（Uitto）和杜达（Duda）[⑥] 指出涉及多个级别的机构对于解决跨界水体和盆地所面临的环境问题的项目至关重要，从地域到国家、从国家到地方的三级组

[①] T. Moss, J. Newig, "Multilevel Water Governance and Problems of Scale: Setting the Stage for a Broader Debate," *Environmental Management*, vol. 46, no. 1, 2010, pp. 1 – 6.

[②] N. W. Jager, "Transboundary Cooperation in European Water Governance – A set-theoretic analysis of International River Basins," *Environmental Policy and Governance*, vol. 26, no. 4, 2016, pp. 278 – 291.

[③] K. D. Berry, *Assessing Western US Interstate River Watershed Cooperation for Water Quality Issues*, University of Nevada, Reno, 2011.

[④] M. Lubell, M. Schneider, J. T. Scholz, et al., "Watershed Partnerships and the Emergence of Collective Action Institutions," *American Journal of Political Science*, vol. 46, no. 1, 2002, pp. 148 – 163.

[⑤] S. D. Hardy, T. M. Koontz, "Rules for Collaboration: Institutional Analysis of Group Membership and Levels of Action in Watershed Partnerships," *Policy Studies Journal*, vol. 37, no. 3, 2009, pp. 393 – 414.

[⑥] J. I. Uitto, A. M. Duda, "Management of Transboundary Water Resources: Lessons from International Cooperation for Conflict Prevention," *Geographical Journal*, vol. 168, no. 4, 2002, pp. 365 – 378.

织机构在多国项目中具有广泛的适用性。斯坦因（Stein）等人①运用社会网络分析方法研究水资源相关行动者的结构和功能，指出自上而下的水资源治理路径有时不能考虑现有的行动者之间的非正式组织，因此建议相比于强加的制度安排，更有希望的方式是识别和建构现有的社会结构。

另有一些研究围绕合作和协调的影响因素组合而展开。第纳尔（Dinar）等人②认为，检验国际水合作的最佳因素有稀缺性、地理位置、相对权力、旷日持久的冲突以及国内政治和国际水法相关的因素。桑德勒（Sandler）③认为如下几个主要因素会影响各国寻求跨国公共利益的合作：群组规模，即流域中的国家数和流域的大小；沿岸国家的规模，包括流域面积、人口和GDP；领导力，受到规模、流域位置和水需求的影响；区域机构，它们的权威级别和财务影响力；非政府机构建设，如国际非政府组织、开发银行和公私伙伴关系；相匹配的政治因素，如政权类型和水务机构；相匹配的经济因素，如货币、外国直接投资、贸易流量和援助；因素的同质性，如语言、宗教和人力资本；地理因素，气候、径流、干旱和土地利用等；竞争和敌对，如冲突历史和用水差异。莱尔德（Laird）④在其博士论文中将上述这些影响因素分为三类：国家层级的政治障碍、国际规范和标准以及区域同质性。

二、国内相关研究

（一）环境治理与水资源治理模式研究

国内学者普遍认为现阶段中国的环境治理和水资源治理属于政府为主的行政单中心模式，学者们提倡网络化、伙伴协作、整体性的多中心模式。杜辉认为中国的环境治理应从权威型治理模式转换为网络化、多样性和超稳定

---

① C. Stein, H. Ernstson, J. Barron, "A Social Network Approach to Analyzing Water Governance: The Case of the Mkindo Catchment, Tanzania," *Physics and Chemistry of the Earth*, vol. 36, no. 14 – 15, 2011, pp. 1085 – 1092.

② A. Dinar, S. Dinar, S. McCaffrey, et al., *Bridges over Water: Understanding Transboundary Water Conflict, Negotiation and Cooperation*, World Scientific Publishing Company, 2007.

③ T. Sandler, *Global Collective Action*, Cambridge University Press, 2004.

④ R. K. Laird, *Transboundary Watersheds: Political Obstacles to Basin-levelwide Cooperation Between States*, University of Texas at Dallas, 2010.

的合作治理模式。① 胡佳指出由于环境治理具有跨区域的外部性和不可分割性，地方政府间需要从分界而治的"碎片化"治理走向多元化、动态化的伙伴协作和整体性治理。② 韩兆坤认为应提升政府、非政府环保组织、企业、公众等多元协作主体的生态文明价值认同，完善主体结构及其在环境协作中的互动关系，倡导"协作性环境治理"。③ 于潇、郑逸芳等比较分析了农村水环境污染治理中的多种治理路径，认为网络治理路径是农村水环境治理的重要趋势，提出以地方政府为主导，社会公益组织、村委会、智囊团和环境承包商等多元主体共同参与的农村水环境网络治理框架④。吕志奎⑤认为我国流域水环境的政府治理方式应从强制型权威走向诱导型权威，从指令性管理走向契约式合作，通过环境服务外包促进政府与第三方的合作。

关于网络化的水环境治理结构，有纵向－横向双维度和星形网络两种构建途径。前者如马捷和锁利铭构建的区域水资源共享冲突的网络治理模式，这种模式是一个考虑纵向和横向结构的共享网络形态，按照传统的自上而下层级结构建立纵向的权力层次，并按照各种利益集团组织建立横向的行动规则。⑥ 熊烨从权力运行角度，提出了跨域环境治理中的"纵向－横向"权力作用机制，纵向权力机制的主导力量是权力和权威，主要作用方式有行政命令、法规执行、正式流程，横向权力机制的主导力量是资源依赖和信任，主要作用方式有部际联席会议、公私伙伴关系、行政契约、第三方协调等。⑦ 星形网络模式如戴胜利和云泽宇提出的跨域水环境污染"协力－网络"治理模型⑧。其中政府、市场和社会三元治理主体让渡一定的独立性形成主导治理系统，该系统取代地方政府独立治理跨域水环境污染，体现协力治理原则；

① 杜辉：《环境治理的制度逻辑与模式转变》，重庆大学博士学位论文，2012 年，摘要。
② 胡佳：《跨行政区环境治理中的地方政府协作研究》，复旦大学博士学位论文，2011 年，摘要。
③ 韩兆坤：《协作性环境治理研究》，吉林大学博士学位论文，2016 年，摘要。
④ 于潇、郑逸芳等：《农村水环境网络治理思路分析》，《生态经济》2015 年第 5 期。
⑤ 吕志奎：《第三方治理：流域水环境合作共治的制度创新》，《学术研究》2017 年第 12 期。
⑥ 马捷、锁利铭：《区域水资源共享冲突的网络治理模式创新》，《公共管理学报》2010 年第 7 卷第 2 期。
⑦ 熊烨：《跨域环境治理：一个"纵向－横向"机制的分析框架——以河长制为分析样本》，《北京社会科学》2017 年第 5 期。
⑧ 戴胜利、云泽宇：《跨域水环境污染"协力－网络"治理模型研究——基于太湖治理经验分析》，《中国人口·资源与环境》2017 年第 27 卷第 11 期增刊。

主导系统与政府、市场和社会系统彼此协调、合作共治，体现网络治理原则。

关于如何形成多中心网络化的水环境治理模式，学者们有不同观点。有的学者认为多中心秩序需要在外力协助下形成。如李雪梅指出我国环境治理的多中心秩序不是自发实现的，其实现途径包括构建多中心的制度供给体系、合作式的制度实施模式以及多元的冲突解决机制。① 另有学者主张多中心秩序的自发运行。如王俊敏和沈菊琴根据物理学的协同论构建了跨域水环境的流域政府协作治理分析框架，认为我国水环境跨域治理系统应提高开放性和自组织性，即保持信息公开与互通，且不依靠外力推动而实现治理系统从无序到有序的结构性转变。②

（二）环境治理与水资源治理中的合作与协调研究

我国关于环境治理与水资源治理中合作与协调研究存在两种现象，一是将合作与协调混为一谈，不做区分地使用；二是将合作与协调割裂开来，分别研究。第一种现象如徐艳晴和周志忍的《水环境治理中的跨部门协同机制探析》③ 一文，其中"合作""协调""协同"三个术语相互混淆。该文首先认为协同是一种合作行为，跨部门协同被界定为"多元行动主体超越组织边界的制度化的合作行为"，并阐述了三种跨部门协同机制：同级政府之间、同一政府不同职能部门之间的"横向协同"，上下级政府之间的"纵向协同"，政府公共部门与非政府组织之间的"内外协同"。在具体分析中，他们指出我国跨部门协同的主导模式可归结为"以权威为依托的等级制纵向协同模式"，但是此时的"协同"似乎指的是"协调"。因为在另一篇相关文章中，周志忍指出："等级制纵向协调特别是专门协调机构的大量设立割裂了职能部门的权力，相应降低了相关职能部门的责任意识和协同的主动性。当责任意识不足和内在动力缺乏时，外力强迫下的协同可能会流于形

---

① 李雪梅：《基于多中心理论的环境治理模式研究》，大连理工大学博士学位论文，2010 年，摘要。

② 王俊敏、沈菊琴：《跨域水环境流域政府协作治理：理论框架与实现机制》，《江海学海》2016 年第 5 期。

③ 徐艳晴、周志忍：《水环境治理中的跨部门协同机制探析——分析框架与未来研究方向》，《江苏行政学院学报》2014 年第 6 期。

式主义。"①

此外，大多数研究将合作与协调割裂开来，只是单独关注我国水治理中的"合作"或者"协调"。围绕"合作"的研究主要运用博弈论模型或者针对多元利益相关者之间的机会主义和"搭便车"行为。如杜焱强等②、许玲燕等③运用博弈模型分析了农村水环境治理中，政府、企业和村民/农户之间相互制约的利益关系与行为策略，表明要实现农村水环境的良好治理结果，需要三方的共同参与、行为与意愿上的相互合作。范仓海建议，政府完善水环境治理制度体系要克服水环境治理中央地政府之间、流域内不同区域同级政府之间以及同级政府的各部门之间的机会主义和"搭便车"行为。④ 围绕"协调"的研究主要有王勇的博士论文《流域政府间横向协调机制研究》。该文分析了流域政府间横向协调机制的三种类型：一是以自上而下的以层级控制为手段的科层协调机制，二是以产权制度和竞争机制为手段的市场协调机制，三是以参与、交流和协商为手段的府际治理协调机制。⑤

（三）河长制相关研究

随着河长制作为一项正式制度在全国范围内推行，近几年涌现了诸多围绕河长制的研究。这些研究主要从治理理论、制度安排、政策执行三个角度对河长制进行了分析与评价。首先，从治理理论角度，学者们运用跨域治理、协同治理和整体性治理等理论分析了河长制的权力机制、协调机制、行动网络、"政社协同"等问题。河长制被认为是解决流域科层管理体制碎片化的治理方式⑥，通过上下级之间、部门之间、地域之间、政府和社会之间的合

---

① 周志忍、蒋敏娟：《中国政府跨部门协同机制探析——一个叙事与诊断框架》，《公共行政评论》2013 年第 1 期。

② 杜焱强、苏时鹏、孙小霞：《农村水环境治理的非合作博弈均衡分析》，《资源开发与市场》2015 年第 31 卷第 3 期。

③ 许玲燕、杜建国、汪文丽：《农村水环境治理行动的演化博弈分析》，《中国人口·资源与环境》2017 年第 27 卷第 5 期。

④ 范仓海：《中国转型期水环境治理中的政府责任研究》，《中国人口·资源与环境》2011 年第 21 卷第 9 期。

⑤ 王勇：《流域政府间横向协调机制研究——以流域水资源配置使用之负外部性治理为例》，南京大学博士学位论文，2008 年，第 104 页。

⑥ 黎元生、胡熠：《流域生态环境整体性治理的路径探析——基于河长制改革的视角》，《中国特色社会主义研究》2017 年第 4 期。

作、协作、协调或协同实现整体性治理。其中，"纵向－横向"框架是个常见的分析框架。如任敏认为河长制通过横向层面和纵向层面的协调机制进行跨部门协同治理①，熊烨认为河长制通过纵向－横向的权力机制进行跨域环境治理②，詹国辉认为河长制通过横纵向均衡交织的行动网络进行整体性治理③。

其次，从制度安排角度，学者们将河长制作为改变水污染现状、维护河湖健康发展的一项行政制度安排。一些研究一般化地分析了河长制这项制度的优势、缺陷与完善方向④。还有一些研究专门论述了河长制制度的形态，制度的产生、扩散路径以及制度实施的绩效，这些研究认为河长制的制度形态属于"达标压力型体制"⑤、"行政发包制"⑥、"公共责任制"⑦。河长制产生于地方政府应对重大公共环境危机⑧，是合理的路径依赖基础上的制度创新⑨。制度（政策）扩散的初期是地方政府间政策的学习和再生产⑩，后期主要由中央推动，整体呈现 S 形曲线特征⑪。河长制的实施总体上降低了我国

① 任敏：《河长制：一个中国政府流域治理跨部门协同的样本研究》，《北京行政学院学报》2015 年第 3 期。

② 熊烨：《跨域环境治理：一个"纵向－横向"机制的分析框架——以河长制为分析样本》，《北京社会科学》2017 年第 5 期。

③ 詹国辉：《跨域水环境、河长制与整体性治理》，《学习与实践》2018 年第 3 期。

④ 周建国、熊烨：《河长制：持续创新何以可能——基于政策文本和改革实践的双维度分析》，《江苏社会科学》2017 年第 4 期。

⑤ 李波、于水：《达标压力型体制：地方水环境河长制治理的运作逻辑研究》，《宁夏社会科学》2018 年第 2 期。

⑥ 张玉林：《承包制能否拯救中国的河流》，《环境保护》2009 年第 9 期；李汉卿：《行政发包制下河长制的解构及组织困境：以上海市为例》，《中国行政管理》2018 年第 11 期。

⑦ 郝亚光：《河长制设立背景下地方主官水治理的责任定位》，《河南师范大学学报》（哲学社会科学版）2017 年第 44 卷第 5 期；郝亚光：《公共责任制：河长制产生与发展的历史逻辑》，《云南社会科学》2019 年第 4 期。

⑧ 陶逸骏、赵永茂：《环境事件中的体制护租：太湖蓝藻治理实践与河长制的背景》，《华中师范大学学报》（人文社会科学版），2018 年第 57 卷第 2 期。

⑨ 王书明、蔡萌萌：《基于新制度经济学视角的河长制评析》，《中国人口·资源与环境》2011 年 21 卷第 9 期。

⑩ 熊烨、周建国：《政策转移中的政策再生产：影响因素与模式概化——基于江苏省河长制的 QCA 分析》，《甘肃行政学院学报》2017 年第 1 期；熊烨：《我国地方政策转移中的政策"再建构"研究——基于江苏省一个地级市河长制转移的扎根理论分析》，《公共管理学报》2019 年第 16 卷第 3 期。

⑪ 王洛忠、庞锐：《中国公共政策时空演进机理及扩散路径：以河长制的落地与变迁为例》，《中国行政管理》2018 年第 5 期；陈景云、许崇涛：《河长制在省（区、市）间扩散的进程与机制转变——基于时间、空间与层级维度的考察》，《环境保护》2018 年第 46 卷第 14 期。

的环境污染指数①，但是未显著降低水中深度污染物，说明地方政府可能存在治标不治本的粉饰性治污行为②。

最后，一些学者从政策执行角度刻画了河长制具体的组织构造和实际运作，介绍了各地实施河长制的情况。例如，詹国辉和熊菲描述了区级及以下各层级河长的权力结构和考核小组的职能。③ 高家军描绘了省级全面推行河长制工作领导小组构成及运行图，分析了河长制政策执行人员和执行机构在政策执行过程面临的能力困境和行动困境。④ 另有不少文献介绍和总结了江苏⑤、浙江⑥、北京⑦、湖南⑧、江西⑨、广东⑩、太湖流域⑪等地区的河长制实践和经验。

三、总体评价

上述国内外研究成果为本研究提供了有益启发，尤其是关于"合作"与"协调"的影响因素以及将"合作"与"协调"作为影响因素的实证类分析为本研究提供了丰富的参考资料和有力的论点支持。但是不足之处也很明显：

第一，国内外水治理研究存在的共同问题是对合作和协调不做区分，或者将合作和协调混为一谈，或者将合作和协调完全割裂开进行分析。混

---

① 李强：《河长制视域下环境分权的减排效应研究》，《产业经济研究》2018年第3期。

② 沈坤荣、金刚：《中国地方政府环境治理的政策效应——基于河长制演进的研究》，《中国社会科学》2018年第5期。

③ 詹国辉、熊菲：《河长制实践的治理困境与路径选择》，《经济体制改革》2019年第1期。

④ 高家军：《河长制可持续发展路径分析——基于史密斯政策执行模型的视角》，《海南大学学报》（人文社会科学版）2019年第37卷第3期。

⑤ 黄贤金、钟太洋、陈昌仁：《河长制下江苏省实施河湖流域化管理的改革建议》，《江苏水利》2019年第8期。

⑥ 杨华国：《浙江河长制的运作模式与制度逻辑》，《嘉兴学院学报》2018年第30卷第1期。

⑦ 万金红、杜梅、马丰斌：《北京推进河长制的经验与政策建议》，《前线》2018年第5期。

⑧ 吴勇、熊晨：《湖南省河长制的实践探索与法制化构建》，《环境保护》2017年第45卷第9期。

⑨ 姚毅臣、黄瑚、谢颂华：《江西省河长制湖长制工作实践与成效》，《中国水利》2018年第22期。

⑩ 刘长兴：《广东省河长制的实践经验与法制思考》，《环境保护》2017年第45卷第9期。

⑪ 朱玫：《太湖流域治理十年回顾与展望》，《环境保护》2017年第45卷第24期。

淆合作和协调的不良后果是概念使用的混乱，如国外研究经常出现 coopera-tion、coordination、collaboration 三个术语在同一篇文章中交替使用的情况，国内研究中的合作、协调、协作、协同等词汇也常不做区分地使用。将合作和协调分割研究则导致国内外研究偏重于研究"合作"问题，包括合作对于水治理的作用以及哪些因素影响了合作，甚至认为"合作"包含了"协调"，对于相对独立的"协调"则鲜少问津。术语使用的混乱使得合作和协调之间本就交织的概念边界更加模糊，过度关注合作而忽视协调的研究风向则在一定程度上阻碍了水治理研究的进一步深入。为此，本书认为水治理研究亟须对合作和协调的概念范畴进行区分，客观看待合作和协调在水治理中的角色，尤其对协调的作用加以重视，在此基础上综合分析合作和协调的交互作用。

第二，对比国内外关于治理模式的研究可以发现，国外水治理领域的研究重心已从治理模式的理论分析发展到对治理模式有效性的影响因素的实证分析，而我国在后一方面的研究还比较欠缺。国外水治理研究虽然推崇整合性管理和协作性治理的理念与模式，但经验研究的结论也使得他们清醒地认识到协作性治理模式并不是灵丹妙药，只是诸多政策工具的一种，只有在合适的情境下才能发挥作用。将合作与协调作为水治理机制中的一环，分析有利于其发挥作用的影响因素，是国外水环境实证研究的重要内容。而我国的水治理研究主要还处于理论模式的构建和阐述阶段，较少有研究基于中国本土情形分析影响水治理的集体行动之形成和维持的因素。

第三，比较国内外关于合作和协调对水治理的作用的研究可以发现，国外研究注重合作和协调产生的社会性产出/结果，如减少冲突、促进区域发展、改善网络治理、产生协同效应等；而国内研究更注重研究其环境性结果，如河长制所产生的可被测量和感知的水质改善成果，而社会性产出/结果在我国水治理中的作用还未得到足够的重视和研究。相比国外研究更加注重行动者之间基于信任与互惠关系而自发形成合作关系与集体行动，我国水环境治理主要是问题导向式，致力于在较短时间内扭转水质恶化的现状。但如果以河长制为代表的水环境治理机制想要发挥长效的作用，社会性产出/结果以及它在集体行动链环中的作用应该得到重视。

第四，在对河长制的研究方面，已有研究多从治理理论、制度安排、政策执行三个角度对河长制进行分析与评价，还未有研究将河长制下的实践作为一项集体行动进行研究。如前所述，河长制下的水治理实践是现阶段我国水治理领域最重要的集体行动之一，理应从集体行动视角对其进行分析。集体行动是一个能够结合制度规则层次和操作实践层次的更为综合的研究视角：相比于制度分析视角，它更注重河长制下的集体行动运作过程；相比于政策执行视角，它强调参与河长制的集体行动者的互动关系以及影响行动者行为策略选择的因素；相比于治理视角，它关注集体行动者如何克服困境而形成集体行动，以及集体行动的演化。因此，从集体行动视角分析河长制，一方面能够补充已有的针对河长制的研究；另一方面，将河长制作为我国水治理的集体行动案例，有助于其同世界其他地区的水治理集体行动进行对话。

第四节 研究框架与思路

一、分析框架

本研究根据对集体行动的理论思考和河长制的实践观察，提出以合作和协调为要素，对河长制中的集体行动如何发生的问题做一个"要素＋机制"的基于中国情境的解释。由于机制包括要素间的结构关系和运作方式，因此"要素＋机制"的解释包括了对集体行动的要素分析、要素间的结构关系分析、集体行动的运作机理分析这三个方面。

基于上述三个方面，图1－1、图1－2和图1－3综合形成了本研究的理论分析框架，图1－1代表的是集体行动要素（合作要素与协调要素）分析，图1－2和图1－3代表的是集体行动的机制分析。图1－2呈现的是由集体行动中的合作和协调组成的不同的结构关系，以及在不同的结构关系的基础上形成的相异的集体行动形成路径。集体行动的形成路径是分析集体行动的运作机理的关键，也是连接集体行动静态要素分析和动态运作分析的中枢。本书主要关注与河长制关系密切的集体行动发生路径，即"积极协调下的合作"路径。集体行动的发生与运作不能脱离具体情境而存在，图1－3勾勒了集体行动在情境中的动态运作，从而在集体行动要素和形成路径基础上进一步说明集体行动的动态运作与发展，同时显示集体行动的形成路径和运作方式在不同情境下的差异。

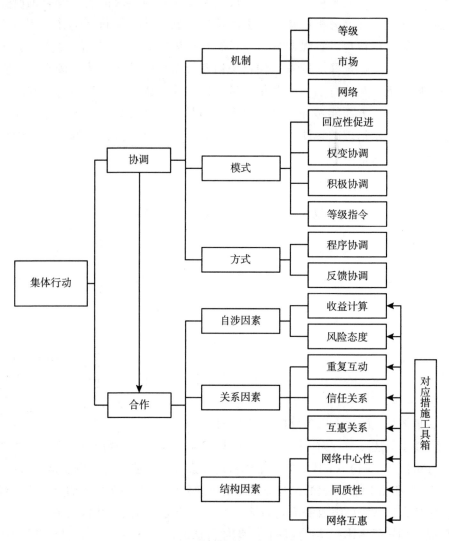

图1-1 集体行动的要素分析框架

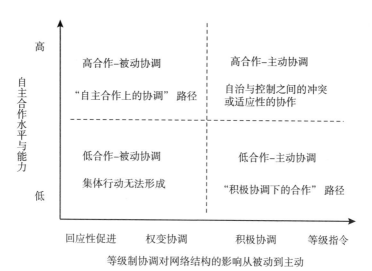

图 1 - 2　基于要素间结构关系的集体行动形成路径分析框架

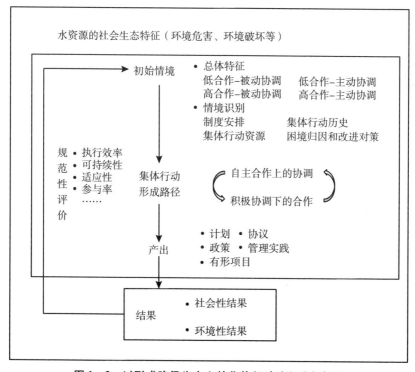

图 1 - 3　以形成路径为中心的集体行动流程分析框架

图1-1显示的要素分析是对集体行动的静态的条件性分析，将集体行动分解为合作和协调两大要素，分析这两个要素包含的内容和使之其作用的条件。之所以将集体行动分解为合作和协调两大要素，一方面是根据已有的集体行动理论研究和经验研究的相关成果，另一方面是基于对河长制的实践观察。集体行动研究向来关注行动者在什么条件下会选择合作，围绕复杂公共事务治理的新近研究则开始关注合作和协调在集体行动中的不同作用，主张将合作和协调区分开来作为集体行动的两大要素。对我国河长制的实践观察发现，协调在河长制的集体行动的形成和运行过程中发挥突出作用，并在一定程度上促进了河长制下集体行动者进行合作。因此，本研究将集体行动分解为合作和协调两大要素，整理了大量关于协调和合作的研究成果，以此形成集体行动的因素分析框架。其中，协调方面包括协调机制（等级、市场、网络）、协调模式（回应式促进、权变协调、积极协调、等级指令）、协调方式（正式的程序协调和反馈协调，非正式的反馈协调）；合作方面则包括影响行动者进行合作的自涉因素、关系因素和结构因素（各项因素的具体内容将在正文中阐述），以及由这些因素推导出的措施工具箱，工具箱的意义在于通过相对应的措施在一定程度上促使行动者进行合作。同时，合作和协调不是截然分开的两个方面，尤其是协调作为一个相对积极的要素会对行为者进行合作产生影响，在河长制下的有效集体行动中这一点尤为关键，图1-1中从协调指向合作的箭头符号即表示协调对于合作的作用。

将集体行动分解为合作和协调两大要素，根据协调和合作表现出的不同的结构关系，集体行动会呈现出不同的情形。图1-2展示了集体行动的四种基本情形：低合作－被动协调结构关系下的集体行动情形（以下简称低合作－被动协调情形）、高合作－被动协调结构关系下的集体行动情形（以下简称高合作－被动协调情形）、低合作－主动协调结构关系下的集体行动情形（以下简称低合作－主动协调情形）、高合作－主动协调结构关系下的集体行动情形（以下简称高合作－被动协调情形）。集体行动情形的区分可以将集体行动分析从静态的要素分析推进到动态的机制分析，即在合作和协调不同的结构关系所框定的集体行动不同情形下，集体行动具有不同的发生路径。本研究主要关注与河长制关系密切的集体行动情形和形成路径，即在低合作－主动协调情形下的"积极协调下的合作"路径。正文将阐述该路径的内涵、适用情境、作用机理等。

情境是集体行动运作机制中的重要一环。将集体行动形成路径置于具体的社会生态情境中能够更好地显示其运作机理，比如为何会采取这种集体行动发生路径、该路径与其他路径有何不同、会产生什么效果等。因此，为了更好地分析河长制中的集体行动的动态运作机制以及集体行动形成路径的前因后果，图1-3在社会生态情境中勾勒了集体行动动态运作的流程图。在这个流程图中，水资源的社会生态系统特征将影响身处其中的集体行动，本研究关注两个变量特征的影响：环境危害和环境破坏。集体行动包括三个部分：初始位置的识别、形成路径、产出。行动者们在开始一项集体行动时，可能对以下因素进行认知和识别：已有制度安排、集体行动的历史、当下集体行动能够利用的资源、之前集体行动成功或失败的原因。集体行动者面临的集体行动现状或历史可能具有四种情形中的其中一个的特征：低合作 - 被动协调、高合作 - 被动协调、低合作 - 主动协调、高合作 - 主动协调。在制度安排和集体行动者的主观归因之下，集体行动的过程可能采取"自主合作上的协调"路径或"积极协调下的合作"路径。由此形成的产出包括计划、协议、政策、管理实践、有形项目等。产出作用于社会生态系统从而形成结果，这包括社会性结果和环境性结果。结果通过经济效率、可持续性、适应性等规范标准的评价后反馈到集体行动。成员在进行学习和调适后，形成新一轮的集体行动。

二、研究思路

结合本研究的分析框架，图1-4展示了本书的研究思路和主要内容。本研究始于以集体行动理论知识对河长制的实践进行观察（第二章内容）。河长制之前我国水治理集体行动面临诸多困难，难以形成或维持一个长期有效的集体行动。河长制为我国水治理提供了一个制度规则和制度激励，形成了全国范围的水治理集体行动。由此产生了本研究的研究问题：河长制下的集体行动何以可能？这可分解为两个问题：第一，河长制下的集体行动如何形成？第二，河长制为何能够通过这种路径或方式而非其他的路径形成集体行动？

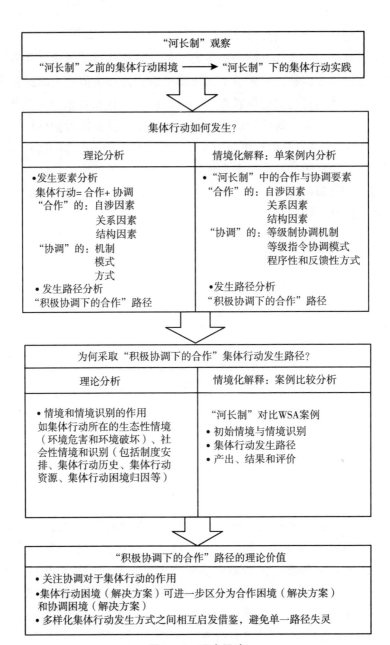

图1-4 研究思路

根据对河长制的实践观察，本研究发现，实践者和研究者们将河长制之前的集体行动困境描述为既存在合作方面的困难，如部门间地区间职能冲突、推诿扯皮；也存在协调困难，如信息隔绝、错误配置等。面对共同的水治理集体行动困境，相关治水部门和行政区域党政领导具有共同的意愿破解推诿扯皮等合作困境，在破解途径方面，则更多地认可等级权威，即来自上级机关的协调。他们认为，河长制正是解决了高位协调的问题。在高位协调下，各部门或地区不仅相互配合，而且发展出基于互惠和信任的良性互动。由此，本研究提出河长制下的实践是一项结合了协调和合作的复杂的集体行动，可以协调和合作双要素对河长制下的集体行动机制进行解释。

接下来（第三章内容），本研究在理论上将集体行动分解为合作和协调两大要素，合作方面关注的是各个行动者（网络中的"节点"）是否为集体利益/目标做贡献，协调方面关注的是有意和有序地联合或调整合作伙伴之间的互动关系（网络中的"纽带"）。据此，本研究通过单案例内分析对河长制集体行动的发生要素进行了解释，说明河长制集体行动得以形成，源于其在解决合作困境和协调困境两方面都取得了一定的进展。在合作要素方面，河长制包含了诸多中有利于合作的要素和措施，如制定正式的制度规则，明确规定或划分收益和责任，分享中间产出，增加未来交互的可能性，揭示高度相互依赖性，进行充分的沟通交流，发展亲密与信任关系，发展社会网络的择优汰劣机制，等等。在协调要素方面，河长制设计和组织起了等级制协调组织体系和制度设计，建立起程序化协调通道，主要依靠正式的程序协调和反馈协调。

基于对河长制的集体行动发生要素的分析，本研究继续探寻河长制中集体行动的发生机制问题（第四章内容）。在合作和协调要素基础上，本章提出"积极协调下的合作"路径，阐述其内涵、适用情境和作用机理。该路径适用于低合作－主动协调的集体行动情形（与之相对应的发生路径是适用于高合作－被动协调情形下的"自主合作上的协调"路径）。在"积极协调下的合作"路径中，河长制中的等级协调体系和机制充分发挥了其作为"黏合剂"的作用，将行为主体集合在一起，并指令他们为集体行动目标做出各自的贡献。同时，协调也发挥了"润滑剂"的作用，从多方面促进了部门间与行政区域之间的合作。

对于河长制为何采取"积极协调下的合作"路径形成集体行动，本研究认为情境发挥了重要作用（第五章内容）。影响集体行动路径选择的情境包括，集体行动所在的生态性情境（如环境危害和环境破坏）、社会性情境和识别（如已有制度安排、集体行动历史、集体行动资源、集体行动困境归因等）。为此，研究选择了一个对比案例：加拿大不列颠哥伦比亚（BC 省）的《水可持续法案》（WSA）下的集体行动，该案例采取的是"自主合作上的协调"路径。通过在初始情境和情境识别、集体行动发生路径、产出、结果和评价等方面，对江苏省的河长制和 BC 省的 WSA 进行比较，说明了情境对于集体行动发生路径选择的影响。

最后，本书对研究结论进行总结，并希望进一步挖掘"积极协调下的合作"路径的理论价值（第六章内容）。"积极协调下的合作路径"强调协调在集体行动中具有不可或缺的作用，有必要将协调同合作一起作为集体行动的核心分析要素。协调与合作的双因素分析可以将对集体行动困境的分析推进一步：集体行动困境可以进一步区分为合作困境和协调困境。相应地，解决集体行动困境也可以从合作和协调两方面进行努力。集体行动在不同的情境中存在多样化的发生方式，多种发生方式之间可以相互启发和补充，以避免单一路径的失灵。

第五节　研 究 方 法

本研究采用案例研究方法，原因在于本研究关注我国水治理领域的集体行动"如何"发生，以及集体行动"为何"通过某种发生路径而不是其他的发生路径得以形成。根据应国瑞（Robert K. Yin）的观点，当提出的问题是"如何？""为什么？"，当调查者对事件的发生没有控制能力，当关注的焦点是当代的现象并有着真实生活的背景时，案例研究就成为人们倾向选择的战略。[1] 我国水治理乃至其他的公共事务治理错综复杂，选择一个案例，在其自然情境中以开放式的方法对其进行细致、整体、深入的观察和研究，能够捕捉这个案例的复杂性和重要特征，进而提出合理的解释，构建有价值的观

---

[1]　应国瑞：《案例学习研究：设计与方法》，张梦中译，广州：中山大学出版社，2003 年，第1 页。

点。并且，对于我国水治理领域缺少足够的样本进行量化分析，同时国际水治理领域的研究也多采用单案例分析或多案例比较方法。因此，本研究采用案例研究方法，对河长制进行单案例内分析和案例比较分析。下面对案例研究容易出现的问题进行回应，并介绍案例选择、分析单位与案例边界、资料收集。

对于如何科学地进行案例研究，国内外学者进行了广泛的探讨。侯志阳和张翔指出了我国公共管理案例研究容易出现的若干个叙事偏差，分别是重故事轻理论、陷入自我循环论证误区、案例选取的"代表性"陷阱、忽视建构效度和内部效度等。① 本研究亦以这些问题进行自我审视，对这些案例研究中容易出现的问题在此做出回应。

第一，单案例研究的重故事轻理论问题。本书的研究重点是对河长制中的集体行动进行解释，但是并不意味着仅停留于对河长制的描述和理解。应国瑞认为，单案例研究也应有检验和建构发展理论的认识，也应超出案例范围与已有理论进行对话，实现研究一般化的目的。② 本研究亦希望通过河长制的单案例分析形成一些超出案例范围的知识，从而提出"积极协调下的合作"集体行动发生路径以及对集体行动中的合作与协调进行了进一步的理论思考。

第二，自我循环论证问题。自我循环式的案例研究是指研究者在开展研究的过程中，基于一个案例，"抽象"出一套理论框架；然后在成文时，将这个框架置于文章开头，再用同一个案例，来"检验"或支持这个框架。③虽然本研究的研究问题（河长制中的集体行动何以可能？）出自对河长制案例的观察，在对河长制进行解释的过程中也希望分析能够一般化，从而提出河长制遵循"积极协调下的合作"的集体行动路径，但是这只是研究者的思考过程，而非研究的自我循环论证。"积极协调下的合作"路径的是在已有的关于集体行动的理论研究和经验研究的基础上提出的，而不是从河长制案例中抽象出来的。诸多研究已经开始呼吁将集体行动或治理活动中的合作

---

① 侯志阳、张翔：《公共管理案例研究何以促进知识发展？——基于〈公共管理学报〉创刊以来相关文献的分析》，《公共管理学报》2020 年第 1 期。
② 于文轩：《中国公共行政学案例研究：问题与挑战》，《中国行政管理》2020 年第 4 期。
③ 蒙克、李朔严：《公共管理研究中的案例方法：一个误区和两种传承》，《中国行政管理》2019 年第 9 期。

与协调相区分，对于合作和协调的范畴也有初步研究，在合作领域和协调领域也分别积累了大量的研究成果。在这些已有研究的基础上，本研究将合作和协调作为集体行动的双因素，进一步提出"积极协调下的合作"路径。因此，"积极协调下的合作"路径在理论上综合了已有研究成果，用它解释河长制下集体行动的发生机制，可以将已有关于集体行动的研究向前推进一步。

第三，案例选择的问题。本研究基于理论抽样选择案例，注重案例的典型性、案例信息的丰富性（在下文案例选择部分会详细介绍），因此规避了案例选择的"代表性陷阱"。但同时，正如很多学者指出，案例的典型性和代表性并不是完全对立的①。案例的代表性是指案例特征的代表性，关注的是分析一般化问题，即案例研究需要具有一定的外部效度和可重复性。河长制案例在某种程度上也体现了特征的可重复性，如我国在河长制之后开始推行"林长制""路长制"，后两者的制度特征和组织体系同"河长制"的非常相似。因此，本书主要依据典型性标准选择河长制案例，但同时认为河长制在分析一般化的意义上也具有一定的代表性特征。

第四，案例研究的建构效度和内部效度的问题。建构效度是指案例中对社会现象的概念化和抽象化以及测量可以准确地反映客观现实世界中的研究对象。为此，需要多来源数据、严谨的证据链和多方评价。本研究采用多方证据来源（下文资料收集部分详细介绍），力求证据链的完整。内部效度是指案例研究中的自变量和因变量之间的关系是否真如案例分析，而非其他因素使然。在这里，本研究采用因素＋机制的解释②以提升案例研究的内部效度。在因素解释方面，将合作和协调作为集体行动的双因素，以此分析河长制中的集体行动。在机制解释方面，以"积极协调下的合作"路径分析，并通过一个对比案例，分析具体的作用机制。应该指出的是，由于案例研究永远都会面对外部效度的问题，本研究也存在着外部效度不足的问题，同时在建构效度和内部效度上也有提升的空间。

在对上述案例研究容易出现的问题进行回应后，接下来介绍本研究的案

---

① 侯志阳、张翔：《公共管理案例研究何以促进知识发展？——基于〈公共管理学报〉创刊以来相关文献的分析》，《公共管理学报》2020年第1期；于文轩：《中国公共行政学案例研究：问题与挑战》，《中国行政管理》2020年第4期。

② 叶成城、唐世平：《基于因果机制的案例选择方法》，《世界经济与政治》2019年第10期。

例选择、分析单位与案例边界、资料收集等。

一、案例选择

本书选择河长制中的集体行动（以江苏省为代表）作为案例。由于案例研究中的逻辑涉及理论抽样，其目标是选择可以重复、扩展新兴理论或填补理论范畴的案例，并且研究结果致力于引起更广泛的兴趣，因此案例抽样是有目的地选择而非随机选择，寻求案例的典型性或不寻常性、案例信息的丰富性。[①] 河长制案例具有这种典型性、信息丰富性，以及一定的可重复性。

河长制案例的典型性是相对于我国之前的水治理领域的实践和世界其他地区的水治理领域的集体行动经验研究而言的。在河长制之前，我国在水治理领域面临诸多困难，难以形成或维系一个稳定的集体行动。河长制破解了我国水治理领域的集体行动困境，至少从目前观察到的结果而言，成功地形成了覆盖全国的水治理的集体行动。因此，河长制在集体行动的成功发生意义上具有典型性。另外，关于水治理集体行动的案例研究的情境多为自发秩序，相比之下，在我国既有体制下的组织秩序中如何形成集体行动就显得特殊和典型，如实践者和研究者常将河长制描述为"具有中国特色"[②]。河长制不仅具有中国特色，还具有地方特色。各地河长制实践虽然遵循统一的制度框架，但面对的是具体而多样的社会生态情境，从而表现出细微的差异。这些细微差异能够产生丰富的信息，具有深入挖掘的价值。正是基于这种典型性和丰富性，近些年产生了大量对河长制的实践报道、学术研究，这些报道、研究和评价等增加了本研究数据的丰富性和可获得性。另外，在河长制之后，我国又开始将河长制的模式推广到其他自然资源和公共事务管理领域，如设立"林长制""路长制"等。因此，河长制下的集体行动在理论上和实践上表现出一定的可重复性。正是基于案例典型性、信息丰富性、可重复性等，本研究选择河长制作为研究案例。

---

① 马尔科姆·泰特：《案例研究：方法与应用》，徐世勇、杨付、李超平译，北京：中国人民大学出版社，2019 年，第 123 页。

② 李永健：《河长制：水治理体制的中国特色与经验》，《重庆社会科学》2019 年第 5 期。

同时本书研究了一个对比案例，该案例是加拿大不列颠哥伦比亚省的《水可持续法案》（WSA）下的集体行动，将该案例与我国江苏省的河长制下的集体行动案例进行对比。聚焦于江苏省的河长制案例是因为该省的河长制在全国的河长制中比较具有代表性。河长制最初产生于江苏省无锡市，然后推广到全国各地，其他地区的制度规则和操作实践多效仿江苏省，大量关于河长制的政策扩散研究可以证明这一点。而之所以选择加拿大不列颠哥伦比亚省的 WSA 作为江苏省河长制的对比案例，主要基于以下三方面的原因。

首先，WSA 案例是根据比较方法和本书理论立意选择的最大差异（most different）案例[1]。即 WSA 案例与河长制案例之间的"控制变量方差最小化以及自变量和因变量的最大化"，其中因变量方差的量在选择案例时不应成为考虑因素，而控制变量可假定为零，即案例实际上未受控。[2] 本书假设情境对于集体行动形成路径的选择产生影响，情境性因素（正文详述）为自变量，集体行动形成路径（"积极协调下的合作"与"自主合作上的协调"）为因变量。根据自变量方差最大化和数据可获得性的考量，本书最终选择了与河长制情境差异较大的 WSA 作为对比案例。

其次，WSA 虽为名为法案，但是根据奥斯特罗姆划分的三个层次的规则（操作规则、集体选择规则、宪政选择规则）[3]，WSA 与河长制同属于操作规则层次，可以在同一层次上进行对比。实施 WSA 的加拿大不列颠哥伦比亚省虽为次国家单位，但是根据加拿大的《宪法法》，加拿大作为一个联邦制国家，其省级政府比联邦政府在水资源管理领域拥有更多的立法权和配置权，水资源管理责任由省级政府承担。因此按照制度规则层次和权力标准，我国江苏省河长制下的集体行动同加拿大不列颠哥伦比亚省的《水可持续法案》（WSA）下的集体行动是具有可比性的。

最后，从实施时间上，WSA 与河长制的制度规则同为 2016 年开始实行。河长制开启了我国现阶段的河湖治理方面的集体行动，WSA 则为不列颠哥伦

---

① 游宇、陈超：《比较的"技艺"：多元方法研究中的案例选择》，《经济社会体制比较》2020年第 2 期。

② 阿伦德·利普哈特：《比较研究中的可比案例战略》，孟令彤译，《经济社会体制比较》2006年第 6 期。

③ 埃莉诺·奥斯特罗姆：《公共资源的未来：超越市场失灵和政府管制》，郭冠清译，北京：中国人民大学出版社，2015 年，第 23 页。

比亚省提供了一次审视和改善其淡水保护和流域治理方面的集体行动的机会。由于实施时间相近，二者都在发展完善之中，因此可以相对控制时间上的差异，在同一阶段对其运作方式和实施成效进行对比。

二、分析单位

本研究的案例界定为河长制下的集体行动过程，案例研究的分析单位为河长制中集体行动者的行为、他们之间的联系和互动。这些集体行动者有些以组织的形式出现，有些以个人的形式出现。河长制中的集体行动者主要包括担任"河长"的地方各级党政负责人、各涉水职能管理部门、体制内监督河长履职和河长制实施的组织（如纪委、督导组等）、体制外参与河湖治理的民间河长/护河志愿者/监督员、直接受到河长制影响的经济利益相关方（如企业、水产养殖户、畜禽养殖户、渔民、采砂作业者、河湖岸线居民等）、环境保护类非政府组织以及普通民众等。因此，本研究在分析河长制下集体行动"如何"形成时，采用的是单案例的案例内分析，分析河长制中集体行动者的行为以及相互间的联系和互动。

同时，本研究关注情境对案例的影响，因此需要将案例和情境区分开来①。河长制案例所在的情境包括我国水治理的体制特征、河长制之前的水治理集体行动历史和特征、水资源的社会生态系统特征等。在分析河长制"为何"能够通过某种发生方式而非其他发生方式形成集体行动，即情境对于集体行动发生方式的影响时，本书选择一个相异的案例（加拿大不列颠哥伦比亚省的《水可持续性法案》下的集体行动）进行了结构化的比较案例分析。

三、资料收集

案例研究提倡多来源数据形成证据三角（triangulation），它们的相互引

①　马尔科姆·泰特：《案例研究：方法与应用》，徐世勇、杨付、李超平译，北京：中国人民大学出版社，2019 年，第 130 页。

证有助于提高案例研究的信度和效度。① 本研究主要通过直接观察、访谈和文件这三个来源获得信息和数据。首先，直接观察采取了实地调研的形式，于2016年12月在江苏省无锡市和南通市的部分县（市）、镇、乡进行，这些地区是全国最早一批实行河长制的地区。实地调研的过程中进行了场地访谈，访谈对象为被调研地的河长办负责人或工作人员。这次场地访谈采取开放访谈方式，主要目的是了解河长制实施的一般情况，如河长的人员构成、探索和实施河长制的工作经验、河长制的考核与监督、宣传与社会参与情况、河长制实施效果评价、河长制实施中遇到的困难等。通过该次实地调研观察和访谈获得的初步信息，本研究进一步聚焦了研究问题和关注点，即河长制如何通过行动者之间的合作和协调形成集体行动。围绕该研究问题，本研究进行了第二次访谈。

第二次访谈于2018年6~10月进行，通过电话形式进行焦点访谈。访谈对象为在中央出台《关于全面推行河长制的意见》（以下简称《意见》）后实行河长制的县（市）、镇、乡的与河长制相关的负责人或工作人员。访谈焦点在于集中获取河长制中的合作与协调结构和过程的信息，包括河长制的具体运作、河长制办公室的具体工作与职能、受访者对河长制实施后部门间或地域间合作的描述与评价等。两次访谈获取的音频资料转化为逐字稿。访谈提纲、逐字稿编码和访谈对象情况见附录。

最后，在文件性证据方面，本书查阅和收集了水利部和各地区公布在互联网上的有关河长制的政策文件、公报、工作简报、实践专题书面报告、学者们的正式研究或评估、新闻媒体报道等。在收集和分析文件性证据时，本研究主要关注三个方面：一是我国在水资源和水环境治理领域的政策规定，目的是发现制度中的哪些规定塑造了河长制下集体行动的产生路径、静态结构与动态运作；二是在河长制的发生和实施过程中生成了哪些政策产出，以及这些政策产出对环境性结果与社会性结果的影响；三是关于河长制中丰富的实践活动和具体细节的报道或者评价，以证实和补充从直接观察和访谈中获得的信息。

---

① 应国瑞：《案例学习研究：设计与方法》，张梦中译，广州：中山大学出版社，2003年，第98页。

第六节 研究创新与不足

一、研究创新

首先，本书将集体行动分解为合作和协调两个方面，以此解释我国河长制下的集体行动，具有研究思路的创新性。本研究证明，从合作和协调两方面剖析河长制下的集体行动，能够有效地分析其发生方式、运作机理和演化过程，有助于发现河长制实践的丰富性和复杂性。如果单纯地将河长制实践等同于高位推动下的政策执行行为则不易于观察到这些复杂性和丰富性。合作和协调代表着集体行动的不同问题，区分集体行动中的合作范畴和协调范畴，为研究者和实践者提供了关于集体行动困境的进一步归因方式：集体行动的失败可能是合作的失败，或协调的失败，或者二者同时失败。由此，破解集体行动困境时既需要审视集体行动中的合作方面，也需要检验其协调方面，针对不同的问题提出有针对性的政策建议与改进方案。

其次，本书根据对河长制的情境化解释提出了"积极协调下的合作"集体行动发生路径，具有一定的理论价值。"积极协调下的合作"路径强调，在某些情境中，协调对于成功的集体行动发挥着至关重要的作用。协调可以作为"黏合剂"，将行为主体集合在一起，多方面激励集体行动者产生合作行为，引导和促进他们为集体行动目标做出各自的贡献。同时，协调也发挥了"润滑剂"的作用，为集体行动者建立沟通渠道、降低交互成本。"积极协调下的合作"路径不仅能够解释我国河长制下的集体行动如何形成，而且在理论上，它为观察复杂公共事务治理中的集体行动提供了一个"协调"的视角。从"协调"视角观察集体行动的发生路径，不同于已有集体行动理论从"合作"视角探讨自发秩序中的集体行动的发生，但是两个视角之间可以互相启发与支撑。

二、研究不足

本研究仍存在很多局限与不足之处。首先，在理论分析方面，本书提出的"积极协调下的合作"路径和"自主合作上的协调"路径，以及根据合作和协调对于集体行动情形的划分仍是一个较为简易的分析框架，省略了很多细节性的分析。例如，协调和合作之间的复杂交互关系、影响协调和合作的共性因素和个性因素等。其次，在实证分析方面，本研究采取的单案例分析的外部效度不足，需要进一步开展多案例的实证研究。对案例的分析还有进一步细化和完善的空间，从而为理论分析提供更为扎实的支撑。

以本研究为起点，著者对下一步研究的展望如下：

第一，进一步分析合作和协调在集体行动中的交织作用、影响合作和协调的共性和个性因素、这些因素作用于合作和协调的方向同一性，例如，促进协调的因素是否也同时促进合作，这些因素之间是否会相互限制。

第二，进一步比较"自主合作上的协调"集体行动路径与"积极协调下的合作"集体行动路径在水治理方面所需的成本和能达到的成效，例如，比较二者的社会性结果和环境性结果。

第三，进一步对公共事务治理活动中的管理者和参与者对集体行动成功或失败的归因进行分析。管理者或参与者可能将集体行动成功或失败归结于协调方面的原因，或合作方面的原因，这种主观归因与实际原因是否一致，归因方式或归因偏差对集体行动的进一步解决方案的设计是否产生影响等。

第二章

河长制再观察：以集体行动为中心

　　本章以集体行动为中心，对河长制之前的集体行动困境、河长制制度规则的产生、河长制之下的集体行动实践进行再观察。"再"观察是相对于已有研究视角而言的。围绕河长制的已有研究主要从政策执行或政策扩散视角来解读河长制，而从集体行动视角对河长制进行观察能够挖掘出更为丰富的信息。集体行动理论研究总结了多样化的集体行动发生方式，这在一定程度上为从集体行动视角观察河长制制度规则的产生和实行提供了知识基础。通过观察可以发现，在河长制之前，我国水治理集体行动面临诸多困难，其中既存在合作困难，如部门间地区间职能冲突、推诿扯皮；也存在协调困难，如信息隔绝、错误配置等。河长制为我国水治理提供了一个制度规则和制度激励，这个制度强调行政机构在整个治理活动中的作用，尤其是高位协调的作用。与此同时，高位协调和制度激励也逐渐开启了利益相关方之间基于信任和互惠规范的良性互动。因此，河长制的实践操作不应仅仅解读为科层制或行政强制下的纯粹的政策执行行为，而是一项同时结合了协调和合作活动的复杂的集体行动。

第一节 集体行动的知识基础

首先，本书采用奥尔森对集体行动的定义。奥尔森将集体行动定义为提供集体利益/集体物品的任何行动。集体利益/集体物品是具有非排他性的物品，只要提供给集体中的一个人，就无法将其他人排除在享用之外。[①] 本节围绕集体行动如何克服困境而得以发生这条主线，梳理了若干有影响力的学者的观点和论争，由此总结了多样化的集体行动发生方式。对于集体行动的研究从纳什均衡出发，纳什均衡是竞争的终点、合作的起点，说明了集体行动的边界。奥尔森关于集体行动困境的论证，说明在纳什均衡点的集体将不会采取行动，除非有外在强制力的推动或者实行选择性激励。阈值模型却指出了一条条件合作路径，即集体行动可以首先由"临界群体"启动，然后扩散到其他集体成员。奥斯特罗姆则论证了在一定的外部结构支持下，集体成员能够基于互惠和信任而自主合作起来开展集体行动。

一、集体行动的发生边界

在所有存在利益冲突的领域（包括水领域），竞争是冲突相关方在各自利益导向下的理性而常见的行动策略。尽管各方的相互合作对集体而言是帕累托占优策略，可以获得更多的利益，但在世界各地的许多水资源共享问题中，各方的竞争行为常常导致了"公地悲剧"[②] 的结果，如水资源的过度开发、水环境的严重污染以及水生态不可逆转的损害。所幸的是，纳什证明这种冲突和竞争会达到一个均衡点，即纳什均衡。纳什均衡虽然是博弈概念，但是对于集体行动具有非常重要的积极意义，即它给出了集体行动发生的行为边界。

纳什均衡的含义如下：博弈者 i 处于状态 s，当且仅当 i 的状态单边改进

---

① 曼瑟尔·奥尔森：《集体行动的逻辑》，陈郁、郭宇峰、李崇新译，上海：格致出版社，2011年，第32页。

② G. Hardin, "The Tragedy of the Commons," *Science*, vol. 162, no. 3859, 1968, pp. 1243 – 1248.

集合为空集时，状态 s 对于博弈者 i 来说就是纳什稳定的。① 换言之，在给定了对手的决定的情况下，博弈者 i 不能通过改变他的决定使其状态变得更好，i 没有动力从状态 s 转移。如果状态 s 对所有博弈者来说都是纳什稳定的（给定对手的决定，没有一个博弈者可通过改变自己的决定使得状态变得更好），那么 s 就是纳什均衡点。

纳什均衡的实质是最优反应分析，即博弈中的利益相关者会根据其他博弈者的策略进行反应，采取最优的应对策略。知道其他博弈者的决策会影响他的价值计算，他的决定也会影响他人的回报和策略。利益相关者的行为策略存在一个互动的调整过程，在该过程中，有限理性的当事人通过不断地观察其可能的对手的策略，不断地学习调整自己的策略以获得更大的支付。如果这个策略调整过程收敛的话，一定会收敛于纳什均衡。

纳什均衡证明了博弈中的利益相关者之间的策略互动存在一个最低端的均衡。即使博弈者为了各自（短期）利益最大化，采取最有利于自己的"竞争"策略，这样的"竞争"策略之间的互动也会达到一个稳定的均衡点。这个均衡点是博弈者间相互竞争的终点，也是博弈者间开始合作的起点。例如，两个农民采取竞争策略抽取地下水以灌溉农作物，纳什均衡点就是农作物种植利润为零时。此时，由于地下水位的下降，可灌溉用水减少，农作物收益下降，抽水成本上升，农作物收益完全等于抽水成本。当到达农作物利润为零的纳什均衡点时，两个理性的农民将会明白这是他们相互竞争的终点。理性自利的目标与动机不会允许比这个均衡点更糟糕的情况出现。纳什均衡成为集体行动的行为发生边界。接下来，他们要么继续维持这个均衡点不变；要么开始采取集体行动，通过相互间的合作推动博弈向帕累托优化的方向演进。

因此，纳什均衡同时给出了集体行动的边界和可能性。一方面，纳什均衡收益低于社会最优结果。如果每个人在相互依赖的情况下，纷纷选择最大化自己短期利益的策略，那么个体行动所产生的联合结果将比可能实现的更低。这说明，如果那些参与者通过选择纳什均衡规定之外的策略而"合作"，就有可能实现社会最优结果。② 另一方面，由于次优联合结果是一种均衡，

① J. Nash, "Non-cooperative Games," *Annals of Mathematics*, 1951, pp. 286–295.

② E. Ostrom, "Analyzing Collective Action," *Agricultural Economics*, no. 41, 2010, pp. 155–166.

给定所有其他人的预期策略，没有人有动力独立地去改变他们的选择。如果没有人从竞争策略转变为合作策略，则社会期望的最优结果就不会发生。因此，集体行动理论开始关注，在什么情况和条件下，集体行动参与者们会避免次优均衡的诱惑而接近最佳结果。

二、集体行动的多样化发生方式

（一）奥尔森：集体行动的强制型发生方式

奥尔森（Mancur Lloyd Olson）于 1965 年出版的《集体行动的逻辑》一书是集体行动理论的奠基性著作。奥尔森将集体行动定义为提供集体利益的任何行动。[①] 不过在分析中，这种行动主要是集体成员"自利、自发的行动"。[②] 奥尔森论证，集体利益不一定引致集体行动。相反，所有的集体目标或集体利益都面临相同的社会困境：个人理性的行动可能导致集体非理性的结果，即次优均衡。集体行动的困境主要来自成员的"搭便车"行为。"搭便车"是指不支付成本而享受收益的行为。由于集体利益是非排他的，如果不能从非参与者中扣除集体利益的好处，那么理性的个体就有动力搭乘其他人的贡献。并且，群体越大，"搭便车"的诱惑就越大。因为，某一贡献所带来的收益必须在更多人之间分配，而任何一个人的贡献都不太可能在结果上产生明显的差异。每个人都试图从他人的参与中获得好处，同时规避参与的成本。当每个人都以这种方式行动时，集体行动就无法自发形成，集体利益也无法实现或者优化。

奥尔森指出，"搭便车"是所有群体的问题。要克服集体行动困境，集体行动必须由外部强制力推动，或者伴随着私人排他性的选择性激励。"选择性"是指将为集团利益做出贡献者和没有做出贡献者区别对待。它可以是消极的，即通过惩罚那些没有承担集团行动成本的人来进行强制；也可以是积极的，即通过奖励那些为集团利益而出力的人进行诱导。并且选择性激励带来的差异要足够大，价值较小的制裁或奖励不足以动员一个

---

①② 曼瑟尔·奥尔森：《集体行动的逻辑》，陈郁、郭宇峰、李崇新译，上海：格致出版社，2011 年，第 28 页。

潜在集团。①

奥尔森的分析为集体行动的自发产生做了一个消极的判词。哈丁把奥尔森的集体行动理论归纳为"大群体必然失败，小群体可能成功"②。似乎集体非行动才是正常的，成功的集体行动才需要解释。根据奥尔森的分析，成功的集体行动在小群体中依赖于人际间的社会规范，在大群体中依赖于强制性的、选择性的特殊手段。③ 然而有学者认为，选择性激励无法在逻辑上解决集体行动的困境。因为，形成选择性激励本身就是一项集体行动。它为对集体利益感兴趣的每个人提供了利益，因此必须有人为选择性激励付费。如此，"搭便车"问题同样将存在于提供选择性激励这种集体物品中。这形成了内生制度形成的困境，也被称为"三阶的搭便车"问题："惩罚实际上是集体物品：提供这一产品，人们需要二阶的选择性激励，而这又会碰到三阶的搭便车问题。"④ 如果集体行动总是非理性的，那么集体中也无法自发产生选择性激励措施，也就无法诱导集体成员提供集体物品，集体将永远保持在非行动状态。因此，按照奥尔森的逻辑，大群体中的集体行动无法自发地发生，只能依靠外部力量的推动。

（二）阈值模型和集体物品的三阶生产函数：集体行动的条件合作型发生方式

奥尔森认为，"搭便车"的诱惑在集体行动过程中始终存在。但是马维尔（Marwell）和奥利弗（Oliver）⑤ 提出了不一样的观点。他们认为集体物品与其他物品一样，具有三阶生产函数的特征，是个 S 形状的生产曲线。在集体物品生产的最初阶段，并没有"搭便车"的诱惑；"搭便车"的问题直到集体物品生产的最后阶段才会出现，且有两种不同的形式。不同于奥尔森的纯粹理性经济人假定，马维尔和奥利弗采取行为人是条件性的合作者的假定：

---

① 曼瑟尔·奥尔森：《集体行动的逻辑》，陈郁、郭宇峰、李崇新译，上海：格致出版社，2011年，第42页、第62页。

② R. Hardin, *Collective Action*, Baltimore：Johns Hopkins University Press，1982，P. 38.

③ 曼瑟尔·奥尔森：《集体行动的逻辑》，陈郁、郭宇峰、李崇新译，上海：格致出版社，2011年，第2页。

④ J. Elster, *The Cement of Society：A Survey of Social Order*, Cambridge University Press，1989，pp. 40−41.

⑤ G. Marwell, P. Oliver, *The Critical Mass in Collective Action*, Cambridge University Press，1993.

假如参与人观察到其他人表现出愿意为集体物品做贡献，那么他们也会这么做，但是没有人愿意成为唯一的贡献者，也没有人愿意成为"搭便车"行为的牺牲品。

在马维尔和奥利弗所分析的集体物品的三阶生产函数中，生产开始时，曲线加速，反映出随着启动费用逐渐被吸收，初期贡献的边际收益不断增加。在这里，集体行动面临一个启动问题，因为此时返回给最初贡献者的资金很少。除非有强烈动机的个人或"临界规模"群体愿意承担这些成本，否则集体行动永远不会开始。

"临界规模"（critical mass，又称群聚效应）是指零合作水平与参与者的增长可以实现自我维持的合作水平之间的差距。① "临界规模"的概念最初由格兰诺维特（Granovetter）提出，也被其称为阈值模型（threshold model）。阈值是指"在特定行为人做出决定之前，必须做出决定的人数或比例；这就是特定参与者的净收益开始超过其净成本的地方"②。特定行为人做出的决定是二元决定，即行为人有两种截然不同且相互排斥的行为选择，如是否合作，是否为集体物品做出贡献。每个参与人的阈值不同，格兰诺维特将一个人决定合作的阈值定义为：他所看到的已经决定合作的其他人占群体的比例，这个比例从0%至100%不等。阈值模型表明，具有分布阈值的人群容易受到临界规模的发起者、活动人士或创新者的动员，这些人的初始贡献引发了参与的连锁反应。每个新的贡献都会触发其他的贡献，进一步增加了其他参与者也将触发其阈值的可能性。换言之，某一特定的群体内，个体i向集体物品做出贡献的概率会随着其他做出贡献的个体$j(j \neq i)$所占的百分比的增加而增加。因此，每个贡献者都增加了合作的水平，最终可能扩散到群体的每个成员。

因此，在集体行动的启动和加速阶段下，集体行动面临的威胁不是一些成员对其他成员的贡献进行免费索取，即"搭便车"问题，而是集体行动能否启动的问题。率先为集体物品做出贡献的个体如果低于"临界规模"水平，其他个体将不会合作，最初贡献者放弃他们的投资，"搭便车"者一无

---

① D. M. Centola, "Homophily, Networks, and Critical Mass: Solving the Start-up Problem in Large Group Collective Action," *Rationality and Society*, vol. 25, no. 1, 2013, pp. 3–40.

② M. Granovetter, "Threshold Models of Collective Behavior," *American Journal of Sociology*, vol. 83, no. 6, 1978, pp. 1420–1443.

所获。只有当一个集体内的合作者数量等于或超过此阈值时，集体行动才能启动，集体成员才能从共同投资中受益。①

接下来，集体物品生产函数在早期贡献者或晚期贡献者的边际收益相同的范围内变为线性。在这里，集体行动有一个要么全有要么全无的特征——要么每个人都贡献，要么没有人贡献，这才是理性的，所以没有一个参与者可以免费搭乘他人贡献的便车。此时仍然不存在"搭便车"的问题。

最后，曲线减速，反映了当接近产量极限时边际收益的减少。在这种情况下，"搭便车"出现了，并可以产生两种类似的机制："顺序效应"和"盈余"。在顺序效应中，不太感兴趣的成员免费搭乘最感兴趣的成员的初始贡献，而集体贡献总额是次优的。这是马维尔和奥利弗对奥尔森的"少数剥削多数"原则②的理论阐释。在盈余机制中，当个人对集体产品的贡献随着贡献者数量的增加而减少时，就会出现"搭便车"现象，这与生产函数的减速相一致。这产生了一种供过于求的感觉，即一些最初愿意贡献的人，如果发现已经有其他人先贡献了，他们中的一些人就会拒绝贡献。在这种情况下，第一批凑巧要做出贡献决定的人被"困住了"，他们会做出贡献，因为他们发现这样做是有利可图的，而那些稍后才轮到他们做决定的人将"搭便车"。

因此，格兰诺维特以及马维尔和奥利弗的分析提供了一条不同于奥尔森的集体行动的路径。在奥尔森分析的集体行动中，集体行动发生的条件是所有参与者同时选择"合作"的行为策略，共同同意为集体利益做出贡献。因此，集体行动者是在不知道其他人的策略的情况下，"并行"地选择行为策略。在这种情况下，奥尔森所假设的纯粹理性行为人中，没有一个会愿意成为首先为集体物品做出贡献的少数人，集体成员要么在外部强制力的作用下全部为集体物品做出贡献，要么统统采取"搭便车"行为策略。但是在阈值模型和马维尔和奥利弗的分析中，集体行动可以由少数人首先启动，形成"临界规模"，进而吸引其他人陆续加入，产生"从众效应"，最终实现集体物品的生产。这里假设是"串行的"而不是"并行的"选择：每个参与者在

---

① A. Szolnoki, M. Perc, "Impact of Critical Mass on the Evolution of Cooperation in Spatial Public Goods Games," *Physical Review*, vol. 81, no. 5, 2010, pp. 1 – 4.

② 曼瑟尔·奥尔森：《集体行动的逻辑》，陈郁、郭宇峰、李崇新译，上海：格致出版社，2011年，第3页。

决定是否加入之前，都会查看有多少其他人参与其中。①

马维尔和奥利弗的分析前提是存在少部分人愿意率先为集体物品做出贡献，这只有在放松纯粹理性行为人假设的情况下才能出现。并且，马维尔和奥利弗对于"顺序效应"和"盈余效应"的分析补充和扩展了奥尔森所描述的搭便车困境，这三者一起构成了三个可以作为集体行动基础的不同的社会困境。② 总之，阈值模型和集体物品三阶生产函数分析对于解释集体行动的发生和克服集体行动困境具有重要的意义。它们说明，集体行动不需要集体中的所有人同时采取合作策略，而是可以由一些人率先引发而后扩散到集体中的其他成员，因此克服集体行动困境可以细分为克服集体行动的启动困境，以及在集体行动扩散过程中解决"顺序效应"和"盈余"问题。

（三）奥斯特罗姆：集体行动的自组织型发生方式

奥斯特罗姆（Elinor Ostrom）关注具有收益非排他性和竞争性的"公共池塘资源"的集体行动问题。集体行动的"搭便车"问题仍是奥斯特罗姆研究的核心，但是她反对奥尔森关于集体行动必须要靠外力强制施行的观点。她指出奥尔森的集体行动理论分析的仅仅是具有收益非排他性和不可分性（非竞争性）的纯公共物品，该理论不足以解释收益可分物品或资源的占用和使用问题。奥斯特罗姆将具有收益非排他性和可分性（竞争性）的物品定义为"公共池塘资源"，它具有资源系统的共享性和非排他性，即无法将潜在受益者排除在其使用之外；以及资源单位的可分性与竞争性，即个人从资源系统占用或使用的量会导致其他人占用或使用量的减少，并且使用总量有逼近资源极限的可能。③ 奥斯特罗姆即致力于论证，在适当的制度安排下，公共池塘资源使用者有能力通过自我组织建立集体规则以消除资源使用的"搭便车"问题，说明了公共池塘资源的治理活动能够通过自主组织和自主实施的集体行动来完成。

---

① M. W. Macy, "Chains of Cooperation: Threshold Effects in Collective Action," *American Sociological Review*, vol. 56, no. 6, 1991, pp. 730 – 747.

② D. D. Heckathorn, "The Dynamics and Dilemmas of Collective Action," *American Sociological Review*, vol. 61, no. 2, 1996, pp. 250 – 277.

③ 埃莉诺·奥斯特罗姆：《公共事物的治理之道：集体行动制度的演进》，余逊达、陈旭东译，上海：上海译文出版社，2014 年，第 36～39 页。

奥斯特罗姆发现并总结了有助于自我组织和维持的集体行动的要素及其属性。这些要素既包括结构性要素，具备某些属性的制度结构更有利于激励行动者设计稳健可持续的集体行动；也包括人的要素，行动者的不同特征与能力使其在集体行动中的决策更加复杂。奥斯特罗姆的研究指出自主治理的公共池塘资源制度一般具有如下特征：明确界定界线、集体选择协议、监测、分级制裁、冲突解决机制、对组织权利的最低限度承认以及嵌套实体。在这些制度条件的支持下，个体更能够克服"搭便车"困境而自主合作，开展并维持成功的集体行动。① 当资源有一个清晰的边界，社区有高水平的人际信任或社会资本，存在解决冲突的诉讼程序，社区有足够的建立、监督和执行规则的决策自治权，并能排除外部人进入时，自主组织的集体行动可以避免公地悲剧的发生。

在人的要素方面，奥斯特罗姆放松了纯粹理性行为人的假设，采取了彼此互动的有限理性行为人假设。而且行为者是响应激励的目的导向者，制度通过改变人们面对的激励，影响他们选择进行合作或是零和博弈的可能性。同时，行为人之间可以间接互动或直接交流关于策略、资源和解决方案的看法，且行为人的特征、动机和社会网络联系等都有所差异。

为了理解并帮助设计更多成功的自组自治的集体行动，奥斯特罗姆创建了制度分析与发展框架（institutional analysis and development framework，简称IAD 框架）。② IAD 框架强调结构性变量、制度乃至更大的社会生态系统对集体行动的影响。IAD 框架将一个社会理解为一个相互连接的或（和）嵌套的"行动舞台"（action arena）③ 和"行动状况/情境"（action situations）④ 的结构。简言之，行动状况是参与者在自己的位置上按照其拥有的信息在各种行

----

① E. Ostrom, R. Gardner, "Coping with Asymmetries in the Commons: Self-governing Irrigation Systems Can Work," *Journal of Economic Perspectives*, vol. 7, no. 4, 1993, pp. 93－112.

② 埃莉诺. 奥斯特罗姆：《公共资源的未来：超越市场失灵和政府管制》，郭冠清译，北京：中国人民大学出版社，2015 年，第 22 页。

③ action arena 又译为"行动论坛"。参见埃莉诺·奥斯特罗姆：《公共事物的治理之道：集体行动制度的演进》，余逊达、陈旭东译，上海：上海译文出版社 2014 年，第 63 页。或译为"行动场景"，参见埃莉诺·奥斯特罗姆、罗伊·加德纳、詹姆斯·沃克：《规则、博弈与公共池塘资源》，王巧玲、任睿译，西安：陕西人民出版社，2011 年，第 29 页。

④ action situation 又译为"行动情境"，参见埃莉诺·奥斯特罗姆、罗伊·加德纳、詹姆斯·沃克：《规则、博弈与公共池塘资源》，王巧玲、任睿译，西安：陕西人民出版社，2011 年，第 29 页。

动之间做出选择，而且这些行动<u>连接着潜在</u>结果以及与行动和结果相关的<u>成本与收益</u>。下划线表示的是行动状况的普遍性要素。在 IAD 框架的指导下，研究公共资源的学者开展了大量的实地研究与跨国案例比较。这些实地研究已经说明，在适当的制度安排下，社区有能力通过自我组织建立集体行动规则以控制或消除公共池塘资源的搭便车问题，乃至实现持续多代的稳健的集体行动。

因此，奥斯特罗姆的研究说明在一定的制度条件支持下，集体行动可以通过集体成员之间自主选择"合作"策略而形成，而且这个自主选择过程是自组织形成的，并不必然依靠外部强加的规则。奥斯特罗姆认为，纳什均衡不能预测集体行动的社会困境中的个人行为，因为纳什均衡忽略了结构性变量的影响，且大多数一次性或有限重复的社会困境的合作水平远远超出了纳什均衡水平。① 另外，许多博弈论实验又证明，纳什均衡成功地预测了对象的长期行为。这些实验说明，被试者通过非大脑皮层的"试验－失误"的学习过程来找到了引向均衡的道路。② 综合而言，集体行动中存在一个互动的策略调整过程，从长期过程来看，这个策略调整过程会收敛于纳什均衡，但是纳什均衡不能用于预测长期过程的某一次集体行动的结果。在某一次集体行动中，当事人的行为受到许多结构性变量的影响，包括群体规模、参与者的异质性、他们对所获得的利益的依赖、他们的贴现率、组织级别的嵌套、监控技术以及参与者可用的信息，等等。

综上所述，关于集体行动如何发生的研究一直在不断拓展和丰富。集体行动理论从纳什均衡出发，经过奥尔森、格兰诺维特的阈值模型、马维尔和奥利弗的集体物品的三阶生产函数、奥斯特罗姆等学者的论争和发展，总结出多样化的集体行动发生方式。人们围绕包括水资源在内的公共池塘资源的竞争活动会导致公共池塘资源的使用逼近资源极限，此时人们之间的竞争策略也达到纳什均衡点。接下来，人们要么维持最后的竞争策略，以最低的限

---

① E. Ostrom, "A Behavioral Approach to the Rational Choice Theory of Collective Action: Presidential Address, American Political Science Association," *Journal of East China University of Science & Technology*, vol. 92, no. 1, 1998, pp. 1 – 22.

② 约翰·纳什:《纳什博弈论论文集》，张良桥、王晓刚译，北京:首都经济贸易大学出版社，2015 年，第 6 页。

度使用最后的资源；要么形成集体行动，由竞争策略转变为采取合作策略，推动资源的使用向帕累托方向优化。

集体行动理论主要围绕集体行动中的合作行为，关注在背叛策略（如搭便车行为）更有利可图的情况下，合作行为是否会出现以及如何出现，哪些因素会影响集体行动参与者选择合作策略。集体行动理论总结了三种发生方式。第一种是奥尔森主张的外部强制推动型，主张采用外部强制力量（通常为政府）推动集体行动的产生。第二种是阈值模型分析的条件合作型，要求先形成愿意率先为集体利益做出贡献的"临界规模"群体，进而吸引集体中的其他成员陆续加入，产生"从众效应"，在集体行动扩散过程中解决"顺序效应"和"盈余"形式的"搭便车"问题，最终实现集体物品的生产。第三种是奥斯特罗姆分析的自组自治型，要求在一定的制度结构激励下，集体中的成员相互沟通交流协商，通过自我组织建立集体规则以消除资源使用的"搭便车"问题，监督保证集体规则的顺利实施，从而维持公共池塘资源的长期可持续利用。

当了解了西方的集体行动理论基础后，我们自然要问，我国的水治理行动是否曾面临奥尔森所说的集体行动困境，纳什提出的集体行动发生边界、阈值模型提出的条件合作型集体行动发生方式以及奥斯特罗姆提出的自组自治型集体行动发生方式能否解释我国河长制的产生以及河长制之下的集体行动？接下来的分析将说明，在河长制实施之前，我国的水治理行动确实存在着集体行动困境，而且这种集体行动困境可以进一步细分为合作困境和协调困境。河长制本身是一项制度规则，在其之下又组织起了我国水治理方面的集体行动，故此河长制这项公共物品具有双重属性：一是其制度规则属性，二是其实践操作属性。通过分析河长制的制度规则的产生过程可以发现，河长制是我国水环境生态系统的表征达到集体行动的发生边界时的内生产物，这项制度从发生到演变为全国性的法定制度安排，具有条件合作型集体行动的特征。分析河长制之下的水治理集体行动过程则发现，河长制下的集体行动比奥尔森建议的强制型集体行动要更加复杂，而奥斯特罗姆提出的自组自治型集体行动并不适用于河长制情境，故此需要发掘新的分析视角研究河长制下的集体行动实践。

第二节　河长制之前的水治理集体行动困境

在河长制实施之前，我国的水治理难以形成持续的、系统的、有效的集体行动，这与我国水治理体制的条块分割特征有关。例如，水管理职能过度分散、部门职责界限不清、职能部门间存在经常性推诿的历史、地区间执法标准存在差异和部门间法律法规存在冲突、流域管理机构协调能力不足等，都在一定程度上造成了集体行动困难。从合作和协调角度进一步分析，我国水治理集体行动困境既存在合作失败，如各自为政、推诿扯皮；也存在协调失败，如信息隔绝、错误配置等。

一、我国水治理体制特征

（一）中央层面水治理体制

中央层面水治理体制大体分三种情况。一是在水治理的主要领域，以水利部为主履行管理职责，其他部门（农业、林业、住建、卫计、发改等22部门）配合。这些领域包括防汛抗旱管理、水资源管理、河湖管理、水土保持、农村水利和水工程建设与管理这六大方面。

二是在水治理的某些领域，以国务院其他部门为主履行管理职责，水利部等部门配合。例如，国家发展改革委对全国包括水能在内的可再生能源实施行业管理，水利部按规定开展水能资源调查工作，指导农村水能资源开发工作。生态环境部对水污染防治实施统一监督管理，水利部、住建部等相关部门配合。

三是在水治理的某些领域，国务院有关部门管理职能交叉，各自按国务院批复的"三定规定"① 履行职责。例如，在水环境治理方面，生态环境部

---

① "三定"规定是中央机构编制委员会办公室（简称中央编办）为深化行政管理体制改革而对国务院所属各部门的主要职责、内设机构和人员编制等所作规定的简称，主要指定部门职责、定内设机构、定人员编制。

负责水污染防治；水利部负责水资源保护，组织拟定水功能区划并监督实施、核定水域纳污能力、提出限制排污总量建议、指导入河排污口设置等。在城市供水方面，水利部门负责城市重要水源建设管理，住建部门负责市政供水管网建设管理。在城市防洪方面，水利部门负责涉及城市的江河防洪工程建设管理，住建部门负责城市排水和内涝治理。在地下水管理方面，水利部负责指导地下水开发利用和城市规划区地下水资源管理保护工作，国土资源部负责组织监测、监督防止地下水过量开采引起的地面沉降和地下水污染造成的地质环境破坏。①

（二）流域层面的水治理体制

依据《水法》等规定，水利部在长江、黄河、淮河、海河、珠江、松辽、太湖流域分别设立流域管理机构，在所管辖的范围内，负责保障水资源开发利用、水资源监督和保护、防治水旱灾害、指导水文工作、协调水土流失防治、水政监察和水行政执法、农村水利及农村水能资源开发等职责。各省份水行政主管部门负责本辖区的水资源统一管理。

依据《长江河道采砂管理条例》《黄河水量调度条例》《淮河流域水污染防治暂行条例》《太湖流域管理条例》等法规和所在流域的特点，相关流域管理机构代表水利部根据中央事权承担相应职责。此外，在跨地区、跨行业的流域联席会议（如太湖流域水环境综合治理省部际联席会议）、领导小组（如淮河流域水资源保护领导小组）、委员会（如黄河上中游水量调度委员会）等流域协商机制中发挥协商机制办事机构的作用，促进流域管理工作。

（三）地方层面的水治理体制

地方总体上以地方水行政主管部门为主，相关部门配合，部分地方有创新。地方水行政主管部门与中央水行政主管部门的职能基本对口，分省、地（市）、县三级，实行分级管理。推行水务体制的地区，把城市供水、排水、污水处理等职能纳入水行政主管部门统一管理。此外，我国在防汛抗旱、水资源管理、农村饮水安全保障和水库安全管理方面实行行政首长负责制。

---

① 《完善水治理体制研究》课题组：《我国水治理及水治理体制现状分析》，《水利发展研究》2015 年第 8 期。

二、水治理中的集体行动困难

（一）涉水职能部门过多，加大集体行动难度

虽然我国水治理相关法律规章强调治理的整体性和系统性，但是实际上我国涉水职能管理部门设置过多，执法体制过度分散化和碎片化。我国的涉水机构主要是以环境保护和水污染治理为主要任务的生态环保部门和以水资源管理和保护为主要任务的水利部门；住建、农业、林业、交通、渔业、海洋等部门则在相应领域内承担着与水有关的行业分类管理职能；另外，发改、工信、财政等综合经济部门负责协调生态环境与经济发展的综合事务、重大项目安排和预算拨款等。[①] 多"条"多"块"的管理体制形成了水治理的"碎片化"格局。从污染源到入河排污过程中，农业和农村面源污染、河岸湿地保护、污水处理厂和管网设置、水土流失和入河排污口设置等分属农业、林业、建设、水利等部门。参与者群体越大，越难以形成集体行动。因此我国涉水职能管理部门过多，从规模上增加了水治理集体行动的难度。

（二）部门职责界限不清，集体行动的收益和贡献无法清晰对应

例如，我国环保与水利部门在饮用水水源保护区划定与保护方面存在职责不清晰问题。我国50%以上的重要饮用水水源保护区没有划定，在水环境监测与水质监测、排污总量控制目标和水域限制排污总量意见方面也存在职责不清晰、衔接不通畅的问题。水利与住建部门在城市供水、节水、排水、污水处理回用、城市防洪排涝等方面，存在职能交叉。水利与林业部门对湖泊湿地的管理范畴存在界定不清问题。水利与国土部门在地下水监测和管理领域存在职能交叉，我国至今尚未建立全国地下水监测体系。中央部门水治理职能交叠自然而然影响了地方政府治水机构职能设置。职责界限不清会导致参与水治理集体行动的各部门对自己的贡献和收益的认识模糊。在无法清晰将贡献与收益相对应的情况下，各部门往往不会主动为水治理做出贡献，

[①] 中国科学院可持续发展战略研究组：《2015中国可持续发展报告：重塑生态环境治理体系》，北京：科学出版社，2015年，第10页。

或者在集体行动中保持观望态势。

（三）职能部门间存在经常性推诿的历史，给后续集体行动造成信任障碍

在属地负责、多部门分管的水管理体制下，各个涉水部门一方面都认为自己部门的权威不足，即使发现问题也不能越权管理；另一方面抱怨职责分工不够明晰，出了事情没有明确的责任边界；再一方面，还批评部门间的相互推诿，以及部门间治水信息的分散化和相互封锁。① 如根据《水污染防治法》第七十八条的规定，造成渔业污染事故或者渔业船舶造成水污染事故的，由渔业主管部门调查处理；其他船舶造成水污染事故的，由海事管理机构调查处理；造成渔业损害的，渔业主管部门参与调查处理。由于现实中渔业污染事故原因较多，监管执法过程中往往难以确定执法主体、问责对象和赔偿等，加剧职能部门推诿扯皮。②

从集体行动角度分析，部门之间存在职能交叠且各自掌握一部分治水信息，客观上给部门之间加强联系创造了条件，即各部门更有机会形成重复互动的关系，从而增加合作的可能性。在这种情况下，互动历史和相互间的信任关系就很重要。如果在之前的集体行动中，各部门之间采取了相互间推诿扯皮且信息封锁的行为方式，则这种非合作的行为方式就可能继续制约集体行动的形成。

（四）地区间执法标准存在差异和部门间法律法规存在冲突，增加地区间与部门间的协调困难

一方面，由于经济发展水平和环境执法能力不同，一个流域的"上下游、左右岸"不同辖区甚至同一辖区内部执法标准和规范化程度都会存在较大差异。另一方面，由于水资源、水环境和水生态的功能和用途管制差异，相关职能部门划定的功能区划和管理标准存在不同甚至相互"打架"。以功能区划为例，环保部门依照《水污染防治法》实施细则划定水环境功能区划，水利部门依照《水法》划定水功能区划。二者均有上位法支撑，环保和

① 任敏：《河长制：一个中国政府流域治理跨部门协同的样本研究》，《北京行政学院学报》2015 年第 3 期。

② 杨志云、殷培红：《流域水环境保护执法改革：体制整合、管理变革及若干建议》，《行政管理改革》2018 年第 2 期。

水利部门在流域执法过程中都侧重执行本部门制定的政策规章和行业标准，而分散的划分标准不利于水环境、水资源和水生态整体衔接。① 地区之间执法标准的差异也反映了流域水环境污染的根源是产业结构不合理、地方保护主义等经济发展和环境保护的结构性矛盾。因此，水环境治理是一个综合性的系统工程，而且涉及地区发展的结构性矛盾，如果只增加某一部门的治污执法权限和处罚力度根本无法解决这个问题。例如，单靠监管点源违法行为就无法统筹解决流域水环境保护相关的饮用水源地、农业面源污染、河道非法采砂等系统性问题。

（五）流域综合管理能力薄弱，流域管理机构协调能力和支撑不足

流域是一个开放的体系，它的边界有时是很模糊的。我国有七大流域，分别为长江流域、黄河流域、珠江流域、海河流域、淮河流域、松花江流域以及太湖流域。在流域管理中，实行流域与区域相结合、区域服从流域的原则。即，在流域母系统内，区域的水管理服从流域水资源管理，流域水资源管理高于行政区域的水管理，流域水资源管理体系对区域实行统一协调和分类管理。《水法》规定国家对水资源实行流域管理与行政区域管理相结合的管理体制，但是实际上我国流域管理立法和能力都比较欠缺。专门针对流域管理的法规只有《太湖流域管理条例》《长江河道采砂管理条例》《黄河水量调度条例》《淮河流域水污染防治暂行条例》，其他法律法规对流域管理职能的规定过于原则化，对流域综合管理支撑不足。流域协商机制不健全，难以有效协调流域涉水事务。并且我国流域委的行政级别低于所在省（区、市），又没有相应法律可依，所以很难行使职权。除了应对突发事件外，很多情况下流域委逐渐成为一个研究和咨询机构。

三、合作困境与协调困境

从上述分析可见，在河长制实施之前，我国水治理集体行动面对的问题既有合作方面的问题，也有协调方面的问题。在合作方面，由于水

---

① 杨志云、殷培红：《流域水环境保护执法改革：体制整合、管理变革及若干建议》，《行政管理改革》2018 年第 2 期。

治理职责被分散在多个行政部门，行政部门各自为政、壁垒分明，极少会出现相互间自主合作的情况。并且地方政府中部门之间的自主合作也不符合我国水治理方面相关法律法规规定的属地负责和党政同责的原则。因此大多数情况下，行政部门之间不仅不会自主合作，还会出现责任推诿现象。如，受访者反映：

> "（河长制）之前稍微要差一点，几乎因为好像都事不关己，高高挂起，有点这个味道，应该说是有点推诿扯皮的现象。打个比方，某某一个企业，它向河道排污，这种事情就是让我们（水利部门）管也不管，这事肯定是环保部门管的，我们没有执法权力，我们管不到这个企业。"
>
> （访谈逐字稿20180627JZ1）

> "这个河是一个系统性的工程，他可能有住建、有环保、有水利，对吧？还有城管等等的，好多好多部门呢，就这个水。那这个当中如果你说多个部门来治水的话，这个部门就会产生一些，就是说，说白了就要推诿扯皮。本身是你的工作，他说是他的工作，本身是你的原因导致黑臭了，他说他的工作没到位，我的工作到位了。"
>
> （访谈逐字稿20180806ZX1）

部门间的推诿扯皮，一方面是因为水治理集体行动中广泛存在的"搭便车"主观动机和客观机会，另一方面是因为我国水治理体制中存在的行政部门的职能交叠和职责界限不清问题。而这个结构性问题使得涉水活动管理部门很难将自己进行水环境管理活动所产生的收益和成本对应起来，从而使得存在职能交叉的行政部门相互之间更加不愿意主动合作。虽然职能交叠使得各个部门之间存在重复互动的关系，但是由于对未来收益和成本无法对应，这使得合作难以成为部门间或地区间互动中的均衡选择。在这种情况下，合作水平反而会随着互动经验而降低。

在协调方面，各个部门之间治水信息的分散化和相互封锁使得相互之间的协调缺乏信息沟通基础，这导致协调过程中的很多时间与精力耗费在各个部门间的职责确定与信息互通方面。我国各级政府实行"副职分管"体制，即设置多个"职能口"分别由若干副职领导干部负责管理。水治理涉及水利、环保、自然资源、农业、工业、住建等诸多职能领域，这些职能的专业性比较强，往往由不同副职分管。① 在一些情况下，职能相近的部门可能会放在一个职能口下进行管理。但是至于哪些职能部门归属一个职能口，各地各不相同，甚至各层级政府的划分也不相同，因为层级越高，必然分工越细，这些职能部门会归属于更多的职能口管理。以本研究访谈的江西省景德镇市某县为例，在县一级，农、林、水利归为一个职能口，自然资源、生态环境、住建为一个职能口，工业等为一个职能口；在市一级，农、林、水利归为一个职能口，住建为一个职能口，生态环境为一个职能口，工业为一个职能口；在省一级，水利、农业归为一个职能口，住建为一个职能口，自然资源、生态环境、林业为一个职能口，工业为一个职能口。如此多个职能部门和归属的职能口下来，相互之间的职责关系确实像一个"超级迷宫"②。

在副职分管职能口的体制下，职能部门之间的协调往往要依赖各位副职领导。跨部门事项如果发生在同一个职能口，则在同一个副职领导的协调下能够较快实现涉及事项部门之间的配合；如果发生在不同的职能口，又需要不同职能口的分管领导之间的协调。通常，单独的一个部门很难获取其他平级部门所掌握的信息。在这种情况下，部门之间的协调要么需要通过上级的指令性协调，要么依靠不稳定的非正式协调，即人际间关系。如一个受访者说：

> "（河长制之前）别人来找我拿材料，我可以给他，也可以不给他，说白了就要打招呼。如果是我的上级领导打过招呼了，说的要把材料给他，那我就要给他了。那如果上面领导没讲，那我就可给可不给了，看关系了。"

（访谈逐字稿 20180624NZ1）

由于治水职能部门可能分属不同职能口，相互之间各自为政、信息隔绝、缺乏协调，则必然出现治水资源配置错误的情况：一些河湖重复治理，另一些河湖则无人问津。资源重复配置反过来也会导致合作方面的混乱。如一位受访者说：

---

① 马亮、王程伟：《管理幅度、专业匹配与部门间关系：对政府副职分管逻辑的解释》，《中国行政管理》2019 年第 4 期。

② 徐艳晴、周志忍：《水环境治理中的跨部门协同机制探析——分析框架与未来研究方向》，《江苏行政学院学报》2014 年第 6 期。

"原来就是九龙治水太乱，大家都出来治这条河，有时候造成一些工程的浪费。环保局也在这条河上花了钱去治某个东西，住建局也去治某个东西。在这个同时，它如果产生问题的，就要推诿扯皮，他说他的，你说你的，分不清。"

（访谈逐字稿20180806ZX1）

总之，我国水治理体制以属地管理和部门管理为基础，呈现出"条块分割、多头治水"的格局。在这种体制下，涉水活动管理部门非常多，且存在职能交叉。由于水治理，尤其是跨域水治理，本身就涉及"上下游、左右岸"不同行政辖区以及水资源、水环境和水生态不同职能部门之间的关系，涉水行动者之间的合作是全世界水治理面对的难题。而我国"条块分割"和"九龙治水"的体制设计，使得涉水活动管理部门之间的合作更为艰难。从本书所搜集的理论界与实务界关于河长制实施之前的评价来看，很少见到关于平级单位之间的主动合作的介绍，更多反映的是各个治理主体间相互抱怨治理责任分工不明晰，平级单位之间的相互推诿扯皮。尽管这样的体制设计增加了部门之间的相互依赖性，但是部门之间推诿扯皮的历史和信息隔阂使得合作水平反而会随着互动经验而降低。河长制就是在现有的水治理体制下的集体行动的困境中产生的，其制度设计是希望通过高位协调解决部门间与区域间的合作问题，从而在我国现行水治理体制中形成集体行动。

第三节　河长制的制度规则属性与实践操作属性

河长制是指由当地各级党政主要负责人担任辖区内河流（湖泊、水库等）的"河长"（也称"湖长""库长"等），负责辖区内河流（湖泊、水库等）的水资源保护、水域岸线管理、水污染防治和水环境管理工作的一项制度安排。[①] 从集体行动角度而言，作为一项水治理的具体制度安排，河长制具有双重属性：一是制度本身的规则属性，二是制度实践意义上的操作属性。

首先，河长制作为一项正式制度，其本身就是纯粹公共物品。2017年修正的《水污染防治法》总则的第五条明确规定："省、市、县、乡建立河长

---

① 黄爱宝：《河长制：制度形态与创新趋向》，《学海》2015年第4期。

制，分级分段组织领导本行政区域内江河、湖泊的水资源保护、水域岸线管理、水污染防治、水环境治理等工作。"将河长制作为水污染防治的基本制度和普通法则在法律条文中正式规定下来，说明河长制已经是一项正式的国家制度规则，是具有收益非排他性和不可分性的纯粹公共物品。河长制这项制度规则为全国范围内的水污染防治、水资源保护、水环境治理等活动减少了交易成本，提供了制度红利。如果在这项制度之下，我国水环境和水生态状况有所改善，则当下每个人乃至后几代人都将享受到清洁可持续的水资源和河湖水岸带来的福祉。因此，河长制的制度收益是不可分和非排他的。

其次，河长制属于操作规则层次的制度。奥斯特罗姆将制度规则从低到高分为相互嵌套的三个层次：操作规则，直接影响行动场景中参与者做出日常决策；集体选择规则，通过决定操作活动参与者的资质与改变操作规则所使用的具体规则来影响操作活动与结果；宪政选择规则，通过确定集体选择活动参与者的资质与设计集体选择规则所使用的规则来影响集体选择规则，并进而影响操作活动与结果。① 根据这种划分，河长制属于操作规则层次。例如，中央和地方纷纷出台了关于推动实施河长制的实施意见与具体工作方案，对河长制的工作目标、主要任务、组织形式、资金保障、河长的工作职责、监督管理、考核问责等方面的具体工作进行了规定。而且这些地方性规定随着河长制的实施也越来越具体，越来越具有针对性和可操作性。

再次，在操作规则的具体规定之下，河长制组织起了我国水治理领域规模最大的集体行动。2018 年 6 月底我国已实现河长制制度和组织体系的全国覆盖，全国 31 个省、自治区、直辖市全面建立河长制，全国所有江河的河长都明确到位，一共明确了省、市、县、乡四级河长 30 多万名，村级河长 76 万名，两个方面数字加在一起叫作"百万河长"②。同时，省、市、县均成立了河长制办公室，将涉水活动的行政管理部门的负责人纳为其成员，成员部门包括水利、环保、发改、财政、国土、住建、交通、农业、卫计、林业、组织、教育等。另外，许多地市开始聘用普通民众或者招募志愿者与志愿团

---

① 后来的学者还提出了"元宪法层面"，由道德直觉、社会规范以及在较低的水平上确定什么种类的规则是公认"合法"的传统构成。参见埃莉诺·奥斯特罗姆：《公共资源的未来：超越市场失灵和政府管制》，郭冠清译，北京：中国人民大学出版社，2015 年，第 23 页。

② 中华人民共和国水利部：《全面建立河长制新闻发布会》，2018 年 7 月 17 日，http://www.mwr.gov.cn/hd/zxft/zxzb/fbh20180717/，2019 年 8 月 21 日。

队作为"民间河长"。如江苏徐州市出台《关于建立河长湖长制民间"三支队伍"的指导意见》，这三支队伍是指民间河（湖）长、护河（湖）志愿者和护河（湖）治河（湖）监督员。① 浙江瑞安市聘用 300 余名知识分子、企业家和普通群众担任民间河长。②

因此，从制度规则的实践操作意义而言，河长制包含了制度规定和制度激励之下的水治理领域的所有利益相关者之间的集体行动问题。这些利益相关者包括担任河长的地方各级党政负责人、各涉水职能管理部门、体制内监督河长履职和河长制实施的组织（如纪委、督导组等）、体制外参与河湖治理的民间河长/护河志愿者/监督员、直接受到河长制影响的经济利益相关方（如企业、水产养殖户、畜禽养殖户、渔民、采砂作业者、河湖岸线居民等）、环境保护类非政府组织以及普通民众等。由这些利益相关者以及他们的相互关系和作用构成的集体行动是连接河长制的制度规则与实施成效的链条。

综上，河长制作为操作规则层次的制度安排，具有制度规则属性和实践操作属性。作为制度规则的河长制是一项纯粹的公共物品，为我国水污染防治、水环境治理和水生态保护活动提供了非排他和不可分的制度收益。作为具体操作的河长制则组织起了水治理领域所有利益相关者之间的集体行动。由此，对于河长制集体行动的分析可分为两个层次，一是针对河长制这项制度或称操作规则本身的产生与发展过程进行分析。二是对在河长制这项操作规则之下，对各个利益相关方进行的集体行动过程进行分析。

第四节　河长制制度规则的产生

作为制度规则的河长制起于地方政府应对重大公共水环境危机的实践，后经过邻近地区学习、试点以及中央的推行，最终发展为全国性的制度。纵

---

① 江苏省水利厅：《徐州市出台〈关于建立河长湖长制民间"三支队伍"的指导意见〉》，2019 年 8 月 23 日，http：//jswater. jiangsu. gov. cn/art/2019/8/23/art_42852_8681790. html，2019 年 12 月 25 日。

② 瑞安市人民政府：《300 余名民间河长守护家乡碧水清流》，2019 年 8 月 22 日，http：//www. ruian. gov. cn/art/2019/8/22/art_1327206_37213057. html，2019 年 12 月 25 日。

观河长制的产生与变迁历程，可以发现河长制是我国水环境生态系统的表征达到集体行动的发生边界时的内生产物。由于河长制制度本身就是一种集体物品，从集体行动角度，这项制度从发生到演变为全国性的法定制度安排，具有集体物品三阶生产函数的特征①，即由少数群体（我国部分地区）率先形成集体物品生产（即河长制）的"临界规模"，然后该生产扩散到整个群体中（全国范围）。这个过程中，也体现了奥尔森的关于外部强制力和选择性激励有助于集体行动之形成的判断。

一、河长制的起源

2007 年 5 月底，太湖爆发"蓝藻事件"。以太湖为主要水源的无锡市自来水发出恶臭，浓重异味弥漫大街小巷，群众涌入商场抢购纯净水与食品物资，政府陷入当地史上罕见的公共危机。无锡蓝藻的爆发，既有自然因素，也有人为因素。随着长三角区域经济增长，太湖污染也愈加严重。污染源包括市民用水排放、农业化学肥料、水产养殖饲料等，而以沿岸工业废水为大宗。化学污染带来大量氮、磷，导致湖内强烈的过氧化，促使蓝藻快速增生与腐败，厌氧分解过程中产生了大量的氨、硫醇、硫醚以及硫化氢等异味物质，从而导致自来水水源发出恶臭。无锡自来水首当其冲遭到污染，因为无锡市 90% 以上的自来水取水口分布在太湖最北边的梅梁湖，夏天多东南风，蓝藻顺风而漂，聚集在梅梁湖。②

太湖"蓝藻事件"和饮用水危机说明太湖流域的工业、种植业、养殖业、市民、政府等利益相关方当时的行为策略之间的互动已接近纳什均衡。这些旧的行为策略多为相互竞争和"搭便车"的行为策略，各方都争抢使用洁净的水资源，而没有人愿意为水环境的治理付费，由此使得太湖到达生态自我调节能力的极限。此时，太湖水环境治理已经达到集体行动的边界，水资源利益相关方不得不采取集体行动改善太湖水生态。

在采取"引（长）江济太（湖）""截污打捞"等应急方式缓解太湖饮

---

① G. Marwell, P. Oliver, *The Critical Mass in Collective Action*, Cambridge University Press, 1993.

② 陶逸骏、赵永茂：《环境事件中的体制护租：太湖蓝藻治理实践与河长制的背景》，《华中师范大学学报》（人文社会科学版）2018 年第 57 卷第 2 期；沈满洪：《河长制的制度经济学分析》，《中国人口·资源与环境》2018 年第 28 卷第 1 期。

用水危机后，2007 年 8 月，无锡市委办公室和市政府办公室联合印发《无锡市河（湖、库、荡、汊）断面水质控制目标及考核办法（试行）》，由党政负责人担任辖区内重要河道的河长，将河流断面水质检测结果纳入党政主要负责人政绩考核内容。这份文件的出台，被认为是河长制的起源。

因此，河长制是我国水环境生态系统的表征达到集体行动的发生边界时的内源自发性临界产物。称其为内源自发性的，是因为它是地方政府在消除行政领域内的公共危机事件之后，由地方政府自主制定的，而非上级政府或中央政府自上而下强制推行的。但这不排除该项制度的产生受到了上级政府乃至中央政府的行政压力的影响。比如无锡的河长制出台之前，2007 年 6 月 11 日，国务院太湖水污染防治座谈会在无锡召开，时任中共中央政治局常委、国务院总理温家宝做出批示："太湖水污染事件给我们敲响了警钟，必须引起高度重视，要认真调查分析水污染原因，在已有工作的基础上加大综合治理力度，研究提出具体的治理方案和措施。"① 并且中央政府早在 1989 年就开始推行"环境保护目标责任制"，《防洪法》《水法》也规定我国在防汛抗旱、水资源管理、农村饮水安全保障和水库安全管理方面实行行政首长负责制。因此有学者认为，河长制是从河流水质改善领导督办制、环保问责制所衍生出来的水污染治理制度，将"环境保护目标责任制"发展为"环境保护目标责任承包制"，是在已有制度基础上的合理路径依赖的制度创新。②

二、河长制的发生

无锡市应对饮用水源污染危机而出台的《无锡市河（湖、库、荡、汊）断面水质控制目标及考核办法（试行）》只是标志着河长制的萌芽，如果没有其他地区的学习跟进，则该项考核办法充其量只能是一项地方性的政策。甚至有可能，由于河湖治理的外部性，其他没有实行河长制或没有采取有效的河湖治理措施的地区在制度上搭乘无锡市河长制的便车，导致无锡市的河长制的实施效果大大削弱，无法长久实行。正是其他地区的效仿和学习，形

---

① 搜狐新闻：《温家宝总理批示：太湖水污染给我们敲响警钟》，搜狐新闻网，http://news.sohu.com/20070612/n250512507.shtml。

② 王书明、蔡萌萌：《基于新制度经济学视角的河长制评析》，《中国人口·资源与环境》2011 年第 21 卷第 9 期。

成有影响力的"临界规模"（critical mass），从而吸引更多的地区为河长制这项制度性公共物品提供实践经验，使得河长制在更大范围内推广开来。

通过实施河长制，无锡河湖管理与保护成效显著。2008年6月，江苏省政府决定在太湖流域推广无锡的河长制，江苏省政府办公厅印发《关于在太湖主要入湖河流实行双河长制的通知》，开始在15条重要入湖河道实行"双河长制"，由省厅级官员与河流所在地市级领导共同担任河长。同年，辽宁的沈阳市与大连市、河北的邯郸市、浙江的湖州市、河南的周口市、云南的昆明市开始向江苏无锡市学习河湖治理经验。2009年黑龙江、湖北、广东、四川和贵州5个省的个别地市也开始试点河长制。① 2010年12月，江苏省出台《江苏省水利厅关于建立河长制的实施办法》，在全省范围内的主要河道，包括32条流域性河流、省际124条区域性骨干河道和97条重要跨市河道推行河长制。② 这是我国第一个省级层面的河长制行动方案。

截至2009年，试点城市的自主学习将河长制带到了11个省份，占全国31个省（区、市）的35.5%③，再加上江苏省级层面推行河长制工作计划的出台，形成了河长制这种制度性公共物品生产的"临界规模"。根据"临界规模"的含义，它是集体中的某个成员愿意为集体利益或称集体物品的生产做出贡献之前所需要的集体中已经投身于集体利益供给或集体物品生产的其他人的数量。低于每个人"临界规模"的阈值，他们不会参与集体利益的供给；但高于阈值，他们会很乐意为集体利益做出贡献。因此，如果将全国范围的所有省（区、市）、地级市及以下行政区划视为集体成员，将全国性的河长制制度安排视作提供了全国水环境利益的集体物品，则河长制在无锡市的成功经验、其他省份的城市的学习和试点工作以及江苏开始在省级层面推行河长制的举措向我国其他地区展示了一部分先行者为集体物品做出贡献的努力，而且这种努力达到了"临界规模"的阈值，吸引了更大规模的行动者加入集体利益供给的活动中。

---

①③ 陈景云、许崇涛：《河长制在省（区、市）间扩散的进程与机制转变——基于时间、空间与层级维度的考察》，《环境保护》2018年第46卷第14期。

② 江苏省人民政府：《省水利厅关于印发〈江苏省水利厅关于建立河长制的实施办法〉的通知》，2010年12月17日，http://www.jiangsu.gov.cn/art/2010/12/17/art_46811_2680812.html，2019年7月13日。

三、河长制的扩散

在江苏以及其他省份的试点地市探索实行河长制并产生"临界规模"效应之后，河长制进一步在其他地区扩展开来。这一阶段主要是在 2010 ~ 2016 年，表现为条件性的合作者观察到先行者的贡献，随后也加入集体行动中。2012 年山东与陕西，2013 年天津和安徽，2014 年陕西和福建，2015 年北京、上海、广西、江西和湖南开始陆续在辖区内试点河长制。截至 2016 年，北京、天津、江苏、浙江、安徽、福建、江西、海南 8 省（市）在全境推行河长制，16 个省（区、市）在部分区域实行河长制。

有学者研究指出，在这个阶段，河长制扩散和推行路径具有跨区效应、邻近效应、轴向效应和集聚效应显著的特点。其中扩散初期跨区效应显著，以江苏等为代表的地区对其他地区的跳跃式或跨区域发展具有良好的示范作用；扩散中期邻近效应明显，即大多地区倾向于向邻近省份学习，通过探寻其成功经验以取得较为理想的效果；制度扩散过程中也有沿着河流进行扩散的轴向效应特征；河长制扩散模式的集聚效应也比较显著，即先行地区模式的"示范效应"和区域环境的类似性使得跟随地区对同一推行模式的采用在空间上相对集中。① 可见，河长制的扩散过程特征类似于条件合作的集体行动路径，率先为集体利益做出贡献的成员（江苏、浙江部分地区）的合作策略影响了网络中的"邻居"（包括地理位置临近的地区以及区域环境特征相似的地区），从而使得集体行动扩散开来。

四、河长制的全面推行

集体行动发展到一定程度会面临顺序效应（对集体物品/利益不太感兴趣的成员免费搭乘最感兴趣的成员的初始贡献）和盈余问题（初始贡献造成供过于求的感觉，导致后续参与者不愿意贡献）。② 在河长制的扩散过程中，

---

① 钟凯华、陈凡、角媛梅、刘欢：《河长制推行的时空历程及政策影响》，《中国农村水利水电》2019 年第 9 期。

② G. Marwell, P. Oliver, *The Critical Mass in Collective Action*, Cambridge University Press, 1993.

中央层面的行政指令作为一种外部强制力，推动解决了这两个问题。

河长制早期扩散过程是地方政府的个别行为，但随着中央相关部门相关政策法规的出台，河长制推行的时空历程明显受到中央政策的影响。2016 年 10 月 11 日，习近平总书记主持召开中央全面深化改革领导小组第 28 次会议，审议通过《关于全面推行河长制的意见》。2016 年 11 月 28 日，中共中央办公厅、国务院办公厅印发《关于全面推行河长制的意见》，明确在全国范围内，全面推行河长制，全面建立省、市、县、乡四级河长体系。2016 年 12 月 10 日，水利部联合环境保护部印发了《贯彻落实〈关于全面推行河长制的意见〉实施方案》，明确了时间表、路线图和阶段性目标。要求各地抓紧编制工作方案，重点做好确定河湖分级名录、明确河长制办公室、力争 2017 年底前各省（自治区、直辖市）出台省级工作方案。要求各地建立健全河长制工作机制，制定出台河长会议、信息共享、考核问责与奖励等制度，明确工作人员，强化监督检查，严格考核问责，加强经验总结推广和信息公开，确保到 2018 年底，全面建立省、市、县、乡四级河长体系。

2016 年 12 月 13 日，水利部、环境保护部、发展改革委、财政部、国土资源部、住房城乡建设部、交通运输部、农业部、卫生计生委、林业局联合召开视频会议，总结交流各地河长制成功经验，动员部署全面推行河长制各项工作。会议要求水利部会同有关部门建立部门协调机制，强化组织指导和监督检查，适时开展总结评估工作，确保河长制落实落地。水利部牵头建立全面推行河长制工作部际联席会议制度，并于 2017 年 5 月 2 日召开联席会议第一次全体会议。水利部成立了推进河长制工作领导小组，建立了部领导牵头、司局包省、流域包片的督导检查机制。2017 年 3 月 2～12 日开展了 2017 年第一次全面推行河长制工作督导检查。这一系列行政指令和督导检查，成为河长制快速推行的重要原因。到 2018 年 6 月底，我国已全面建立河长制。

总之，河长制作为一项制度性的公共物品，其产生和发展历程具有集体物品三阶生产函数的特点。太湖流域的水危机向人们显示水环境的集体行动已经达到不得不启动的行动边界，江苏省无锡市率先采用河长制应对太湖流域的水危机，河长制在太湖地区的治理效果显著，为我国水环境治理活动做出示范。这感染和吸引了邻近地区和水资源生态情况相似地区的效仿，河长制由此扩散到其他地区，形成了更大范围的影响。在这个过程中，中央层面的等级指令作为一种外部强制力发挥了克服顺序效应和盈余问题的作用。一方面，其通过指定试点地区，将河长制移植到水资源生态条件各异的地区；另一方面，通过发布行政指令和督导检查在全国范围内限期推行河长制。强制性的推行使得没有地区可以"搭便车"，或游离在河长制体系之外。因此，作为一项制度性的集体物品，河长制的产生和发展过程体现了条件合作型和强制型集体行动发生方式相交织的特征。

第五节　河长制实践操作的观察

一、河长制中的集体行动者

河长制在制度规则之下组织起了水治理领域的利益相关者之间的集体行动，这是河长制的实践操作属性。这项集体行动中的利益相关方包括担任"河长"的地方各级党政负责人、各涉水职能管理部门、体制内监督"河长"履职和河长制实施的组织（如纪委、督导组等）、体制外参与河湖治理的民间河长/护河志愿者/监督员、直接受到河长制影响的经济利益相关方（如企业、水产养殖户、畜禽养殖户、渔民、采砂作业者、河湖岸线居民等）、环境保护类非政府组织以及普通民众等。因此，河长制中的集体行动者既包括组织，也包括个人；既包括体制内行动者，也包括体制外行动者。

河长制中的集体行动者所构成的网络关系并不是完全平等的、高度参与的分权式网络关系，而是一种领导型网络关系乃至行政型网络关系。[①] 其中，担任"河长"的地方各级党政负责人和各涉水职能管理部门是网络中的关键行动者，承担着水治理的主要责任。在很多情况下，他们需要对网络中的其他行动者（如企业、养殖户等直接受到河长制影响的经济利益相关方）进行

---

① K. Provan, P. Kenis, "Modes of Network Governance: Structure, Management and Effectiveness," *Journal Administration Research and Theory*, vol. 18, no. 2, 2008, pp. 229–252.

管理，通过财政支持等方式承担河长制的实施成本，并且激励其他网络成员实现河长制下的集体行动目标。

二、河长制下集体行动的观察

根据一些学者和实践者的观点，我国的河长制下的水治理集体行动是由"高位推动"①，是在科层制中的"上级与下级之间嵌入了发包关系"的行政发包制②，这种行政发包制通过目标设定、检查验收和以压力型考核为主的激励分配来保证河长制的执行③。这种政策执行视角的观点类似于奥尔森对集体行动困境的解决之道，通过外部强制推动或选择性激励来形成集体行动。然而，根据对于河长制的调研与访谈，本书发现河长制的实践远比奥尔森分析的外部强制推动或科层制下政策执行要丰富和复杂。

首先，河长制下的集体行动并非分权式网络中自组织起来的集体行动，相反，行政机构和领导权力在其中扮演了最为关键的组织作用。在集体行动者面对诸多不利条件的情况下，行政机构的推动是集体行动的重要维系力。奥斯特罗姆也承认，在没有或很少存在社区治理或个人私有财产权安排发展空间的情况下，如缺乏清晰的资源边界、资源使用者是高规模高度流动的多样化人群，以致达到和实施分权解决的交易成本过高的地方，政府所有权或政府管制可能是更加有效的方式。④

其次，在我国河长制下的集体行动中，协调是一个非常重要的因素。这一点充分反映在各地河长制的政策文件、工作方案、学者们的观察和访谈中。如在各地河长制制度方案中，常见的提法是"加强部门间的联系沟通和协调配合"⑤、

---

① 李娜：《聚焦重点　高位推动　扎实推进河湖长制落地见效》，《河北水利》2019 年第 8 期。

② 周黎安：《行政发包制》，《社会》2014 年 34 卷第 6 期。

③ 李汉卿：《行政发包制下河长制的解构及组织困境：以上海市为例》，《中国行政管理》2018 年第 11 期。

④ 埃莉诺·奥斯特罗姆：《公共事物的治理之道：集体行动制度的演进》，余逊达、陈旭东译，上海：上海译文出版社，2014 年，第 36～39 页。

⑤ 中华人民共和国水利部：《山东省省级河长制部门联动工作制度》，2017 年 8 月 2 日，http://www.mwr.gov.cn/ztpd/gzzt/hzz/gzjz/gzzd/gdjjtsctdgzzd/201708/t20170824_980394.html，2019 年 12 月 29 日。

"协调解决全局性重大问题"①、"协调各方力量"②、"协调解决实际问题"③、"组织协调上下游、左右岸进行联防联控"④ 等。有学者根据其调研走访指出，流域治理实际部门的官员们对于解决治理的碎片化现状，更多地寄希望于上级机关的协调。⑤ 在笔者的访谈中，访谈对象也经常使用"协调"这个词语表达了类似的观点，例如：

> "这个河长制，就我个人的理解，一个是高位的协调到位了，他能这个分清楚各个部门的职责……我觉得最重要的是高位的协调，原来就是九龙治水太乱，大家都出来治这条河，有时候造成一些工程的浪费。"
>
> （访谈逐字稿20180806ZX1）

> "一般是在自己的范围内都会自己沟通解决，如果是解决有困难的，我们就会向上级报告。请上面来协调解决。"
>
> （访谈逐字稿20180627JZ2）

> "如果两个区级河长还有什么问题，两条河道有什么情况不能解决，那区级总河长再协调。那区与区之间就是市里面协调。"
>
> （访谈逐字稿20180802NX2）

> "如果说出现乱排污的情况，我们会协调我们区里面有关部门来进行解决，比如说环保局，城管局来进行解决。"
>
> （访谈逐字稿20180627ZZ1）

---

① 中华人民共和国水利部：《山西省河长制省级会议制度（试行）》，2017年8月24日，http://www.mwr.gov.cn/ztpd/gzzt/hzz/gzjz/gzzd/zymqyqdgzzd/201708/t20170824_980400.html，2019年12月29日；中华人民共和国水利部：《江西省河长制省级会议制度》，2017年8月17日，http://www.mwr.gov.cn/ztpd/gzzt/hzz/gzjz/gzzd/zymqyqdgzzd/201708/t20170817_979926.html，2019年12月29日；中华人民共和国水利部：《贵州省全面推行河长制省级会议制度》，2017年8月17日，http://www.mwr.gov.cn/ztpd/gzzt/hzz/gzjz/gzzd/zymqyqdgzzd/201708/t20170817_979921.html，2019年12月29日。

② 中华人民共和国水利部：《北京市进一步全面推进河长制工作方案》，2017年8月11日，http://www.mwr.gov.cn/ztpd/gzzt/hzz/gzjz/gzfa/201708/t20170811_974011.html，2019年12月29日。

③ 中华人民共和国水利部：《天津市关于全面推行河长制的实施意见》，2017年8月11日，http://www.mwr.gov.cn/ztpd/gzzt/hzz/gzjz/gzfa/201708/t20170811_974010.html，2019年12月29日。

④ 中华人民共和国水利部：《河北省实行河长制工作方案》，2017年8月11日，http://www.mwr.gov.cn/ztpd/gzzt/hzz/gzjz/gzfa/201708/t20170811_974009.html，2019年12月29日。

⑤ 任敏：《河长制：一个中国政府流域治理跨部门协同的样本研究》，《北京行政学院学报》2015年第3期。

再次，在河长制集体行动中，包括政府官员在内的集体行动者并不完全是相互之间毫无关联且最大化自身预期利益的纯粹理性行为人。在很多情况下，他们除了具有自涉偏好外（即关心自己所处的状态和经济利益），还具有很强烈的社会性偏好，如同情心、利他互惠、信任、环境保护意愿等。河长制下的集体行动者们体现出了较为强烈的改变河湖治理现状的意愿，并且愿意为河湖治理做出贡献，这种贡献意愿和投入在某些情况下甚至远远大于政策执行或绩效考核所要求的投入。比如在访谈中我们发现，工作在治水一线的基层政府工作人员具有强烈的改变水污染现状的愿望。这种强烈的愿望为河长制的集体行动奠定了很好的认同和共识基础。比如一位受访者言：

> "（河长制）这项工作，老百姓包括我们党政领导、水利局的领导都很重视。它是改善民生的工作。其实（我们）内心里本身都有（意愿），（问题）也就在眼前。眼前看到我们河道很脏很乱，生态环境很差，积极的内心都想改善。包括你包括我包括每一个人都想要改善它，所以这项工作响应起来就很快，开展起来也很快……这个理念上，这个工作开展下来，包括干部啊、群众啊都非常积极，尤其我们街道党政领导，非常重视。"

（访谈逐字稿20180731XZ1）

在河长制的集体行动过程中，团结激励和目的性激励发挥了重要作用。威尔逊（Wilson）[①] 提出三种类型的激励：物质激励、团结激励和目的性激励。物质奖励，包括工资、保险计划，以及物质或经济报复的威胁。团结的激励来自与其他参与者的社会关系，如赞扬、尊重、友谊又或者耻辱、蔑视和排斥。有目的的激励来自内在的规范和价值观，在这些规范和价值观中，一个人的自尊取决于做正确的事情。一些基层"河（湖）长"，他们从事工作地或生活地的河湖治理工作已多年，通常会投入大量的时间与努力来参与河长制集体行动，这种投入远远超出了行政考核规定的工作职责。参与河长制集体行动对于他们而言成了"一种责任，一种情怀，一份牵挂"[②]。一些人士之所以愿意担任巡河志愿者或公益河长，也是受到了其所在的社会网络的

---

① J. Q. Wilson, *Political Organizations*, Princeton University Press, 1995.

② 中华人民共和国水利部：《"小湖长"徐进观和"大水缸"的故事》，2019年5月7日，http://www.mwr.gov.cn/ztpd/gzzt/hzz/jcsj/201905/t20190507_1133744.html，2019年12月28日。

影响。① 在这些事例中，参与河长制集体行动带来的成就感和责任感已经内化为他们的内在规范，在这种内在规范下的行为并不是纯粹理性行为人模型、物质性激励或者科层制下的政策执行所能解释的。

最后，在河长制集体行动中存在着行动者之间基于信任和互惠的自主互动行为，此时的集体行动就不能被解释为纯粹的行政强制下的政策执行，而是在高位协调之下具有了部分自主合作的特征。在河长制所涉及的各涉水部门之间可以观察到这种基于信任和互惠的自主合作。而且随着工作联系与互动越来越频繁，这种信任与互惠关系也逐渐突显。此时，部门与部门之间的配合或合作是河长制中的必不可少且非常有效的作用机制，同时也超越了完成绩效考核或执行政策的目标，而回归到河长制最本初的集体行动目标，即改善居住地或管辖地的水环境和水生态。如受访者说道：

> "他们（其他部门）需要我们去协助，我也需要他去协助我们的工作。现在我们也团结在一起……还是要持之以恒地把工作（进行下去），（达到）一个常态化的部门联动，达到一个常态化的技术，一如既往地把它抓下去，我认为联动机制是非常有效的。"
>
> （访谈逐字稿20180627JZ1）

> "如果没有河长制，部门之间是推诿扯皮。现在有了河长制以后，有了高位协调了以后，他们之间是相互促进的……他们就有一些很好的良性的循环……我相信设立这个河长制重点是这个目的。"
>
> （访谈逐字稿20180806ZX1）

因此，河长制已然为我国水污染防治和水环境治理领域提供了一个制度激励，这个制度激励强调行政机构在整个治理活动中的作用，尤其是高位协调的作用。但高位协调和制度激励也逐渐开启了利益相关方之间基于信任和互惠规范的良性互动。如果单纯从政策执行角度来观察河长制，则容易将这种"高位协调"解读为通过目标设定、检查验收和以压力型考核为主的激励分配来保证河长制的执行。这种政策执行分析视角容易忽略河长制中许多丰富而复杂的实践，比如行动者在社会性偏好的激励下相互之间基于互惠和信

---

① 中华人民共和国水利部：《老刘的心事儿》，2019 年 5 月 14 日，http：//www. mwr. gov. cn/zt-pd/gzzt/hzz/jcsj/201905/t20190514_1159520. html，2019 年 12 月 28 日。

任的自主合作行为。同时，如果将河长制中的集体行动者被视为在行政强制下被动的政策执行者，这些被动的政策执行者进行一些"粉饰性的治污行为"也不足为奇。而为了避免粉饰性的政策执行行为，逻辑上又更加依靠监督考核等强制性的行政压力，进而得出强化强制性行政压力的政策结论。而在现实情形中，我们观察到行动者更希望通过"团结""相互促进""良性循环"的方式来推进河长制下的水治理活动。因此，无论是从现实情况还是从未来改善的角度而言，河长制的实践操作都不能完全等同于科层制或行政强制下的纯粹的政策执行活动，而是一项同时结合了协调和合作活动的复杂的集体行动。

正是基于这个观察，本书将河长制下的实践视为水治理中的集体行动。根据对河长制下的集体行动的观察和已有关于集体行动的研究结论，集体行动可分解为合作和协调两个要素，其中"合作"要素关注的是集体行动者"做什么"和"是否会做"的问题；"协调"要素关注"怎么做"，而且这种"怎么做"的过程会对集体行动者"是否会做"产生影响。河长制下的集体行动得以形成，得益于在"积极协调下的合作"这种新的集体行动发生路径之下，在"合作"和"协调"两个方面都取得了相应的进展。

第六节　本章小结

在河长制之前，我国水治理集体行动面临诸多困难，其中既存在合作困难，如部门间地区间职能冲突、推诿扯皮；也存在协调困难，如信息隔绝、错误配置等。我国河长制作为一项水治理的具体制度安排，具有双重属性：一是制度本身的规则属性，二是制度实践意义上的操作属性。由此，对于河长制中的集体行动的分析可分为两个层次，一是针对河长制这项制度性公共物品的产生与发展过程进行分析。二是在河长制这项操作规则之下，对各个利益相关方参与的集体行动过程进行分析。

已有的集体行动理论发展出多样化的集体行动发生方式，如奥尔森的强制型发生方式、阈值模型的条件合作型发生方式、奥斯特罗姆的自组织型发生方式等，这些集体行动模型在一定程度上为河长制的集体行动分析提供了知识基础。作为一项制度性的集体物品，河长制的产生和发展过程体现了条件合作型和强制型这两种集体行动发生方式相交织的特征。太湖流域的水危机向人们显示水环境治理集体行动已经达到不得不启动的行动边界，江苏省无锡市率先采用河长制应对太湖流域的水危机。河长制在太湖地区的治理效果显著，这感染和吸引了邻近地区和水资源生态情况相似地区的效仿，进而形成有影响力的"临界规模"，河长制由此在更大范围扩散开来。在这个过程中，中央层面的等级指令作为一种外部强制力发挥了克服顺序效应和盈余问题的作用。

对于河长制下集体行动实践的观察发现，河长制的具体运作机理不能完全等同于科层制或行政强制下的政策执行行为。尽管河长制制度激励强调行政机构在整个治理活动中的作用，尤其是高位协调的作用，但高位协调和制度激励也逐渐开启了利益相关方之间基于信任和互惠规范的良性互动。因此，河长制下的水治理实践是一项在"积极协调下的合作"路径中结合了协调和合作活动的复杂的集体行动。接下来的章节将分析河长制集体行动中的合作与协调，并以"积极协调下的合作"路径解释河长制下集体行动何以发生。

河长制集体行动发生要素：合作与协调

　　根据第二章对于河长制的实践观察，合作与协调是理解河长制下集体行动的两大方面。为此，本章将合作和协调区分开来作为集体行动的两大要素，这两大要素解决的是不同的集体行动问题，二者结合才能促使集体行动有效发生。本章首先区分了集体行动中的合作与协调的范畴，合作方面关注的是各个行动者（网络中的"节点"）是否为集体利益/目标做贡献，协调方面关注的是有意和有序地联合或调整合作伙伴之间的互动关系（网络中的"纽带"）。在区分的基础上，结合对于集体行动、合作和协调的新近研究成果，本章详细分析了影响集体行动者选择合作的条件因素和集体行动中的协调机制、模式与行为的特征。同时，结合河长制的制度设计和实践操作，分别阐述了河长制中影响行为者进行合作的条件因素，以及河长制中的协调体系的设计与具体协调方式。分析说明，河长制在解决协调困境和合作困境两方面都取得了一定的进展，协调和合作两大因素共同作用促使了河长制下集体行动的发生。

第一节　集体行动中的合作和协调的范畴

合作（cooperation）和协调（coordination）共同拥有"一起工作"的含义。英文单词 cooperation 来自拉丁文 cooperārī（co-，一起；operārī，工作），表示"为同一个目的一起工作的过程"，或者"辅助某人，或配合他人要求"。[①] Coordination 来自拉丁文 coordinātiō，其中 ordin 是"顺序、秩序"的意思。动词形式的 coordinate 是指"有序地一起工作"，在这之前 coordinate 是指"安置在相同的等级"或"安排在适当位置"。[②]

概念含义的相似，一方面使得合作和协调在集体行动中的范畴存在重叠之处，另一方面导致集体行动的研究者和实践者可能存在认知偏颇：或将集体行动完全等同于合作，或过于重视集体行动中的协调因素。这进而导致了研究者和实践者的归因偏差，比如将一项成功（或失败）的集体行动归因于集体行动参与者具备（或缺失）合作方面的有利要素，而忽视了他们之间的协调努力所产生的润滑（或阻滞）作用；反之亦然。归因将影响调试，错误的判断和归因可能会导致集体行动的努力和结果之间的南辕北辙。例如，菲奥克（Feiock）等[③]指出，未能将协调与合作困境区分开来，阻碍了解决集体行动问题的努力。因此，无论从理论分析还是实践角度，区分集体行动中的合作和协调的范畴都是必要的。

仔细研究可以发现，合作和协调虽然都有"一起工作"的含义，但是侧重点并不相同。合作（cooperation）的词义中突出了"同一个目的"的含义，这是人们在一起工作的动机或前提。行动者之间拥有共同的目的，可能出于其互惠的经济利益、共同持有的价值观念、共同面对的外部问题，甚至是外部制度强加的行事规则等。在互惠的利益和共同的目标之下，各参与方起码不能相互抵制或拆台，基本的相互配合是必需的，也就是形成"合作"。因此合作（cooperation）通常相对于竞争（competition）、冲突（conflict）、抵触

[①②]　Dictionary. cooperate，http：//www. dictionary. com/browse/cooperate，2018 – 05 – 25.

[③]　R. C. Feiock，I. W. Lee，H. J. Park，"Administrators' and Elected Officials' Collaboration Networks：Selecting Partners to Reduce Risk in Economic Development，" *Public Administration Review*，vol. 72，no. s1，2012，pp. S58 – S68.

（collision）、抵 抗（resist）、敌 对（hostile）而 使 用。如 阿 格 拉 诺 夫（Agranoff）指出，"合作意味着，共同工作的人寻求相互帮助而不是敌对"①。

大家聚合在一起工作需要克服无序和混乱的问题，协调（coordination）就是注重一起工作过程中的"秩序"问题，即大家在一起工作的过程中，各自有相对确定的职能并且各司其职。此时，"协调"比"合作"更强调成员之间的联系以及大家一起工作的结构化程度。另外，协调作为一种活动，其职能在于维持"一起工作"的秩序，也即法约尔所定义的：列出活动的时间安排和顺序，为各种事务和行动分配适当比例的资源、时间和优先权，以便它们能够相互契合，并不断进行调整。② 协调中的这种有序和维持秩序的含义是合作所不具备的。

共同的目标和过程的有序都是一项成功的集体行动所必需的。集体行动涉及在网络这种组织形式和治理结构中，各个行动者如何建立联系、投入资源和能力、统一行动，以创造和收获比单一行动者的单独行动更大的价值和收益。网络由节点以及节点之间的纽带构成。网络分析的目的是深化节点和纽带的性质，它们之间的行为和互动，以及两者结合所产生的所有特征和行为③。对于集体行动的分析同样可以采取基于节点与纽带的网络分析思维。根据节点与纽带的网络分析思维，并结合集体行动理论传统以及合作和协调的文本含义，本书认为集体行动中的"合作"关注的是网络中的"点"（单个行动组织）的行为，"协调"关注的是网络中的"线"（组织之间的有序互动）。

结合"合作"与"协调"的文本含义、集体行动相关理论研究和经验研究结论，以及本书对河长制的观察，本书将集体行动中的"合作"与"协调"范畴区分如下。合作是一种行为，指集体行动参与者基于对在实现集体利益/目标过程中所要做出的贡献和所能获得的收益的共同理解，选择为集体利益/目标做出贡献，或者配合为集体利益/目标做出贡献的要求。合作关注

---

① R. Agranoff, M. Mcguire, *Collaborative Public Management: New Strategies for Local Governments*, Georgetown University Press, 2004, P. 4.

② 亨利·法约尔：《工业管理与一般管理》，张扬译，北京：北京理工大学出版社，2014 年，第 65 页。

③ K. Provan, P. Kenis, "Modes of Network Governance: Structure, Management, and Effectiveness," *Journal Administration Research and Theory*, vol. 18, no. 2, 2008, pp. 229 – 252.

的是各个行动者（网络中的"点"）是否愿意为集体利益做出贡献、做出了什么贡献、预期会有哪些结果，即"是否做"和"做什么"的问题。如果各个行动者同意为集体利益做出贡献，则他们之间达成了合作伙伴或联合行动的关系。反之，合作的困境在于行动者在"搭便车"等机会主义或隐藏的动机的驱使下，不愿意选择贡献策略，即不愿意为共同目标和集体利益做出自己份额的贡献，表现为拒绝联合、逃避责任、耽误观望、不守承诺等。化解合作困境需要分析哪些因素影响了集体行动中的个人或组织选择或配合为集体利益/目标做贡献，反过来说，哪些因素有助于克服"搭便车"动机。

集体行动中的协调是指有意和有序地联合或调整集体行动者的贡献与活动以实现共同确定的目标。协调关注的是行动者之间如何组织互动并将互动成本降到最低（网络中的"线"的形成与调整），即"怎么做"的问题。如果行动者之间协调一致，则联合行动具有高效率、有效性、灵活性、适应性等特征。反之，协调困境在于无法跨越组织边界进行活动的安排和整合，表现为信息或行为者的遗漏、行为者活动间的不兼容、资源的错误配置等，关键在于行为者之间的联系和联络。化解协调困境需要分析行动者之间的联系和连接机制的效率和有效性及其与行动者的网络结构之间的契合性问题。

因此，协调与合作是根本不同的集体行动问题。在合作方面的主要媒介和价值是信任、互惠、声誉、可信任的承诺，而协调的媒介与价值则是信息和有效的信息传播。协调活动的风险是比较小的，因为当个体参与者之间的交互局限于为协调而传播信息，行动者就没有什么动机去选择"叛变"策略，因为共享信息和掌握其他行动者的选择的更多信息会使得集体行动中的每个人更好，增加行动者受益的可能性。合作则包含更大的风险。因为即使信息得以在参与者之间充分有效地传播，参与者之间也因利益冲突而存在逃避贡献、将自己贡献最小化或违背承诺的诱惑。因此，合作需要更大程度的承诺。随着集体收益的提高，可信度和可信的承诺（尤其在选择合作伙伴时）变得比信息更重要。

集体行动的形成要求各行动者愿意对集体行动做出贡献并分享成果。但仅仅有联合的意愿、同意的目标、履行联合行动的承诺等这些"合作"方面的行为并不足以导致有效而持续的集体行动，行动组织在"协调"方面的效率（如设计和实施协调机制的相对成本）、有效性（协调工作在多大程度上实现了预期的连接或调整结果）以及维持统一行动的有序性和一致性的管理能力，也起着重要作用。因此，协调针对的和解决的是与合作不同的问题。如果说"合作"的风险是加入集体行动的个人或组织存在机会主义或"搭便车"动机，他们在集体行动过程中不履行联合贡献的承诺，造成集体行动关系的破裂，则协调的风险来自行动者之间建立了联合行动的关系并同意履行各自承诺后，因为信息沟通不畅、流程设计不合理等方面的因素，而导致集体行动的低效与不可持续。

虽然很多学者认为合作与协调是不同的集体行动问题，但是从这个角度对集体行动的研究并不多。在现实情况中，合作活动与协调活动常常交织在一起。尤其在复杂公共事务治理活动中，公共管理人员常常既是合作者又是协调者。这对研究有公共管理人员参与其中的集体行动提出了更高的要求，既要从合作方面分析影响包括公共管理人员在内的集体行动者的行为策略选择问题，又要从协调方面分析协调机制的设计及其对集体行动者和集体行动结果的影响。

第二节　集体行动者合作的影响因素及干预措施

关于集体行动如何发生的一个核心问题是在单方面背叛（如搭便车行为）更有利可图的情况下，合作行为是如何涌现的，哪些因素会影响集体行动参与者为集体利益/目标做贡献。本节从社会网络中的行动者这个"节点"、行动者之间的关系这条"纽带"、行动者所处的网络的整体结构特征这三个方面分析影响行动者选择进行贡献的条件因素。在这些条件因素组合形成的外源性和内源性的激励下，行为者将有很大的概率会选择贡献策略。分析这些条件因素最终目的是为了有针对性地采取各种干预措施以克服"搭便车"的诱惑，促进合作行为。

一、影响合作的自涉因素及干预措施

影响集体行动者采取合作行为的自涉因素是指集体行动者不考虑其所处的关系网络，仅从自身的理性思考出发选择是否为集体利益/目标做贡献。这种情况类似于博弈论或者奥尔森分析的"大集团"的情况，其中集体行动者

们具有互惠的利益或共同的目标，但是行动者是随机配置的，相互间缺少沟通交流，不具有密切的联系。在这种情况下，只有当继续合作的可能性和合作的回报足够高时，参与者才有更大的概率继续贡献。对收益或风险的策略性考量是行为人的主要权衡内容，合作在充分有利的条件下才有可能出现。

（一）对合作回报的理性评估

行为人之所以选择合作，是因为合作有利可图。尤其当集体行动能够产生高人均合作边际收益率时，每个人都会认识到他的贡献产生的差异将比人均边际收益率较低时大，而其他人也更有可能认识到这点并进行贡献。反过来，诸多博弈行为实验证明由"背叛"策略带来的收益永远是博弈中的参与者放弃合作而选择背叛策略的巨大诱因。当一个博弈者认为另一个博弈者会选择合作的信念落在某一水平以下，则该博弈者会通过采取背叛策略来最大化自己的期望收益。背叛策略的吸引力越大，即背叛策略为最优的信念集越大，博弈者选择合作的可能性就越小。[①]

在集体行动中，如奥尔森分析的，集团规模越大，集团中任一个体或子集能获得的总收益的份额就越小，甚至不足以抵销他们为集团物品所支付的成本。[②] 并且，由于任何单一投入对提供集体物品的可见性都会下降，个人更容易认为他们自己的搭便车不会被注意到，同时预测他人也会采取"搭便车"策略，"搭便车"策略（即"背叛"策略）成为集体行动中的普遍策略。因此，对合作收益进行理性计算的行为人会对"合作"（参与集体行动）带来的收益和"背叛"（"搭便车"行为）带来的收益进行比较[③]，同时对他人是否采取合作也会进行理性的预估。如果这两项因素的累积使得合作不是符合行为人收益最大化的理性选择，则集体行动难以形成。

基于这个判断，行为人只有在明确了各自的收益或责任的情况下才会理性地选择合作。换言之，集体行动需要一个正式的制度规则，如合同、协议、

---

① Dal Bó P，G. R. Fréchette，"The Evolution of Cooperation in Infinitely Repeated Games：Experimental Evidence，" *American Economic Review*，vol. 101，no. 1，2011，pp. 411 –429.

② 曼瑟尔·奥尔森：《集体行动的逻辑》，陈郁、郭宇峰、李崇新译，上海：格致出版社，2011年，第40页。

③ M. Embrey，G. R. Fréchette，S. Yuksel，"Cooperation in the Finitely Repeated Prisoner's Dilemma，" *The Quarterly Journal of Economics*，vol. 133，no. 1，2017，pp. 509 –551.

规章等，来确定每个人对集体利益或目标的贡献、从中获得的收益、不贡献将会面对的惩罚等。无论这个制度规则是外部强加的，还是集体成员自主达成的，这个制度规则必须存在。依靠正式的制度规则并非意味着集体行动者是纯粹理性的经济人，而是保证在排除了有利于合作的其他因素的情况下，行为人也能理性地选择合作策略，同时判断他人也会选择合作策略。

(二) 风险态度

收益与风险态度总是紧密联系，行为人在参与集体行动时也会根据收益调整他们的风险态度，进而改变行为策略。收益高于其期望的行为人在随后的交互中会变得更加厌恶风险，收益低于其期望的主体则会寻求风险。这些期望是由他们过去的收益（历史比较）或人口的平均收益（社会比较）决定的。[①] 一些博弈行为实验证明，厌恶风险的博弈者比追求风险的博弈者更愿意合作，因为持续的合作能够产生稳定的收益[②]。换言之，当合作收益高于预期，则行为者会继续选择能够产生稳健收益的合作策略；当合作收益低于期望，会使得行为者采取寻求风险的态度，即更容易采取背叛策略，导致合作关系的瓦解。[③]

风险态度的影响说明，如果一项集体行动需要在较长时期的投入后才会产生收益，集体行动者可能会由于收益不如所预期的及时到来，从而在风险态度的作用下停止对集体利益继续贡献。此时，除了正式制度规则所规定的惩罚措施能够在一定程度上弱化风险动机外，将已有的集体行动所产生的中间产出或称"小的胜利"分享给集体行动者也能在一定程度上鼓励行为人继续合作。中间产出或"小的胜利"相对于最终的集体行动目标可能更加具体，同时向行动者展示集体行动的优势，这些小的成功可以反馈到集体行动过程中，成为参与者的重要动力。尤其当集体行动参与者之间存在不愉快的合作历史，甚至先前的敌对情绪很高，那么及时分享中间结果对于集体行动

---

① C. Snijders, W. Raub, "Revolution and Risk: Paradoxical Consequences of Risk Aversion in Interdependent Situations," *Rationality and Society*, vol. 10, no. 4, 1998, pp. 405 – 425.

② M. A. L. M. Van, C. C. P. Snijders, "The Effect of Nonlinear Utility on Behaviour in Repeated Prisoner's Dilemmas," *Rationality and Society*, vol. 22, no. 3, 2010, pp. 301 – 332.

③ W. Zeng, M. Li, N. Feng, "The effects of Heterogeneous Interaction and Risk Attitude Adaptation on the Evolution of Cooperation," *Journal of Evolutionary Economics*, vol. 27, no. 3, 2017, pp. 435 – 459.

的维持就尤为重要。①

因此，集体行动中若存在正式的制度规则、明确规定或划分收益和责任、能够分享集体行动的中间产出等，对于行动者理性地采取合作行为非常关键。这些条件的存在使得行动者即使不存在利他的社会性偏好，仅从收益最大化的自涉偏好出发也可能参与集体行动。此时，集体行动者所采取的合作是理性的收益最大化的策略性合作。② 这种情况没有考虑行动者所在的关系网络特征对其的影响，因而是集体行动中的合作行为分析的起点。一旦逐步加入行为人所在的关系网络特征，行为人就会受到更为复杂的因素的影响。这些关系网络因素可能会弱化行为人的自涉偏好，从社会性偏好方面增加行为人进行非策略性合作的可能性。

二、影响合作的关系因素及干预措施

处于关系网络中的行为人，其是否采取合作行为取决于行为人之间能否建立有利于合作的稳定关系，如重复互动关系、信任关系、互惠关系等。此时，合作产生的基础不仅仅是行为人对合作收益的理性计算，还包括行为人之间建立稳定关系的条件是否成熟。

（一）重复互动关系

行为人如果处于重复互动的关系中，可以从两个方面提高其合作的可能性：一是未来收益，二是合作经验。这对于具有不同学习模式和信念的行为人都可以发挥作用，如一些行为人是前瞻性学习者，倾向于根据对未来的预期而决定如何行动；另一些是适应性学习者，倾向于基于之前的合作经验来采取下一步的行为策略。重复互动关系使得前瞻性学习者会根据未来合作带来的丰厚收益而选择合作策略，同时适应性学习者也希望延续先前较好的合作体验而选择继续合作。

在重复互动的情况下，参与人在每一次互动之后都会有正概率继续进行

---

① C. Ansell, A. Gash, "Collaborative Governance in Theory and Practice," *Journal of Public Administration Research and Theory*, vol. 18, no. 4, 2008, pp. 543 – 571.

② E. Reuben, S. Suetens, "Revisiting Strategic versus Non-strategic Cooperation," *Experimental Economics*, vol. 15, no. 1, 2012, pp. 24 – 43.

下一回合的互动，因此未来互动所带来的收益以及如果在此次互动中采取不合作策略所引致的潜在损失（比如其他人在下一回合互动中也对其采取不合作策略以惩罚他此次不合作的行为）将被参与人考虑在内。假如不给互动设定一个明确的结束时间，不管之前已经进行了多少期的互动，参与人仍可能在下一期相遇，只要参与人有足够的耐心或者未来的收益足够重要，则任何短期的机会主义行为的所得都是微不足道的。^① 虽然背叛策略会得到更多的眼前利益，但由于背叛策略会因为对方的惩罚而丧失更多的未来利益，因此参与人往往会克制住背叛的冲动而选择合作。此时，参与人有积极性为自己建立一个乐于合作的声誉，同时也有积极性惩罚对方的机会主义行为。

尽管重复互动可以让未来收益成为行为人的考量，但是主体有可能不能充分利用合作的机会。^② 一些比较随机匹配和固定匹配情况下的具有高继续概率的无限重复博弈行为实验显示，随着主体在固定匹配中获得更多经验，合作会增加；在随机匹配下却没有出现该结果。^③ 这说明，合作是随着实验对象获得经验而发展的，无限重复博弈通过使参与者获得合作的经验而提高合作水平。在行为者获得合作经验后，他们可能会重新评估与伙伴建立合作关系所获得的收益，并相应地改变自己的行为。因此，行为人在重复互动过程中所获得的经验和体验也是影响其后续行为的关键因素，如前一轮合作伙伴的合作程度、前一轮互动的持续时间等。一般而言，以往合作的体验越好，如参与合作的人越多、合作关系越密切、合作时间越长，则行为人再一次合作的可能性越大。

（二）信任关系

在某些情况下，合作的可行性依赖于相互信任，需要行为人之间建立共同的信念和预期。了解两个方面的信息有助于建立信任关系，一是关于行为人之前的合作历史的信息，二是在本次合作开始时或进行时行为人之间沟通所传达的信息。

---

① 龚小庆：《合作·演化·复杂性》，杭州：浙江工商大学出版社，2017年，第91~92页。

② P. Dal Bó, G. R. Fréchette, "The Evolution of Cooperation in Infinitely Repeated Games: Experimental Evidence," *American Economic Review*, vol. 101, no. 1, 2011, pp. 411 – 29.

③ J. Duffy, J. Ochs, "Cooperative Behavior and the Frequency of Social Interaction," *Games and Economic Behavior*, vol. 66, no. 2, 2009, pp. 785 – 812.

很多分析表明，利益相关者之间先前合作（或敌对）的历史将促进（或阻碍）合作，过去成功合作的历史可以创造社会资本和高水平的信任，从而产生合作的良性循环。① 因此，了解对方过去成功合作的信息有助于行为者在本次选择合作策略，这也与重复互动有关系。如奥斯特罗姆指出，在重复情况下，个人能够获得的关于他人早期行为的信息量可以对策略的选择产生实质性差异。在重复互动的家庭和小型农业社区，成员们可以随着时间的推移建立声誉以及增加对其他参与者的信任程度②。充分了解参与者同伴过去作为集体行动贡献者的历史，当同伴的声誉良好时，可能会提高合作水平。

然而，如果利益相关者之间存在对抗的前科，那么除非利益相关者之间高度依赖或采取积极步骤纠正利益相关者之间的信任和社会资本水平较低的现状，否则行为人在本次集体行动中不太可能采取合作行为。一方面，当利益相关者之间高度相互依赖时，高水平的冲突实际上可能为集体行动创建强大的激励，因为他们担心如果不参与集体行动就会错失相关利益，而让对方占据优势地位。③ 另一方面，如果利益相关者存在对抗的历史，但他们之间可以进行沟通，则也有可能改变互动结果。如在合作开始之前，一方明确表示自己的策略，这种沟通可以通过"闲聊"（cheap talk）进行，闲聊不具有约束力，也没有直接的回报结果。即便如此，这样的信息可能会通过影响接收方的选择而使发送方受益。④ 如果利益相关者可以随心所欲地交流，他们就会利用自己的信息来达成一种均衡，这种均衡对任何一方都不会比那个利益相关者最糟糕的帕累托效率均衡更糟糕。⑤ 因此，沟通有助于降低不确定性从而增进社会困境中的合作。哪怕是随意的谈话或单方面的交流，也能提

① R. D. Margerum, "Collaborative Planning: Building Consensus and Building a Distinct Model for Practice," *Journal of Planning Education and Research*, vol. 21, no. 3, 2002, pp. 237 – 253.

② P. Seabright, "Managing Local Commons: Theoretical Issues in Incentive Design," *Journal of Economic Perspectives*, vol. 7, no. 4, 1993, pp. 113 – 134.

③ C. Ansell, A. Gash, "Collaborative Governance in Theory and Practice," *Journal of Public Administration Research and Theory*, vol. 18, no. 4, 2008, pp. 543 – 571.

④ J. Farrell, M. Rabin, "Cheap Talk," *Journal of Economic Perspectives*, vol. 10, no. 3, 1996, pp. 103 – 118.

⑤ M. Rabin, "A Model of Pre-game Communication," *Journal of Economic Theory*, vol. 63, no. 2, 1994, pp. 370 – 391.

高合作的概率。信息交流得越充分，越能提高合作的概率。

（三）互惠关系

互惠关系可分为直接互惠、间接互惠和强互惠。直接互惠，通俗地说是，你跟我合作，我就跟你合作；你若是背叛，我就中止合作以惩罚之。间接互惠，是个体的利他行为会帮助他在群体中获得更高的声誉，从而更容易吸引别人与他合作。强互惠是指自己不仅愿意与他人合作，而且愿意花费个人成本去惩罚那些不合作的人。

直接互惠关系的典型例子是"一报还一报"策略（tit for tat），即你上一次合作，我这一次就以合作回报；你上一次背叛，我这一次就以背叛来惩罚。在博弈的情况下，计算机竞赛的方法说明"一报还一报"策略是促使合作的最成功的策略①。因为，如果一方背叛，另一方仍采取合作时，所产生的收益被称为"傻瓜收益"（sucker's payoff）。"傻瓜收益"与合作收益差别不大的话，则双方都希望获得"傻瓜收益"，合作则必然瓦解。②

直接互惠关系说明了惩罚对于集体行动的重要性，如果不对背叛行为进行惩罚，并以此作为参与者的共同信念，则合作很难维持。如果这种惩罚具有"传染性"，即当一个行为者在 t 时段背叛时，他在 t 时期的对手在 t+1 时段背叛，感染另一个行为人在 t+2 时段背叛，由此传染下去。这样参与者们足够担心合作瓦解，以至于他们不会第一个偏离和破坏合作，但也不至于过分担心合作瓦解以至于他们不愿意为合作开始后的传播而贡献力量。③ 这种来自对手的传染性惩罚是执行合作的一个相当有力的工具。

间接互惠涉及名声和地位，它导致群体中的每一个成员处于持续不断评价和再评价中。间接互惠包括两类情况。一类称为上游互惠性：A 帮助了 B，这使得 B 会在将来帮助第三者 C。另一类称为下游互惠性：A 帮助了 B，此事被第三者 C 观察到从而使得 C 会在将来帮助 A。而在众目睽睽之下选择利他的合作行为是一种"自我展示"策略，该策略能够为参与人赚取好名声，

---

① R. Alexander, *The Biology of Moral Systems*, Routledge, 2017.

② M. Blonski, P. Ockenfels, G. Spagnolo, "Co-operation in Infinitely Repeated Games: Extending Theory and Experimental Evidence," JW Goethe Universität Frankfurt Working Paper, 2007.

③ G. Ellison, "Cooperation in the Prisoner's Dilemma with Anonymous Random Matching," *The Review of Economic Studies*, vol. 61, no. 3, 1994, pp. 567 – 588.

从而提高自己在群体中的地位，以期能够在未来得到他人的帮助。行为实验证明，在一个声誉的环境中，当对群体的贡献在公共空间可见的时候，人们会表现出更多的利他行为。并且利他贡献最多的成员往往会在群里中获得最高的地位，并且被其他成员最频繁地选择为合作交往的伙伴。[①] 这些结果说明个体会为了声誉而选择合作行为，这是因为与地位相关的利益非常丰厚且会不断增长。人们往往通过日常的观察及各种讨论形成个人声誉，从而通过间接互惠关系极大地促进了现实生活中合作秩序的形成和扩展以及集体物品的贡献水平。

强互惠行为是指第三方利他惩罚的行为，群体中的个人不仅合作，而且不惜花费个人成本或牺牲自己利益去惩罚那些破坏合作规范的人。不管是言语的批评、不良的声誉还是货币惩罚，基于惩罚的负互惠激励对于合作秩序的维持和稳定都是非常有效的机制。[②] 强互惠之所以有效是因为来自第三方的利他惩罚增加了搭便车者的成本。因此，强互惠的作用在集体物品生产中很明显。如果集体物品生产中的参与人 A 观察到了参与人 B 的搭便车行为，那么参与人 A 有两种选择。一种选择是所谓的消极互惠，即也做出低贡献甚至零贡献，此时集体行动演化的方向将是搭便车策略的繁荣和集体物品的稀缺甚至消失。另一种选择是强互惠。博弈实验说明如果没有惩罚，被试者将倾向于"搭便车"；而一旦允许惩罚之后，面对搭便车的零贡献行为，被试便不再倾向于"搭便车"，而是选择利他惩罚。[③]

关于理性行为人为什么会采取强互惠行为，萨格单（Sugdan）认为强互惠与信誉有关：如果你背叛了信誉良好的某人，那么你就会因此得到较差的信誉；但若你背叛了信誉较差的某人，那么你还能继续保持良好的信誉。[④] 一些实验结果则表明，惩罚并不仅仅是为了矫正他人的行为，而更有可能是享受实施惩罚带来的正义感；被惩罚者后续的高贡献并不是为了自身利益的

① C. L. Hardy, M. Van Vugt, "Nice Guys Finish First: The Competitive Altruism Hypothesis," *Personality and Social Psychology Bulletin*, vol. 32, no. 10, 2006, pp. 1402 – 1413.

② E. Fehr, S. Gächter, "Altruistic Punishment in Humans," *Nature*, vol. 415, 2002, pp. 137 – 140.

③ E. Fehr, S. Gächter, "Cooperation and Punishment in Public Goods Experiments," *American Economic Review*, vol. 90, no. 4, 2000, pp. 980 – 994.

④ R. Sugden, *The Economics of Rights, Co-operation and Welfare*, Basingstoke: Palgrave Macmillan, 2004.

最大化，而是希望修正形象。[1] 关于集体物品博弈的大规模现场实验也证明，参与集体物品贡献项目的成员能够被其他社会成员知晓（即"可观察性"）增加了集体物品贡献的参与率，该参与率甚至显著大于货币激励下的参与率。[2] 当行为者未来更有可能与观察到他们行为的成员交往时，可观察性对集体物品贡献率的效用更加明显。

综上有利于合作的稳定关系的分析，重复互动关系说明了未来收益和在以往合作中习得的经验对于集体行动者选择合作策略的重要性，信任关系说明了基于合作历史信息、相互高度依赖以及通过沟通而形成的共同的信念和预期的重要性，直接互惠关系说明了交互方之间的消极惩罚的重要性，间接互惠关系说明了声誉的重要性，强互惠关系则说明来自第三方的积极惩罚的重要性。因此，如果行为人之间属于重复互动的情形、相互间存在信任关系、相互间能够运用消极的负向互惠或积极的利他互惠机制、处于声誉评估环境中，则能够提高相互间合作的可能性。在集体行为者之间发展信任关系、增加未来交互的可能性、进行充分的沟通交流、提高合作的体验、进行正式制度制裁之外的社会制裁、提高贡献行为或"搭便车"行为的可观察性、强调声誉评价等，将会增加集体行动的成功概率。

三、影响合作的结构因素及干预措施

行动者所在的复杂的群体结构对其选择合作策略以及合作的扩散有重要影响。阿比瑟亚（Apicella）等人的研究指出，社会互动依赖于网络的结构和属性，网络的结构特征有助于揭示合作行为产生和演进的机制，并最终克服自然缺陷的诱惑。[3] 社会网络中的空间结构和社会关系显示一些个体之间的交往比和其他个体之间更加密切些，呈现的是"物以类聚，人以群分"的区

---

① S. Gächter, E. Fehr, "Collective Action as a Social Exchange," *Journal of Economic Behavior & Organization*, vol. 39, no. 4, 1999, pp. 341 – 369.

② E. Yoeli, M. Hoffman, D. G. Rand, et al., "Powering up with Indirect Reciprocity in a Large-scale Field Experiment," *Proceedings of the National Academy of Sciences*, vol. 110, no. Supplement 2, 2013, pp. 10424 – 10429.

③ C. L. Apicella, F. M. Marlowe, J. H. Fowler, et al., "Social Networks and Cooperation in Hunter-gatherers," *Nature*, vol. 481, 2012, pp. 497 – 501.

块特征。因此，社会网络中的个体不是均匀混合的，而是具有正向匹配和高集聚性特点。总结起来，网络中影响合作的结构性因素主要包括网络的中心性、网络节点的同质性、"同质局部、全局异质"的网络结构。

（一）网络的中心性

在很多集体行动中，规模太小的贡献或者合作者的分布过于分散都无法产生足够的力量生产集体物品。在这样的情况下，需要形成最少数量的合作贡献者，即所谓的"临界规模"（critical mass），以引出集体行动的全部优势。

"临界规模"所能发挥的牵引作用大小与其在网络中的分布有关，这涉及网络的中心性测度。中心性测度即度量社会网络中各个节点的重要性。中心性测度假设，一个节点越是处于中心位置，就越能影响网络中的其他节点。在选择属于临界规模的节点时，中心假设起着关键作用。斯科塔（Scatà）等人分析了临界规模节点的不同空间构型对合作的影响。他们根据临界规模节点在社交网络中的中心性值，区分了"临界规模"的三种空间分布类型：从较小的中心节点或边缘节点中选择的边缘节点、随机选取的随机节点、从中心节点中选择的临界规模。结果显示，临界规模越集中于中心节点，节点收敛到合作的速度越快。[1]

这说明，如果初始合作者分布在网络的中心位置，则越能成功地带动整个群体的合作，集体行动出现的速度也越快。因此，如果能促使网络中的中心节点或关键行动者率先合作、做出示范，则网络中的其他行动者也更容易进行合作。这比通过提升所有集体行动者对集体物品的偏好而使得他们共同同意参与集体行动更加可行。特别是在具有多种观点、利益和偏好的群体结构中，处于网络中心的具有影响力的行为者的合作行为更有可能带动充满分歧的群体共同为集体利益进行贡献。

（二）网络行动者的同质性

在社会网络中，同质性表示节点之间在人口统计学、行为学和生物学特

---

[1] M. Scatà, A. Marialisa, et al. "Combining Evolutionary Game Theory and Network Theory to Analyze Human Cooperation Patterns," *Chaos*, *Solitons & Fractals*, vol. 91, 2016, pp. 17 – 24.

征上的相似性。同质性描述了"相似孕育联系"的原则，该原则说明网络中的一些节点的行为是相关的，因为它们具有更高的同态性，而不是它们之间的相互作用。① 同质性的概念在集体行动的发生以及临界规模产生从众效应的过程中具有重要作用。很多研究表明，个体间的同质性越高，在社会困境中趋同合作的速度就越快。② 而异质性则会使得交易成本增加以及参与者在利益和成本分配方面存在冲突。

同质性对合作的促进作用可分为两个阶段，一是在临界规模的产生过程中，二是临界规模产生的合作向群体的其他成员扩散的过程中。在临界规模的产生阶段，森托拉（Centola）的分析说明在集体利益被分配给全体人口的集体行动中，随着所需的临界规模的增加，集体行动的动员越来越依赖同质性。这是因为随着临界规模的扩大，在集体行动中拥有强烈兴趣的 n 个个体更不可能随机分布在社会网络的同一部分。他举例道："对于临界规模为两个人的联盟，随机找到这两个协调的参与者是困难的，但不是不可能的。但是，如果没有同质性，随机找到七八个其他参与者来协调几乎是不可能的。"③ 临界规模的阈值越高，同质性在促进临界规模形成中的重要性就越大。而在已经有临界规模触发合作的情况下，节点越同质，越能更快地形成合作。即使临界规模分布于边缘性节点，高的同质性能够加强节点之间的联系，从而产生较大的协同作用。④

因此，网络中的节点的同质性越高，越有可能形成初始的合作，也更有利于初始合作在整体群体中的传播。这说明要提高行动者合作的可能性，要么选择互相同质的行动者，要么增加行动者之间的同质性。从个人主义的观点来看，同质性表示个体和心理偏好的相似性，如相似的认知、兴趣、信仰、现实表现等。从结构主义的角度来看，同质性是共享相同的环境（工作场

---

① J. M. McPherson, L. Smith-Lovin, "Homophily in Voluntary Organizations: Status Distance and the Composition of Face-to-Face Groups," *American Sociological Review*, vol. 52, no. 3, 1987, pp. 370 – 379.

② A. Di Stefano, M. Scatà M, et al., "Quantifying the Role of Homophily in Human Cooperation Using Multiplex Evolutionary Game Theory," *PloS One*, vol. 10, no. 10, 2015, e0140646. doi: 10.1371/journal.pone.0140646.

③ D. M. Centola, "Homophily, Networks, and Critical Mass: Solving the Start-up Problem in Large Group Collective Action," *Rationality and Society*, vol. 25, no. 1, 2013, pp. 3 – 40.

④ M. Scatà, A. Marialisa, et al., "Combining Evolutionary Game Theory and Network Theory to Analyze Human Cooperation Patterns," *Chaos, Solitons & Fractals*, vol. 91, 2016, pp. 17 – 24.

所、邻里等）的结果，这些环境创造了品位和行为的同质性，产生了强烈的同质性模式。① 这两个方面如同"蛋"和"鸡"的关系，提高集体行动者间同质性的方法是让他们更频繁地互动，在共同的行为环境中发展相似的认知。

（三）局部同质和全局异质的网络结构

正如"物以类聚，人以群分"所昭示的，网络结构会呈现出集聚性特征。其中，个体不是均匀混合的（well-mixed population），而是分类混合的（assortative mixing）。尽管人员的不断流动和迁徙使得原来的结构不断处于分解和重组的过程中，但是根据"正向匹配"原则，个体倾向于和亲缘相近或者行为相似（如利他行为）的个体交往。② 这说明，一个合作者的交往对象是合作者的概率远远大于是背叛者的概率，同时形成"局部同质，全局异质"的社会网络，即组群内（如合作群内）的个体趋于同质化，而组群之间（如合作群和背叛群之间）呈现异质化。③

诺瓦克（Nowak）④ 将一个网络中合作者之间的交互更密切、背叛者之间联系更紧密的结构称为网络互惠。网络互惠机制有助于合作行为策略的存活和扩散，原因有三。第一，当网络具有高集聚性时，即使缺乏声誉效应和策略的复杂性，网络的"社会黏性"也会使合作作为重复交往的结果而获得演化优势。由于个人能力有限，他们的策略可能只会影响一部分同伴，这些人可以被视为"互动的邻居"，这些邻居可能共享相同的空间位置或相似的特征或实践。这意味着，相比于网络空间距离更远的人，合作者更容易影响周围空间的人。频繁的局部相互作用可以让邻居们强化彼此的亲社会行为并能更好的抵御背叛策略的入侵。

第二，合作行为在网络中具有"感染性"，通过模仿机制形成级联反应。如果条件合作者 A 的邻居大多数都是条件合作者，则 A 会有更多的合作行为，然后又会反过来激发其邻居更多的合作行为，这些邻居接着会激发他们

① G. Kossinets, D. J. Watts, "Origins of Homophily in an Evolving Social Network," *American Journal of Sociology*, vol. 115, no. 2, 2009, pp. 405–450.

② 龚小庆：《合作·演化·复杂性》，杭州：浙江工商大学出版社，2017 年，第 18 页。

③ 龚小庆：《合作·演化·复杂性》，杭州：浙江工商大学出版社，2017 年，第 139 页。

④ M. A. Nowak, "Five Rules for the Evolution of Cooperation," *Science*, vol. 314, no. 5805, 2006, pp. 1560–1563.

的邻居的合作行为。因此，合作行为可以通过社会网络关系，依次传递给那些没有参与最初互动的人。福勒（Fowler）和克里斯塔基斯（Christakis）的一系列公共物品博弈行为实验验证了合作行为在人类社交网络中是级联的。他们还提出，导致合作行为在网络中传染的机制是模仿，人们模仿他们观察到的行为，这种模仿会导致行为在人与人之间传播。当行为人模仿与其互动的其他人的合作行为时，会导致他们更加偏离理性的自我利益（如"搭便车"），并可能有助于强化合作行为。①

第三，由于存在着全局异质性，这会导致不同的群体在开发和利用资源的能力上存在差异性，也就给群体间的自然选择提供了条件。很显然，合作者群体比竞争者群体有更高的适应度，二者竞争的结果会导致作为节点的行为主体通过各种不同的机制（如竞争、模仿和改变连接方式等）改变网络结构并促进合作的演化。② 这就使得群体选择是个体选择之外的影响网络中合作行为的又一个因素。因此，整个种群中合作行为的比例随时间变化的增减既取决于群内的竞争也取决于组群之间的竞争，当组群之间的竞争程度相较于群内的竞争更为重要时，合作行为会在整个种群中蔓延。

以上三点说明，首先，局部集聚机制、社会感染与模仿机制、组群竞争机制是有助于提高合作水平的结构因素。如果群体的个体之间存在局部频繁的相互作用，具有模仿和学习合作策略的适应性，或者合作群体面对其他非合作群体的竞争，则网络中的合作行为更有可能存活并且扩散。因此，从网络结构而言，合作成功的关键点首先在于合作者可以形成集丛。这样，合作者的正外部性就被限制在局部范围内，极大降低了被较远距离的背叛者"剥削"的可能性。其次，发展网络中个体的学习能力有助于合作策略的扩散。成功的合作策略如果能被充分地学习和模仿，则合作者的集丛的范围将进一步扩大。最后，发展社会网络的择优汰劣机制。只有社会网络存在择优汰劣机制，合作者群体的优势才能在和背叛者（非合作者）群体的竞争中体现出来，从而吸引更多的人选择加入合作群体。比如，如果参与者有权利和能力

---

① J. H. Fowler, N. A. Christakis, "Cooperative Behavior Cascades in Human Social Networks," *Proceedings of the National Academy of Sciences*, vol. 107, no. 12, 2010, pp. 5334 – 5338.

② L. G. Moyano, A. Sánchez, "Evolving Learning Rules and Emergence of Cooperation in Spatial Prisoner's Dilemma," *Journal of Theoretical Biology*, vol. 259, no. 1, 2009, pp. 84 – 95.

选择进入合作水平较高的集丛，退出他们对合作过程和结果不满意的集丛，则这种"用脚投票"的竞争机制可以使得群体的整体合作水平会随着时间的推移而上升①。

综合上述分析，本书将集体行动者合作策略选择的影响因素特征及相对应的预防合作失败的措施总结于表3-1中。

表3-1　　　　　　　　　　影响集体行动者合作的因素特征和干预措施

因素类型	因素特征	对应措施
自涉因素	对合作回报的理性计算	制定正式的制度规则，明确规定或划分收益和责任
	收益与期待比较下的风险态度	分享中间产出
关系因素	重复互动关系： 未来收益、以往合作中习得的经验	增加未来交互的可能性，提高合作的体验
	信任关系： 通过沟通形成的共同信念和预期	披露过去的敌对或合作历史信息，揭示高度相互依赖性，进行充分的沟通交流，发展亲密与信任关系
	互惠关系： 直接互惠、间接互惠、强互惠	进行正式制度制裁之外的社会制裁，提高贡献行为或搭便车行为的可观察性，强调声誉评价，奖励和鼓励第三方利他惩罚行为
结构因素	网络的中心性	处于网络中心的具有影响力的行为者率先采取合作行为
	网络行动者的同质性	选择具有相似的认知、兴趣、信仰、偏好的行动者，通过在相同行为环境中的频繁互动增加行动者之间的同质性
	网络互惠： 局部集聚、社会感染与模仿、组群竞争	形成合作者集丛，发展个体学习与模仿成功的合作策略的能力，发展社会网络的择优汰劣机制

资料来源：笔者自制。

———————————

① M. A. Janssen, "Evolution of Cooperation in a One-shot Prisoner's Dilemma Based on Rec-ognition of Trustworthy and Untrustworthy Agents," *Journal of Economic Behavior & Organization*, vol. 65, no. 3, 2008, pp. 458 –471.

　　本书将影响行动者合作的因素分为自涉因素、关系因素和结构因素。自涉因素从行为人的自涉偏好出发，假设其免于所在的关系网络或社会文化的影响。此时，对于合作回报的理性计算以及在收益与期待比较下的风险态度决定了其是否会采取合作行为。虽然此时"搭便车"策略是主导性的行为策略，但如果存在正式的制度规则，明确了行为人的收益或责任，规定了违反合作承诺将会受到的惩罚，则行为人在合作有利的情况下也会采取合作行为；如果合作收益需要一段时间的前期投入才能显现，则行为人分享合作带来的中间产出等"小的胜利"可以削弱行为人放弃投入而寻求风险的动机，使其持续选择合作。

　　当行为人的合作依赖于其所在的关系和网络的特征，则某些关系属性和网络结构特征有助于克服行为人仅从自涉偏好出发决定是否进行合作的弊端。如果行为人之间能够形成重复互动的关系、信任关系和互惠关系，则这些关系中包含的机制会提高行为人合作的可能性。在重复互动关系中，行为人会将未来收益纳入合作回报考量中，在之前互动回合习得的合作经验也会发挥作用，因此如果增加行为人未来交互的可能性，并提高此次合作的体验，则行为人有更大的可能在将来也选择合作。在信任关系中，行为人之间通过沟通形成的共同信念、预期和亲密感会使其更愿意合作，因此了解彼此过去的合作历史、认识相互间的高度依赖性、进行充分的沟通交流、发展亲密与信任关系等都有助于提高合作的可能性。在互惠关系中，直接互惠允许行为人以不合作策略惩罚对方的不合作策略，间接互惠使得行为人处于声誉评价的公共空间中，强互惠增加了对行为人"搭便车"策略的惩罚。因此，进行正式制度制裁之外的社会制裁、提高贡献行为或"搭便车"行为在公共空间的可观察性、形成声誉评价的社会文化、奖励和鼓励第三方利他惩罚行为等，对于合作秩序的维持和稳定都是非常有效的措施。

　　行为人所在的网络的中心性、网络中成员的同质性以及网络互惠机制对于其是否采取合作行为也具有重要影响。如果网络中的中心成员和关键行为人率先采取了合作，则网络中的其他成员也会更加快速地选择合作策略。因此，相比于提高网络中所有成员对集体物品的偏好，先发动处于网络中心的有影响力的行动人采取合作行为，能够使得合作行为更快速地在网络中扩散。网络中的成员越同质，也越能顺利地形成达成合作。这说明，选择具有相似的认知、兴趣、信仰、偏好的行动者，或者通过在相同行为环境中的频繁互动增加行动者之间的同质性，也能提高合作水平。网络的"局部同质、全局异质"的整体结构特征会通过局部集聚、社会感染与模仿和组群竞争机制来帮助合作行为的存活和扩散，这说明形成合作者集丛、发展个体学习与模仿成功的合作策略的能力、发展社会网络的择优汰劣机制可以促使行为人更愿意采取合作行为。

第三节 河长制中的合作

如第二节所述，集体行动中的合作是指集体行动参与者们在存在搭便车的诱惑时选择合作行为策略，或者配合为集体利益或目标做出贡献的要求，最终为集体利益或目标做出贡献。河长制下的水治理活动的集体行动参与者包括行政体制内部的参与者和行政体制之外的参与者。前者包括担任"河长"的地方各级党政负责人、各涉水职能管理部门、体制内监督"河长"履职和河长制实施的组织（如纪委、督导组等），后者包括招募或聘用的民间河长/护河志愿者/监督员、直接受到河长制影响的经济利益相关方（如企业、水产养殖户、畜禽养殖户、渔民、采砂作业者、河湖岸线居民等）、环境保护类非政府组织、普通民众等。一些条件因素能够从外部促使或从内部激励参与者们采取合作行为。本书观察到，在河长制中，正式的治理结构和制度规则、责任明确、中间产出、贡献行为或搭便车行为的可观察性、承诺的公开性、学习、择优汰劣机制等因素，有效地促进行政体制内部行动者的合作。而行政体制内部行为者和体制外行动者之间的合作则面临诸多困境。

一、行政体制内部行为者的合作及其促进因素

（一）正式且统一的治理结构和制度规则

河长制作为一项正式的制度规则，其在全国范围内的推行以及建立全国统一的治理结构从制度层面杜绝了治水职能部门和流域区域的"搭便车"机会。由于全国都实行统一的河长制度，且每个流域每个断面都进行水质监测，这在制度杜绝了后续参与者不愿意参与水环境治理的问题，即杜绝了"盈余

效应"。换言之,河长制首先通过全国性制度树立起了共同的信念和预期,所有参与者都明白自己以及其他参与者都必须服从制度的安排进行水环境治理,政府或职能部门完全不作为的"搭便车"行为将受到严格监控和惩罚。

虽然,统一的制度规则和治理结构使得制度的外部效应完全内部化,杜绝了搭制度"便车"的机会,但具体执行过程中仍存在"搭便车"的空间。其表现之一是表面性和粉饰性的治水行为,如通过资料造假的方式达到考核目标。另外,一些不太愿意进行水环境治理的区域还是有机会搭乘最有意愿进行水环境治理的区域的贡献,即在一定程度上存在"顺序效应"问题。即使各地区都严格按照规定,切切实实地开展治水治污工作,但如果同一条河道上下游的考核标准不一致,也会导致"搭便车"实际结果。比如上游区域按Ⅲ类标准考核,下游区域按Ⅳ标准考核,则下游区域在一定程度上可以搭乘上游河道的贡献;但是如果上游区域的考核标准比下游区域低,则下游要承受上游的负效应。统一各地的考核标准、政府间的治水补贴和水权交易能够在一定程度上解决这个问题。

(二) 明确责任

由于水资源的流动性等物理特性以及我国水治理在职能体制设置上存在职能部门过多且职能交叉,在河长制实施之前,各行政区域以及各职能部门对于治水活动给本地区或本部门带来收益和责任无法具有清晰的认识,责任推诿现象屡见不鲜。河长制实行以党政领导负责制为核心的责任体系,明确各级河长职责,根据行政区划设立河湖责任人,根据职能范围明确具体的执行部门,河湖治理任务落实到具体的地区、部门和个人。在访谈中,河长制实践者们也认为明确责任是河长制在河湖治理领域的主要贡献之一:

> "(河长制)主要是对河流的管理工作管理方面也可以认清这个责任,河流出现排污问题或者出现污染问题,它有一个明确的责任人了。"

(访谈逐字稿20180627ZZ1)

虽然水资源由于其收益不可分性特征,在治理收益方面无法根据地区或部门进行划分,但是明确划分的责任无疑对地区之间和部门之间的合作有重大促进作用。即,虽然合作不一定能获得与贡献相对应的收益,但不合作一定会受到惩罚。

（三）体制内行动者的同质性

体制内行动者在河湖治理方面的同质性表现在具有共同的改善河湖治理的意愿以及对等级制协调机制的接受和认可。访谈发现，工作在治水一线的基层政府工作人员具有强烈的改变水治理碎片化和信息隔阂的愿望。这种强烈的愿望为河长制的实施奠定很好的认同基础以及理念和目标上的共识。

各部门或行政区域党政领导除了具有共同的意愿破解合作困境，在破解途径方面，他们也更多地认可等级权威，即来自上级机关的协调。[①] 在笔者访谈中，一些受访者表达了对由行政首长负责水环境治理理念的认可及设置协调机构的必要性：

> "河道治理涉及方方面面的内容和部门，让一个部门去处理肯定不行……河道治理是整个层面上的共识，不单是我们水利局来做，牵涉到政府的很多部门，是一整个系统，所以行政首长要担任河长……不管机构挂靠在哪里，但一定要有这个机构，起一个中间人协调人的角色，比如水利部门不能作为一个协调管理人的角色，但是市长、区长就可以。"

> （访谈逐字稿20161222TX3）

在具体的协调机制方面，体制内行动者也普遍认同以监督考核的方式来推进河长制工作，认为考核能够促进河长履职，接受或者认同督导考核已经成为政府推进工作的必要方式。如受访者们的下述观点：

> "前一阵市里发来一个表格，问下面（乡镇）河长对考核的看法，我们这里都表示没有看法，表格都是空的交上来，所以暂时没有什么问题。"

> （访谈逐字稿20180809NZ2）

> "如果没有考核或督导检查的话，可能（河长）动力就会小很多了……考核检查肯定还是要考核的，考核才能促进他们去履职啊，如果没有考核的话，可能会比较松。"

> （访谈逐字稿20180802NX2）

---

① 任敏：《河长制：一个中国政府流域治理跨部门协同的样本研究》，《北京行政学院学报》2015年第3期。

"我们都有很多项考核，河长有河长的考核项，防汛的也有防汛的考核，我们一年接待考核的都不知道接待多少，我们还有安全检查，还有财税检查，还有所有的都要检查，什么扶贫检查，什么农保检查，农业检查，只要有的工作都要检查，我们包括档案都要检查，计划生育要检查，民政要检查，所有的都要检查，综治要检查，维稳也要检查……（考核）主要是督导工作法，推进工作，也不是说动力，我们（乡镇政府）相对已经没有选择的。"

（访谈逐字稿20180627JZ2）

因此，体制内行动者熟知等级制的协调机制，接受或认同督查考核等等级协调方式，再加上对河湖治理的目标达成了共识，这些有助于同质性的因素极大减少了体制内行动者在河长制之下进行互动的交易成本。

（四）建立基于惩罚的择优汰劣机制

河长制的一项重要制度是通过考核问责激励将水环境治理成果与党政领导干部的人事晋升和经济利益直接关联起来。如在寻找访谈对象的过程中，某市的河长办拒绝了我们的访谈，原因是该市市长本可以晋升省委常委，但就是因为在本区域内水环境治理不达标，而失去了该次晋升机会。在访谈中，一位访谈者也举例说：

"比如说（假设）我是常委，我去巡河，那个环保局的局长或住建局的局长，他肯定要听。为什么？他（常委）可以决定他（局长）的人事关系的，我们就是一个人事关系的这个把握。"

（访谈逐字稿20180806ZX1）

在常规情况下，考核问责制度通过经济处罚和行政处罚措施对考核不达标或者考核成绩处于末位的地区进行处罚，如诫勉谈话、通报批评、责令检查、责成公开道歉，直至调整工作岗位、责令辞职、免职等相应处罚。一位受访人介绍说：

"河长办对河长进行考核，并且进行排名。上级河长办对下级河长办也进行排名。排名靠后的负责人会被纪委约谈……河湖治理不像安全生产，一般不会出现严重的过失，所以目前没有出现过特别严重的处罚案例。一般是通过罚钱和纪委约谈进行处罚。"

（访谈逐字稿20161223WS1）

激励制度主要通过以奖代补等多种形式，对成绩突出的地区、河长及责任单位进行表彰奖励。以河长制发源地无锡为例，无锡市某区曾要求每个河长按每条河道缴纳3000元保证金，并上缴到区河长制管理保证金专户，以"水质好转""水质维持现状""水质恶化"等综合指数作为考核评判标准，设定全额返还保证金并按缴纳保证金额度的100%奖励、全额返还保证金和全额扣除保证金三种奖惩类型。以2015年为例，在该区的123名河长中，11人受到奖励，17人则受到扣除保证金的处罚。

在考核基础上的问责与激励制度，一方面通过制度惩罚明确了河湖治理的责任，是责任制的配套、巩固和延伸；另一方面也是一种择优汰劣的机制，它显示了为河湖治理做出贡献的地区、部门和个人（合作者们）将会受到奖励，而表面性、粉饰性的治理行为（"搭便车"行为）将会受到处罚和淘汰。这种择优汰劣机制有利于合作行为的繁荣以及合作团体的扩张。

（五）分享中间产出

水治理是一个长期、艰巨的系统工程，需要持续投入，很难在短时期内或通过现有的有限治理措施就达到计划成效。如一位受访者说道：

"因为（水治理）它是一个生态系统，是一个很复杂的过程，就是我们的一些问题的解决，找不到一些正确的解决的方式。比如我这个水是这个二类水，然后实际上我现在是可能超标了一点点，是三类水，我想把这一点点消减掉，太难太难了……但是如果你效果没达到，你也去努力了，那我们也是认可的，这个叫'尽职免责'。可能你采取了多样的措施，这个水还没达标，这是存在的，客观存在的。"

（访谈逐字稿20180806ZX1）

这说明，河长制下集体行动者已经意识到，如果仅以考核问责这种负向互惠方式来促进合作很可能会产生过犹不及的结果，因为完全以是否达到水质标准来对河长们进行考核太过苛刻也不科学合理，而不合理的惩罚必然削弱合作动机。因此，很多地区的河长制实践都会分享河长制的中间产出，或称"小的胜利"。例如，将考核分为河长履职考核和水质标准考核。在河长制开展前期，主要关注河长履职考核方面。履职考核，如是否定期巡河、开展河长联席会议等，一方面比较容易考核，另一方面也为水质标准考核提供了试验性的空间，因为尽职履责很可能是水质达标的必要条件。河长们的履职从无到有，从粉饰性履职到切实履职，既是河长制的工作方式之一，也是河长制的中间产出。另外，如果水环境治理取得了水质考核方面的"小的胜利"，则河长们和各职能部门会更愿意投入资源进行合作，以期取得进一步的成果。如某位受访者所说：

> "这个效果愈明显，领导就更重视了，打退堂鼓是不可能的。"
>
> （访谈逐字稿20180731XZ1）

（六）承诺的公开性、贡献行为的可观察性和学习

公开承诺对集体行动进行贡献以及实际贡献行为在集体行动者中的可观察性能够有效促进合作行为。在河长会议制度上，河长们通常要进行表态，即进行公开承诺。如一位受访者所说：

> "河长制要求各级党政联席会议每年至少有2次议题有关河湖治理工作。'河长制'刚开始落实的两年，党政领导都要上台表态发言，出现问题需要发言检讨。"
>
> （访谈逐字稿20161222WX1）

虽然是在高压下进行，但这种表达和跟进良好意愿的努力会增强其他人对自己行为的预期和信任。因此在河长会议制度及其他公共空间进行的承诺和贡献行为推动了河长间和部门间互惠与信任关系的建立。而且，在访谈中，我们发现公共空间中的信息与知识的共享能够很有效地激励和促进社会学习。例如，一位受访者介绍，她所在的河长微信群中，河长们之间的交流能够相互启发借鉴：

> "有些人他在这方面（河道治理）他做了事了，他就喜欢在微信群里面发一发，是吧？是一种交流，对，也是一种沟通交流，也是一个互相学习的机会。有时候或者是我们没做到的，别人发（在微信群）了，我还成了一个盲点，还没有去做，我也赶快加紧加快推进这一块。（微

信群）会有一个提醒，互相有一个交流学习的机会。"

（访谈逐字稿20180627JZ2）

这说明，微信群和QQ群也成为一个展示的公共空间，增加了河长们工作活动被同伴观察到的可能性，并以级联反应的形式感染同伴，这种可观察性和感染性可以增加合作行为的概率。

二、与行政体制外行为者的合作及其影响因素

（一）经济利益相关方——通过惩罚规制促使其合作

在河长制的实践中，政府主要以罚款、禁止、勒令搬迁等行政处罚方式来获得经济利益相关方（如企业、水产养殖户、畜禽养殖户、渔民、采砂作业者、河湖岸线居民等）的配合。当这些利益相关方的行为违法违规，破坏了河湖生态环境，基于法律规章的处罚行为无疑具有合法性。但是在一些情况下，利益相关方的行为可能是合乎当时的法律规章规定的。比如一些地区的水产养殖或畜禽养殖业是受前几年农林部门的政策鼓励或政府扶持而发展起来的，农户刚投入前期资金正等待盈利就被告知需要关停和搬迁，而且只能获得数量很少的政府补偿，这些养殖户由于利益受损过大更加不愿意合作。如一位受访者描述说：

> "河长制的实施也存在矛盾，因为目前的河道治理不产生任何经济效益，倒是河岸附近的生猪、家禽养殖等需要被清除，也不能提倡养鱼，因为这些养殖本身就会造成水体污染。因此，虽然清理河道是为民服务，但是这个过程中涉及的养殖取缔实际上也给附近居民带来了一定的经济损失。因为治理河流污染并不会产生直接的经济效益，甚至会和民生问题产生矛盾。例如为了改善河流水质，××区强制进行了生猪搬离工程。就是沿河的生猪养殖全部关掉或者搬迁，共搬迁了一万多头生猪。有的农民收入只依赖养殖生猪，但是因为治理河流污染问题，对他们的生计是有影响的。"

（访谈逐字稿20161222WX1）

政府和企业之间也面临同样的矛盾，有一些企业可能是前几年当地政府

花了大力气招商引资才进驻本地，现在由于排污不达标需要整改关停，甚至需要政府大量的赔偿金才肯迁移，而迁移走的企业有可能还会造成更大范围的污染。以珠江流域为例，珠三角经济发展水平、环境标准和规范化程度较高，对陶瓷加工等污染产业的严格执法导致污染产业向粤西的肇庆和上游湘赣等省转移。上游地区的污染物最终还是会随地表径流带回下游地区，流域污染的范围反而更大。

因此，虽然河长制通过关停、搬迁、封堵河湖沿岸的工业和农业点源污染的方式在短时期内取得了可见的治理成果，但是这种通过惩罚不合作行为来迫使利益相关者进行合作的方式，付出了较大的执法成本。利益相关方的合作是被动的，甚至是强制的。这在一定程度上容易造成政府和社会、企业间的对立，不利于政府和社会基于信任的合作关系的建立。

（二）普通民众——通过发展亲密与信任关系获取合作

发动普通群众参与河长制实践，是基层政府的重要工作之一。一些乡镇（街道）政府充分意识到了政府与民众之间的依赖关系，比较重视发展和当地居民之间的亲密和信任关系，以获取当地居民对河长制的合作。如一位受访者言：

"（河长制）每一项工作都离不开老百姓的、群众的理解和支持，是吧？你看我们几个干部，你在河道跑到头，我看一天跑到黑干不出什么名堂出来，我们把河长制的工作要求是一个什么东西，这是个新概念，向他们宣传清楚，让他们了解这个东西，然后我们再深入细致地去做这个工作。"

（访谈逐字稿20180627JZ1）

一些基层政府也会通过依靠和发展和利益相关者之间的亲密关系，以获取利益相关者的配合。比如在劝说生猪养殖场关停搬迁，或者拆除河道沿岸违章建筑的过程中，政府部门一般会派出这些居民在政府任职的亲戚去进行劝说，这样通常会取得较好的效果。因为根据亲缘选择理论，具有亲缘关系的人们之间更加愿意合作。

（三）民间河长——选择具有影响力、同质性的行动者并鼓励其利他惩罚行为

在河长制的实践中，很多地方探索选拔、招募、聘用民间河长。民

间河长主要是由对于当地河湖生态具有深切关怀的民众构成，其中有一些是环保、水务部门的退休职工，一些是具有一定影响力的企业家，一些是熟悉当地河湖情况的本地居民，还有一些是政府聘用的低保户。这些民间河长具有共同的兴趣和关切，他们或和体制内行动者具有一定的同质性（如退休职工担任民间河长的情况），或在当地社会具有一定的影响力（如企业家、具有一定威望的人士），他们率先通过担任民间河长的方式来配合河长制工作，更容易使得河长制在更广泛的范围内获得体制外行动者的合作。

这些民间河长经常会采取一些利他惩罚行为来制止河湖污染。比如水利部官网在介绍和宣传河长制基层实践中，介绍了一位民间河长"老刘"的工作。老刘是新乡黄河河务局的退休人员，退休后担任了公益性护河员。他"铁面无私"的公益性护河工作，比如制止发小儿子的非法采砂行为、批评邻居倾倒生活垃圾等，虽然"得罪了不少人"，但也换回了"引起局领导高度重视"和"村民们环境保护意识（强）多了，河道也清净多了"的效果。① 这个例子说明，应当鼓励甚至奖励民间河长和普通民众的利他惩罚行为，因为这种利他惩罚最终能够促进更大范围的合作水平的提高。

第三章第二节通过分析可能对行动者合作策略选择产生影响的条件因素，推导出一些能够促进合作行为的干预措施。本节以这些对策观照河长制的制度设计与实践，发现河长制中存在诸多有利于促进合作的制度设计和实践活动（见表3-2）。

表 3-2　　　　　　河长制的制度与实践中有利于合作的措施

因素类型	因素特征	预防和补救措施
自涉因素	对合作回报的理性计算	**制定正式的制度规则，明确规定或划分收益和责任**
	收益与期待比较下的风险态度	**分享中间产出**

---

① 中华人民共和国水利部：《老刘的心事儿》，2019 年 5 月 14 日，http：//www.mwr.gov.cn/zt-pd/gzzt/hzz/jcsj/201905/t20190514_1159520.html，2019 年 11 月 12 日。

续表

因素类型	因素特征	预防和补救措施
关系因素	重复互动关系：未来收益、以往合作中习得的经验	**增加未来交互的可能性**，提高合作的体验
	信任关系：通过沟通形成的共同的信念和预期	披露过去的敌对或合作历史信息，**揭示高度相互依赖性，进行充分的沟通交流**，<u>发展亲密与信任关系</u>
	互惠关系：直接互惠、间接互惠、强互惠	进行正式制度制裁之外的社会制裁，**提高贡献行为或"搭便车"行为的可观察性**，<u>强调声誉评价</u>，**奖励和鼓励第三方利他惩罚行为**
结构因素	网络的中心性	<u>处于网络中心的具有影响力的行为者率先采取合作行为</u>
	网络的同质性	**选择具有相似的认知、兴趣、信仰、偏好的行动者**，通过在相同行为环境中的频繁互动增加行动者之间的同质性
	网络互惠：局部集聚、社会感染与模仿、组群竞争	形成合作者集丛，**发展个体学习与模仿成功的合作策略的能力**，<u>发展社会网络的择优汰劣机制</u>

注：加粗文本是本书观察到的河长制对体制内行动者合作行为的影响措施，加下划线文本是河长制下体制外行动者合作的影响措施。

资料来源：笔者自制。

综上所述，对于政府体制内行动者而言，正式且统一的治理结构和制度规则杜绝了政府体制内行动者搭制度"便车"的机会，但是在实践操作中仍存在"搭便车"空间。明确规定与划分的河湖治理责任说明不合作一定会受到惩罚性的问责，从而迫使体制内行动者理性地参与河湖治理活动。河湖治理产生的"小的胜利"等中间产出有可能激励行动者进一步加强河湖治理。组织体系的设计（如河长制领导小组、河长办成员单位）增加了部门之间重复交互的可能性和相互依赖性，从而促进合作。正式反馈协调渠道（如河长会议制度、河长巡河制度）通过促进行动者之间的面对面的沟通交流，有助于加强行动者之间的信任关系。公共空间（河长会议、河长巡河APP、微信群等）提高了行动者"搭便车"或贡献行为的可观察性，在这些公共空间的公开承诺和贡献行为也有助于其他行动者学习成功的合作策略。体制内行动者对等级协调模式和方式的认可增加了他们之间的同质性，有利于合作关系的形成。基于考核的问责和激励机制则形成了一种择优汰劣机制，从而使得合作策略的优势更加凸显。

对于体制内行动者和体制外行动者之间的合作而言，体制内行动者针对不同的体制外行动者采取不同的对策。对于受到河长制影响的经济利益相关方，政府主要以基于法律规章的行政罚款、查处、禁止、勒令搬迁等行政处罚方式来获得企业、水产养殖户、畜禽养殖户、渔民、采砂作业者、河湖岸线居民等的合作。对于普通民众，一些地方政府通过沟通交流发展与他们的亲密与信任关系。对于民间河长和公益护河志愿者，一些地区的政府主要选择具有一定影响力和同质性的民众担任民间河长，并鼓励他们的利他惩罚行为。

第四节 集体行动的协调机制、模式和方式

从广泛的人类生活而言，一切的活动从无序变成有序都离不开协调的作用，协调就是"一些行为者的和谐运作"①。从概括到具体，协调可分为协调机制、协调模式和协调方式三个层次。学者们普遍认为社会生活存在三大协调机制：等级式协调机制、市场式协调机制和网络式协调机制，许多文献讨论了它们之间的区别②③④⑤。随着这三种协调机制在实践中发生混合，不同的情境中存在不同类型的协调模式，学者将其归结为回应性促进、权变协调、

① M. Kochen, K. W. Deutsch, "A Note on Hierarchy and Coordination: An Aspect of decentralization," *Management Science*, vol. 21, no. 1, 1974, pp. 106 – 114.

② G. Thompson, *Markets, Hierarchies and Networks: The Coordination of Social Life*, Sage, 1991.

③ J. Laurence, O'Toole Jr., "Treating Networks Seriously: Practical and Research-based Agendas in Public Administration," *Public Administration Review*, vol. 57, no. 1, 1997, pp. 45 – 52.

④ B. G. Peters, "Managing Horizontal Government: The Politics of Coordination," *Public Administration*, vol. 76, no. 2, 1998, pp. 295 – 311.

⑤ W. Powell, "Neither Market nor Hierarchy," *The Sociology of Organizations: Classic, Contemporary, and Critical Readings*, vol 315, 2003, pp. 104 – 117.

积极协调以及等级指令这四种模式。这些协调模式与其所处的治理网络的结构类型有一定的联系。机制和模式需落实到具体操作方面，具体的协调行为分为正式的协调和非正式协调。正式的协调活动，如例程、时间表、正式规则、标准化的信息和通信渠道等，一直是组织理论与管理理论关注的重点。与此同时，非正式的协调活动，主要指基于个人关系的沟通与协商，也逐渐被揭示并受到重视。协调机制、模式和行为为集体行动的决策者和参与者们提供了协调"工具箱"，有助于他们在不同的情境下选择最合适的协调策略。

一、集体行动的协调机制

从广义而言，协调意味着将不同部分集成或连接起来，包括在时间和空间上部署联合活动。人类的社会生活得以有序进行并发展，离不开三大协调机制：等级、市场与网络。在等级制度安排中，互动的中心模式是权威，它作为基本控制系统的支配地位，本身又在行政命令、规则和计划中工作。市场作为协调机制是建立在参与者之间的竞争和交换的基础上的。其中的价格机制、激励机制和参与者的自身利益通过创造一只"看不见的手"来协调不同参与者的活动。网络内的协调采取行动者之间协商与团结的形式，行动者之间的组织间关系由相互依存、信任和每个行动者的责任决定。

表3-3给出了三种协调机制的基本特性，每一种协调机制都有其独特的定位、交互模式、目标、决策过程模式、运作手段、信息要求和理论基础。

表3-3　　　　　　　　　等级、市场与网络协调机制的主要特征

	等级	市场	网络
一般定位	科层制、部门制	企业、准自治单元	社区、松散耦合的单元
基本的交互	权威与支配	交换与竞争	合作与团结
决策过程	程序化、理性、自上而下，遵从程序与规则	技术性、机会主义、从中间开始，遵从价值最大化的选择	情境性、参与式、自下而上，是社会化的谈判与问题解决的结果
目标与偏好	有意识的设计与控制的目标、稳定、责任、公平对待	自发创造的结果、价值最大化	有意识地设计的目标或自发创造的结果、社会平衡、公平的结果

续表

	等级	市场	网络
指导、控制与评估	自上而下的规范、标准、例行公事、监督检查、干预	供给与需求、价格机制、自我利益、损益评估、法院、看不见的手	共享的价值观、共同的问题分析、共识、忠诚、互惠、信任、非正式的评估、声誉
信息要求	因使用规则和程序而被精简的	广泛的和系统的	自组织的、点对点的
政府的作用	自上而下的规则制定者与掌舵者、用规则控制依赖其的行动者	创新者和市场的卫士、产品购买者、行动者间相互依赖	网络的促成者、网络的管理者以及网络的参与者
理论基础	韦伯的科层制	新制度主义经济学	网络理论

资料来源：K. Verhoest, G. B. Peters, E. Beuselinck E, et al., "How Coordination and Control of Public Organizations by Government Interrelate: an Analytical and Empirical Exploration," SCANCOR/SOG workshop 'Autonomization of the state: from integrated administrative models to single purpose organizations', Date: 2005/04/01 - 2005/04/02, Location: Stanford, 2005; J. Herranz Jr, "Network management strategies," Seattle, Daniel J. Evans School of Public Affairs, University of Washington Working Paper, 2006。

等级式协调机制（hierarchy-type-mechanisms，HTM）：HTM 是一套以权威和支配为基础的协调机制。它们涉及目标和奖惩的制定、任务和责任的分配以及建立直接控制和责任制线。可以同时使用管理工具（如程序规则、自上而下的规划系统或传统的面向投入的财务管理系统）和结构工具（如组织合并、协调职能、直接的控制和责任线）。

市场式协调机制（market-type-mechanisms，MTM）：MTM 以行动者之间的竞争和交换为基础，目的在于创造对业绩的激励。虽然市场在市场参与者之间建立了自发的协调，但政府可以有目的地创建和保护市场（例如内部市场和准市场），通过组织间的竞争促进协调。

网络式协调机制（network-type-mechanisms，NTM）：NTM 寻求合作伙伴之间建立共同的知识、共同的价值观和共同的策略。虽然大多数合作网络在组织之间"自发地"发展，但政府可以通过创建共同的信息系统、协调结构、集体决策结构，甚至是共同的伙伴组织，来创建、接管和维持组织之间类似网络的结构。跨组织学习工具（如文化共建）可以培养共同的知识和价值观。

　　20 世纪早期的公共管理话语大多集中在等级式协调机制上。等级制度被认为是积极的，是一种理性的组织形式，强调通过分工、建立规章制度和监督来提高效率。然而，到了 20 世纪 80 年代，等级制度被认为是有缺陷的，等同于官僚主义的繁文缛节和政府无力向公民充分提供服务。在接下来的 20 年，研究人员和实践者探索了各种解决等级制度的缺陷与局限性的改革措施，各国政府越来越多地转向合同管理或第三方伙伴关系。市场类型机制和网络类型机制变得更加突出，取代或补充了等级类型机制。然而过度强调市场机制的新公共管理运动，分散了公共部门，鼓励单个组织专注于自己的使命，为竞争而非合作制造了压力。随着组织垂直地分解和外包服务，与外部组织的协调对于实现预期的结果变得越来越重要。在很多情况下，市场机制常常不足以协调组织之间的相互依赖关系，因此组织间网络关系的设计与管理获得了更多的关注，网络协调机制在协调跨部门多组织共同参与公共物品提供或复杂公共事务治理方面被寄予厚望。

　　研究人员注意到，虽然公共网络在某些方面可以自我调节，但政府也在对自我管制的网络进行管制，中央机构在网络协调方面的重要性变得更加明显。这种概念被称为"元治理"（metagovernance）[1]。如康西丁（Considine）强调："尽管假设高水平的非等级协调可能是时尚的，但现实可能非常不同。这些网络中有许多保留着强大的中央集权形式，而且权力是不对称的。"[2] 加强中央协调并不一定意味着回归传统的等级制度，但却使得网络在"等级制度的阴影下"运作[3]。希尔（Hill）和林恩（Lynn）[4] 指出，虽然网络式协调机制令人耳目一新，但体现于等级制度的宪法权威、财政拨款等仍然是使关系和网络形式得以蓬勃发展的结构。由权威机构通过等级手段对网络进行外

---

　　[1]　K. T. Lance, Y. Georgiadou, A. K. Bregt, "Cross-agency Coordination in the Shadow of Hierarchy: 'Joining up' Government Geospatial Information Systems," *International Journal of Geographical Information Science*, vol. 23, no. 2, 2009, pp. 249 – 269.

　　[2]　M. Considine, "Joined at the Lip? What does Network Research Tell us about Governance," Knowledge Networks and Joined-Up Government: Conference Proceedings, University of Melbourne, Centre for Public Policy, 2002, P. 6.

　　[3]　F. W. Scharpf, "Games Real Actors could Play: Positive and Negative Coordination in Embedded Negotiations," *Journal of Theoretical Politics*, vol. 6, no. 1, 1994, pp. 27 – 53.

　　[4]　C. J. Hill, L. E. Lynn, "Is Hierarchical Governance in Decline? Evidence from Empirical Research," *Journal of Public Administration Research and Theory*, vol. 15, no. 2, 2004, pp. 173 – 195.

部指导，可能会促进跨机构协调。因此，需要对协调有一个更细致的看法，认识到等级、市场和网络形式的协调机制在实践中发生了混合，在不同的情境中呈现出不同的协调模式。

二、集体行动的协调模式

集体行动常常在由多元主体构成的网络关系中进行，探索多组织跨部门的更复杂丰富的互动。在现实情况中，网络往往嵌入在等级结构中，受到旨在塑造和加强网络的等级控制的影响。凯特尔（Kettl）认为"与其说水平关系取代了垂直关系，不如说水平关系被添加到了垂直关系中"[1]。网络自身的结构也是多样化的，网络在保持其多元主体共同参与的核心特征的同时，也会存在身份等级或权力差异，也会依靠正式规则、程序、标准、监督、检查等活动对网络中的组织成员进行管理。因此，网络中的组织间协调很难理想化为组织间纯粹的自我管理和自我调节，它在一定程度上会采取等级制中的协调方式，或者受到权力更大的外部机构（如中央机构）的影响。迄今为止，关于网络中的组织间协调已出现了四种观点，包括回应性促进、权变协调、积极协调和等级指令。这些观点代表和构成了协调模式以及与之相关的管理行为从被动到主动的连续体。

（一）回应性促进

凯科特（Kickert）等人[2]在著作《管理复杂网络：公共部门的行动战略》中阐述了有关回应性促进的协调模式的观点。他们将网络视为松耦合、弱连接、多组织的集，并建议一个被动的、回应性、促进性的公共网络管理者的角色。这种观点倾向于认为网络的主要特征是自组织、平等、相互依赖和自愿。因此，在网络组织中工作的公共行政人员首先不要假定权威，因为指令可能会削弱行动者的动机，同时在实践和程序中寻找可以协调的机会。有效

---

[1] D. F. Kettl, *The Transformation of Governance：Public Administration for the Twenty-first Century*, Johns Hopkins University Press, 2015, P. 128.

[2] W. J. M. Kickert, E. H. Klijn, J. F. M. Koppenjam, "Managing Networks in the Public Sector：Findings and Reflections," in W. J. M. Kickert, E. H. Klijn, J. F. M. Koppenjam, eds., *Managing Complex Networks：Strategies for the Public Sector*, London Thousand Oaks, Calif.：Sage Publications, 1997.

的网络治理被更少地视为管理干预，而被更多地视为集体解决方案的相对被动的稳步推进。从这个角度来看，统一的、一元化的导向的协调结构（如行政权力和程序指令）并不适用于网络环境，网络环境中更合适的协调方式是激励、沟通工具、共享信息、建立信任或契约、建立支持联盟等。协调主要是要创造条件，以缓冲不确定性和复杂性，使面向目标的过程可以发生。

（二）权变协调

相比于回应性促进，权变协调增加了传统管理的作用但主张要符合具体情况。麦奎尔（McGuire）[①] 强调了管理的可变性，并提出了一种权变方法。管理者可能会对网络产生一定的协调影响，但协调的范围是有限的，取决于网络的利益、资源和机会。在这种观点下，网络协调的关键机会包括管理参与者的感知（如讨价还价、新想法、反思）和成员的互动（组成结构和调解）。网络中的协调还取决于如下因素：网络在交换方面的附加价值（如能力、策略、资讯等）、知识和技术能力发展、扩大宣传、政策/项目行动。权变协调还主张管理人员采用间接的方法来协调网络，如第三方代理执行政府的协调工作。尤其在公共、私人和非营利组织之间互动程度更高的复杂情况下，间接的政府行动更合适。因此，间接性和权变性是权变协调的特征。

权变协调的另一个例子是促进性领导力。领导力是促使各方坐到谈判桌前，并指导它们度过艰难阶段的关键因素，缺乏领导可能严重限制有效的集体行动的可能性。当参与者的合作动机薄弱、权力和资源分配不对称、先前的敌对情绪高涨时，领导力就显得尤为重要。必要的领导素质与领导方式取决于具体的环境，因此具有权变特征。在这方面，安塞尔（Ansell）和盖什（Gash）基于对诸多案例的研究得出的推论是，在冲突高、信任低、但权力分配相对平等、利益相关者有参与动机的情况下，通过依赖于利益相关者接受和信任的诚实代理（如一个专业的调解人）的服务，可以成功地进行自然资源治理方面的集体行动。而当权力分配更不对称或参与动机较弱或不对称时，如果有一个强大的"有机"领导者（如来自利益相关者社区的领导者）

---

① M. McGuire, "Managing Networks: Propositions on What Managers Do and Why They Do It," *Public Administration Review*, vol. 62, no. 5, 2002, pp. 599 – 609.

在过程的一开始就赢得了各利益相关者的尊重和信任，那么集体行动就更有可能成功①。

（三）积极协调

积极协调的观点认为，网络可以通过几个操作杠杆直接管理。阿格拉诺夫（Agranoff）和麦奎尔（McGuire）认为，网络中的管理者可以有效地利用垂直的机构关系以及创建和操纵水平关系。他们提供了一个启示性的四种积极协调行为。第一种行为是"激活"，即识别网络参与者并挖掘他们的资源。第二种行为是"架构"，包括通过建立和影响网络的操作规则、规范和感知来塑造网络互动。第三种行为是"动员"，强调人力资源管理在网络参与者和利益相关者之间的动员、激励和诱导承诺。第四种行为是"综合"，即为网络参与者之间良好的、富有成效的交互创造和增强条件②。

戈德史密斯（Goldsmith）和艾格斯（Eggers）提供了另一套相关的积极协调行为任务。在最初的网络设计阶段，"网络经理"的协调任务包括确定可能的合作伙伴、使利益相关者参与进来、分析当前的操作、确定和向成员传达期望、组装和啮合网络的各个部分、设计维护网络的策略以及激活网络。在设计和建立网络设置之后，网络经理可进一步充当网络"集成商"的角色，建立沟通渠道，协调网络参与者之间的活动，使他们共享知识，统一价值观和动机，克服文化差异，建立信任关系。③

与此类似，米尔沃德（Milward）和普鲁文（Provan）的研究结果表明，一个强大的集中整合的网络管理组织可以促进更有效的网络性能。④ 他们从几项研究中总结出经验教训，为网络的有效主动协调提供了建议。如网络领导需要诚实的中介、稳定的协调和结构管理，且网络管理组织应该继续参与到服务提供的某些方面，这样它就知道它所促进的或所签订的合同是否具有

① C. Ansell, A. Gash, "Collaborative Governance in Theory and Practice," *Journal of Public Administration Research and Theory*, vol. 18, no. 4, 2008, pp. 543 – 571.

② R. Agranoff, M. McGuire, *Collaborative Public Management*: *New Strategies for Local Governments*, Georgetown University Press, 2004.

③ S. Goldsmith, W. D. Eggers, *Governing by Network*: *The New Shape of the Public Sector*, Brookings Institution Press, 2005.

④ H. B. Milward, K. G. Provan, "*Managing Networks Eeffectively*," National Public Management Research Conference, Georgetown University, Washington DC, 2003.

良好和公平的价值。为此，网络管理组织可以创建一些关键服务，也可以在服务价值链中占据关键位置。

总之，上述研究认为，公共管理人员在使用各种技术进行积极协调网络方面具有一定的判断力。然而，他们都承认，网络管理人员没有传统上单机构等级公共管理相同的组织控制。尽管网络中可能存在更直接的管理行为，但网络仍然没有类似于 POSDCORB（规划、组织、人员配备、指导、协调、报告、预算）的科层管理处方。

（四）指令管理

巴达克（Bardach）观察到"组织间的协作能力非常像一个组织本身"[1]。也就是说，单一等级组织的标准特征——正规化、专门化、协调——同样体现在各机构之间有效协作的能力上。他认为协作组织是由其他组织组成的组织，也需要将规则、程序和过程制度化，使之成为功能协调的组织结构，从而执行各种更传统的功能。撒切尔（Thacher）认为，在实践中，这样的伙伴关系与传统组织有很多共同之处，如形成了具有常规、角色、规范和价值观的独特组织结构。[2] 换言之，他们发现有效的网络管理与基于等级的协调高度相关，因此面向网络协调的方法可以是等级和规则驱动的。麦奎尔（McGuire）也提到，即使等级结构和网络存在不同的目的、不同的操作结构，但"管理在网络涉及相同的技能，只是比等级更加困难"[3]。麦奎尔提出网络需求类似于等级结构，如拥有正确的人员和资源、明确的目标和实现目标的策略、高效和有目的的交互、使用评估（审查）来巩固责任等。他认为尽管网络管理有一些独特的考虑因素，但这些限制不会导致网络管理人员采取不同的行动。因此，乍看之下等级控制的使用似乎与强调网络自愿性的观点相悖，但如果放宽对网络的理解，如将组织间网络视为旧等级模式下的一种新的复杂性形式，则等级式的指令反而有助于强制性或激励性地形成网络

---

① E. Bardach, *Getting Agencies to Work Together: The Practice and Theory of Managerial Craftsmanship*, Brookings Institution Press, 1998, P. 21.

② D. Thacher, "Interorganizational Partnerships as Inchoate Hierarchies: A Case Study of the Community Security Initiative," *Administration & Society*, vol. 36. no. 1, 2004, pp. 91 – 127.

③ M. McGuire, "Managing Networks: Propositions on What Managers Do and Why They Do It," *Public Administration Review*, vol. 62, no. 5, 2002, pp. 599 – 609.

中的伙伴关系。如拉泽（Lazer）和宾兹－沙夫（Binz-Scharf）指出，将政府转变为网络化的形式需要国家的"老式"等级结构的支持。①

总之，在网络协调连续体的四种模式中，每种方法的特征都是对网络组成、结构和效益的不同假设。例如，对于具有一致同意的、平等的、松散耦合的相互依赖关系的网络，建议采用回应性促进的协调模式，因为这种网络中的集体协商的一致行为可能受到直接控制的破坏。然而，更多情况下网络存在由于资源依赖而导致的权力差异。其中一些网络关系的特征更多的是合同、管理和资金需求，更适合采用基于等级的指令管理模式。一名公共管理人员或许同时参与跨政府边界、跨组织和部门边界的协调活动以及通过正式合同义务进行协调，通常很难区分这些不同环境之间的边界。在某些情况下，协调是在高度正式和持久的安排下进行的；另一些情况下，非正式、紧急和短期的协调也是组织间和组织内部协调的共同组成部分。

三、集体行动的协调方式

根据西蒙（Simon）和马奇（March）的研究，组织协调的一般方式有两种：通过程序设计或通过反馈。② 正式规划的程序协调是一个依托明确的结构（例如，利用预先制定的计划、时间表、预测、正式规则、政策和程序）以及标准化的信息和通信系统等的综合活动。制定的行动蓝图是客观规定的，角色以及角色间的衔接是在非个人的、标准化的蓝图或行动计划中正式规定的。此外，由于这些非人格化的协调活动已经编纂成文，一旦实施，任务执行者之间的语言交流就会减少。

反馈协调则是一个不那么明确的结构。汤普森（Thompson）将反馈协调定义为基于新信息的相互调整。③ 组织中经常使用两种操作模式制订计划和相互调整：个人模式和小组模式。在个人模式中，占据组织角色的个人通过垂直或水平的沟通渠道相互调整任务。垂直沟通的渠道通常是直线上的负责

---

① D. Lazer, M. C. Binz-Scharf, "Managing Novelty and Cross-agency Cooperation in Digital Government," National Conference on Digital Government Research, 2004.

② H. Simon, J. G. March, *Organizations*, New York: Wiley-Blackwell, 1958.

③ J. D. Thompson, *Organizations in Action: Social Science Bases of Administrative Theory*, Routledge, 2017, P. 56.

人/经理和单位主管；当使用水平通道时，链接功能由单个成员承担，该成员在非层级关系中以一对一的方式与其他角色参与者直接通信。水平协调也可以授予指定的协调者、集成者或项目促成者，他们对活动需要协调的个人没有正式的权力。在小组模式下，相互调整的方式是通过预定的或非预定的工作人员或委员会会议。哈格（Hage）等人区分了计划性会议和计划外会议。① 前者用于例行的、计划好的交流，如工作人员会议或委员会会议；后者用于计划外的交流，如两名以上工作人员之间关于工作问题的非正式、临时会议。

出于研究目的，本书将所有通过程序设计的以非个人模式进行的协调形式归属为正式的协调行为。而通过个人（垂直或水平）渠道或小组（计划好的或计划外的）会议进行的反馈协调形式则分为两种，如果反馈协调是在例程中进行，如例行会议与汇报，则属于正式协调形式；如果反馈协调是依托个人间关系进行，则属于非正式协调。正式协调行为常见于传统的等级协调机制中，发展成熟的市场协调机制和网络协调机制同样也需要正式协调行为，因为例行文书、会议、流程、信息沟通等正式协调可以大大降低协调的人员、活动和资源成本。与此同时，治理理论和实践越来越注重非正式协调渠道及其行为的作用，认为非正式协调在面对正式协调的永久性失败（如沟通缓慢）和偶发性失败（如不存在与当前问题相适应的正式渠道）时发挥重要的作用。

非正式协调渠道以个人关系为基础，独立于正式的责任或职位而存在。即使在非常详细地规定了正式组织结构的情况下，非正式协调也是必不可少的，因为协调结构与程序的设计者并不能事先考虑到所有重要因素，而且一些重要程序不容易正式化。而当正式协调程序没有得到很好的规定时，尤其当多个独立组织为了协调的目的走到一起，又没有强制性的机制来强制遵守协议的情况下，非正式协调就更显得重要。

奇泽姆（Chisholm）研究了非正式协调在多组织系统中的作用。② 他指出，有效的协调总是至少部分地依赖于通过群体互动、社会化和试验而发展

---

① J. Hage, M. Aiken, C. B. Marrett, "Organization Structure and Communications," *American Socio-logical Review*, 1971, pp. 860-871.

② D. Chisholm, *Coordination without Hierarchy: Informal Structures in Multiorganizational Systems*, University of California Press, 1992.

起来的非正式规范和惯例。这种非正式的惯例为协调提供了一个现成的基础和环境，如限制了冲突的范围和需要考虑的问题的范围、确立了参与者对行为的期望并规定了在决策中要考虑的各种因素。源自较大社会的价值观念，如互惠准则，是支持非正式协调的主要社会规范支柱。在实际协调活动中，建立共识比对抗更重要，因为"你永远不知道下一个你可能需要谁。"尽管社会中有一种普遍的互惠规范，但在建立以个人义务为基础的纽带之前，任何非正式关系都不能牢固地建立起来。由于非正式交流的性质需要超出正式职责所要求的努力或交流，由此产生个人责任、感激和信任的感觉。信任和互惠使通过非正式渠道进行协调安排成为可能，无论这些安排是纯粹的非正式还是最终发展为正式的，持续的人际接触会促进相互考虑和尊重。当互惠规范被组织系统的成员完全内部化时，很难为所交换的利益确定具体的价值，从而无法精确地平衡所欠的恩惠，债务永远不会完全偿还，从而有助于非正式制度的稳定。因此，非正式制度越广泛，互惠准则在减少冲突和促进协调方面就越有效。

但是非正式的协调也有各种各样的弱点。一些弱点是由于非正式组织的个人性质，它意味着在沟通和谈判中将出现偏袒，以及利用非正式组织来保护或提升个人的地位和权力。这种风险基本上是无法消除的，是使用这种非正式制度进行协调的代价。非正式协调费时的发展也可被认为是一个弱点。建立非正式协调要经历谈判和妥协的复杂过程，新的组织一般要花大量的时间发展非正式程序，而如果没有先例可以作为非正式程序的基础，这个过程会更加复杂。在组织间的情况下，必须通过一个反复试验的过程来发展广泛的非正式联系，以确定其他机构中谁能有利地对待自己组织的建议。一旦建立了联系，就需要时间来建立必要的相互信任。从这个意义上说，非正式的协调制度可能比正式的制度需要更多的时间来达到成熟。另外，非正式协调具有不可替代性。鉴于非正式协定依赖于通过非正式渠道在人与人之间建立的相互信任，当原协定缔约者离开或关系被解除后，这种渠道很可能就消失了。因此，各种各样的问题都源于非正式协调方式的性质：它们的个人性质、漫长的发展时间、不可替代性，以及更普遍的非正式组织的相对模糊性。但同时非正式协调作为协调手段具有惊人的灵活性、适应性和有效性。

正式协调行为和非正式协调行为经常以各种组合的方式被使用，以实现有序的集体行动。一些非正式协调行为可以借由正式协调渠道产生。如例行工作会议会给负责工作的个人提供面对面交流的机会，从而形成个人间的关系。问题的关键是非正式协调的成本是否大于使用正式协调的成本，这必须根据具体情况进行权衡。如果一个组织单位所承担的工作是可分的、重复的，那么大多数任务活动都可以标准化和程序化。然而，随着任务不确定性和例外情况的增加，以正式协调变得更加困难，这就要求更多的非正式协调活动。而当任务相互依赖性增加时，又缺少正式协调渠道的情况下，基于个人关系的非正式协调就是重要的补充甚至替代。随着任务规模增加，群体凝聚力下降，亚群体形成增加，此时面对面的非正式协调行为技巧可能让位于更客观的协调技巧，群体成员更加适应高度结构化和指令性的正式协调。

综合上述分析，协调是网络中的集体行动的必要组成部分，具有多样化的机制、模式和行为，适用于集体行动所处的网络结构和具体情境的不同特征。由于本研究主要关注水治理集体行动中的等级制协调和网络协调，故此将等级制协调机制和网络协调机制以及相关的协调模式和协调行为的大致关系进行整理，如图 3 - 1 所示。

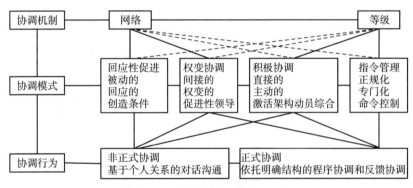

图 3 - 1　协调机制 - 模式 - 行为

注：协调机制与协调模式之间的实线表示强联系，虚线表示弱联系。
资料来源：笔者自制。

本书从广义的视角来看待网络结构以及协调问题，同时对网络的界定也更加宽泛。在参与主体多元平等的前提下，网络不仅包括高度参与的分权式的共享网络，也包括有关键行动者或内部代理人引领的领导型网络，以及由一个行政部门对网络进行管理的行政型网络。① 因此，从广义角度，协调与

① K. Provan, P. Kenis, "Modes of Network Governance: Structure, Management, and Effectiveness," *Journal Administration Research and Theory*, vol. 18, no. 2, 2008, pp. 229 - 252.

网络结构并不矛盾。

在等级协调机制、市场协调机制和网络协调机制三大协调机制的作用下，人类经济社会生活得以有序运行。在公共资源治理领域，各国和地区越来越注重探索和使用市场式协调机制和网络式协调机制，以补充甚至替代传统的等级式协调机制。但实际上，这三种协调机制已经在实践中发生了混合。如新公共管理运动将市场协调机制引入等级式协调机制中，治理理念的兴起使得等级制度更注重水平关系的建立以及网络结构的构建。反过来，网络协调机制也始终处于等级制的阴影之中，受到旨在塑造和加强网络的等级控制的影响，从中分化出网络中不同的协调模式。

关于协调模式有四种观点，所强调的协调的"主动性"程度由弱到强依次为回应性促进、权变协调、积极协调、指令管理。回应性促进型的协调模式适用于高度参与的分权式的共享网络结构，认为控制与指令会削弱行动者的动机，主张被动的、回应性的、促进性的等稳步协调方式为参与者之间的交互创造条件。权变协调型模式增加了等级制协调机制的特征，但认为协调的范围是有限的、根据情况变化的，最好采用第三方代理的间接形式和促进性领导方式。积极协调型模式认为可以主动有效地利用垂直的机构关系以操纵水平关系，通过几个操作杠杆进行直接协调。这样的直接协调行为包括激活网络参与者、架构网络互动规则、动员参与者的资源投入、整合参与者的贡献等。指令管理型协调模式认为网络中组织间的协调与等级中的协调涉及相同的技能，如正式的规则、例行规范、程序、命令控制等，因此网络中的协调是可以被等级与规则驱动的。

协调模式中的各种作用方式要落实到具体的协调行动中。协调行动可分为正式的协调行为和非正式的协调行为。正式的协调行为依托明确的程序和反馈结构，如例行文书、计划流程、正式规则、标准化的信息系统等，具有非人格化的特征。非正式协调行为以个人关系为基础，独立于正式的职责而存在，基本上是个人间的沟通，通过持续的个人接触与交流，产生信任、互惠的感觉与利益关系。正式协调和非正式协调体现在所有的协调机制和协调模式中。虽然正式的程序协调和反馈协调更常见于等级协调机制或者指令管理型的协调模式中，但其同样存在于市场或网络协调机制以及回应性促进等被动型的协调模式中。反过来，等级协调机制和指令管理型的协调模式中也可能发展出基于个人关系的非正式协调方式。但总体而言，当某种协调机制或协调模式更加注重通过组织间或个人间的沟通交流来化解参与者的冲突、协调和整合参与者之间的行为和贡献时，则参与者之间的非正式协调方式更加能够发挥作用；反之，如果注重通过正式的结构和程序来进行信息的有效传递，则更有可能选择正式协调方式。

第五节　河长制中的协调

河长制的协调体系包括协调的组织体系、信息沟通系统和以监督考核为主的等级协调机制三个方面。组织体系方面，水平层面以河长制办公室及其所在牵头部门为中心、各涉水职能部门相配合形成了星形结构。它与垂直层面的河长体系一起形成了总河长牵头负总责，各级河长负责相应区域河段、相关部门负责职能范围内任务的协调—合作格局。在这个组织体系下，建立了河长会议制度、信息共享和报送制度等信息沟通系统，以及督导检查制度、考核问责与激励制度、工作督办制度等等级协调机制。在这些协调组织架构之下，河长制采取了程序化协调和反馈协调方式。

一、河长制的协调体系的设计

（一）组织体系方面

1. 河长制垂直体系

河长制建立了全国范围内的省、市、县、乡四级河长体系。其中，29 个省份把河长体系延伸到了村一级，在村级、企事业单位微小水体也分片明确了河长，建立了省、市、县、乡、村五级河长体系。河长的职责是负责指导、协调、组织其流域范围内河湖管理和保护工作，督导其流域内下级河长和有关责任部门履行职责。

多数省份在全面推行河长制过程中，在省级层面成立了全面推行河长制领导小组，由省级党政负责人担任组长，组员由环保、水利、农业、建设等治水相关部门负责人构成，下设河长制办公室（以下简称"河长办"）具体负责河长制组织、协调、监督和考核等日常工作。河长制领导小组与河长办并不是常设机构，其领导由地方党政一把手和水行政主管部门负责人兼任，办公人员从相关的水利、环保等部门临时抽调组成①（见图3-2）。省级层面的机构设置形式延展至了区县层面，很多区（县）根据省（市）的河长制领导小组组织架构设计了同样的河长制领导小组（见图3-3）。其中，日常具体河流巡查和整治工作主要在乡镇（街道）乃至村级层级展开，由乡镇（街道）级河长负责，区（县）级及以上河长主要担任督导、检查、协调、支持工作。

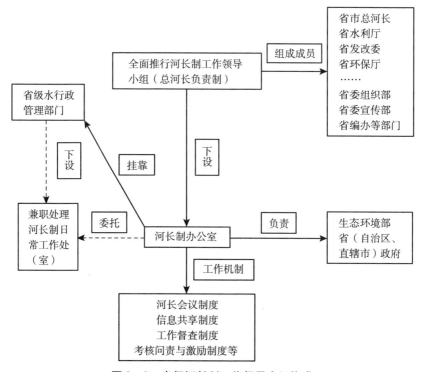

图3-2 省级河长制工作领导小组构成

资料来源：高家军：《河长制可持续发展路径分析——基于史密斯政策执行模型的视角》，《海南大学学报》（人文社会科学版）2019年第37卷第3期。

---

① 高家军：《河长制可持续发展路径分析——基于史密斯政策执行模型的视角》，《海南大学学报》（人文社会科学版）2019年第37卷第3期。

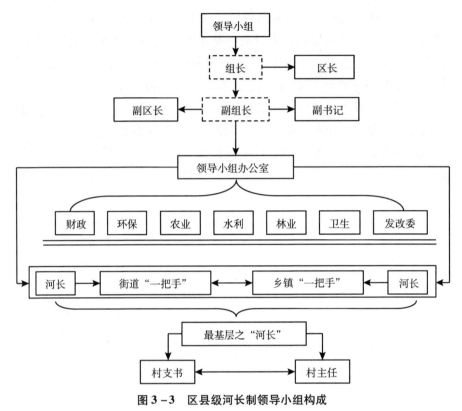

图 3 - 3　区县级河长制领导小组构成

资料来源：詹国辉、熊菲：《河长制实践的治理困境与路径选择》，《经济体制改革》2019 年第 1 期。

自上而下相同的组织机构设计使得指令和汇报的上传下达更有效率。并且只有基于河长制的垂直等级结构，等级协调机制，如督导检查、考核激励、工作督办等制度才能发挥作用。

2. 河长制办公室

河长制要求在县级及以上设置相应的河长制办公室，明确牵头部门和组成部门。河长办所在的牵头部门一般为水利部门，也有设置在其他部门的情况。以重庆市为例，重庆市、区县河长办公室设置在同级水行政主管部门。市河长办公室主任由市水利局主要负责同志担任，组成的责任部门包括市水利局、市环保局、市委组织部、市委宣传部、市发展改革委、市财政局、市经济信息委、市教委、市城乡建委、市交委、市农委、市公安局、市监察局、市国土房管局、市规划局、市市政委、市卫计委、市审计局、市移民局、市林业委、团市委、重庆海事局等。这些责任部门各确定1名负责人为责任人，1名处级干部为联络人，联络人为市河长办公室组成人员，所确定人员相对固定（原则在一个考核年度以上），保持工作连续性。

通过将涉水职能部门联络人设置为河长办组成人员，河长办及其组成单位构成了星形的网络结构。通过这个结构，在河长办的具体协调下，各职能部门可以开展合作。如一些受访者指出：

"在河长办成立以前，河湖治理都是'九龙治水'，各个部门各管各的。现在河长办可以起到牵头各条线的协调作用。"

（访谈逐字稿20161222WX1）

"河长办的主要作用就是针对一些各部门不能解决的矛盾进行协调、调查、处理回复。对12345市长热线反映的河道问题进行调查和处理回复。"

（访谈逐字稿20180809NZ2）

"市里（河长办）主要协调部门、各方之间的矛盾。目前各部门仍然存在扯皮推诿的情况，例如×××治理事件等。市河长办配置相对来说比较高，市河长办主任由副市长兼任，副主任由水利局和环保局局长兼任，能够协调一些部门间难处理的事情。"

（访谈逐字稿20161223WS1）

同时河长办也是上下级河长之间的信息枢纽，具体承担涉水职能部门之间以及下级河长之间的沟通、监督、引导、检查等作用。一位河长办工作人员描述其在上传下达方面的工作：

"河长办，最主要的还是一个汇总统计，起一个承上启下（的作用）。那我们（区一级河长办）首先是传达市里面的要求，有些东西如果我们区一级能解决的，那我们区一级就解决了，如果他要下伸到镇街级的，那么肯定还要传达给镇街级。镇级河长巡河发现的问题，首先镇村级河长是报给镇河长办，镇河长办如果能够解决，那么他也就不用往区里报，他如果不能解决那再往我们区里报。"

（访谈逐字稿20180802NX2）

除了信息的上传下达外，河长办一方面需要为上级河长的巡河和参与河长制部际联席会议准备相关材料，另一方面还要对下级河长进行政策知识培训。比如在访谈中，一个地区的河长办工作人员说他们近期的工作重点就是培训下级河长使用河长巡查 APP。

（二）信息沟通方面

1. 河长会议制度

各级河长通过区域水资源管理委员会或者跨部门联席会议制度，定期或不定期由河长牵头或委托有关负责人组织召开河长制工作会议。会议主要任务是拟定和审议河长制重大措施，协调解决河湖管理保护中的重点难点问题，指导督促各有关部门认真履职尽责，加强对河长制重要事项落实情况的检查督导。如江苏省成立省河长制工作领导小组，省政府主要负责同志主持召开全面推行河长制工作电视电话会议，部署全省河长制工作。副总河长主持召开省河长制工作领导小组会议，对全面推行河长制年度目标任务进行再部署、再落实。浙江省绍兴市全面建立了以区、镇、村三级河长和相关职能部门为成员的河长制联席会议制度，定期召开联席会议，定期通报水质状况，及时落实问题整改。

2. 信息共享制度

信息共享制度包括信息公开、信息通报和信息共享等内容。信息公开是向社会公开河长名单、河长职责、河湖管理保护情况等，这项工作主要是通过设置河长公示牌来开展。每条大河道都有设公示牌，上面有各级河长的名字、办公室联系方式、河道范围、河长职能等内容。信息通报是通报河长制实施进展、存在的突出问题等。在访谈中，有些地区介绍它们已经建立或正在建立河长制的信息沟通平台或信息管理平台，上面有各级河长办的活动、文件的信息。一位受访者介绍说：

> "信息平台一半对内一半对外，方便河长办工作信息沟通，也方便群众监督。"

（访谈逐字稿20161223WS1）

信息共享，主要任务是对河湖水域岸线、水资源、水质、水生态等方面的信息进行共享。如上海市金山区以"七个一"（一份周报、一份通报、一封信、一期简报、一个微信公众号、一组河长联络群、一个河长制平台）拓宽了信息互通共享渠道。访谈中发现，大部分一些地区通过建立河长间的QQ群、微信群进行信息共享，河长办通过它们与上下级河长进行工作的对接，如河长办相关的政策文件、考核要求、工作任务、督办清单等都发到群里，下级河长也将整改成果（如整改前后的照片对比）、信息反馈、措施创新也分享到群里。

（三）协调机制方面

1. 河长巡河制度

河长巡河制度是河长制的重要内容之一。如浙江省河长办印发了《浙江省河长巡查工作细则》，对省、市、县、乡、村五级河长履职过程的检查、记录、处理、督办、上报、反馈各项工作进行更明确、更具体的规定。要求市级河长巡查不少于每月一次，县级河长不少于半月一次，乡级河长不少于每旬一次，村级河长不少于每周一次，河道保洁员、网格化监督员每天巡查，每次巡查都要做好记录。此外不少地方已经开始启用巡河APP，记录河长巡河的次数、路线、时间、定位等信息，个别地方甚至开始试验无人机巡查。

河长巡河除了履行河长职责，切实了解所辖区域内的河流情况外，也是非常重要的现场协调机制。在我们的访谈中，有一位受访者介绍了其所在县（区）的河长巡河情况。县（区）级河长巡河一般需要河长办一位工作人员、一位水利部门工作人员和一位环保部门工作人员陪同。如果在巡河过程中发现问题，比如发现污染点，会首先判断污染点属于哪一镇（乡）领域以及归属哪一个行政部门负责，并当场联系那一段的河长或河段长（即某一乡镇领导）以及所涉及的行政部门的负责人（如养殖污染联系农业部门、工业点源污染联系环保部门、乱搭乱建联系住建或城管部门等）。在可能的情况下，乡镇领导和所涉行政部门领导需要立即赶到现场，在县级河长面前，当场明确责任归属和解决方案。因此，通过河长巡河可以衍生出非常有效的现场办公和协调活动。在访谈中，一些受访者认为河长巡河时的现场交代、现场督办是最有效的工作方式。一位受访者描述道：

"河长相当于每个星期可以要去巡一次河……发现的问题，我会现场交办。比如这个是排水的问题，我可以交给住建。比如这个是畜禽养殖的问题，比如农业面源污染的问题、种植的问题都可以交给农委，就是现场交代，现场督办。所以（下一次）现场巡查的时候可以督办上个上一次我交代的问题，有没有整改到位。"

（访谈逐字稿20180806ZX1）

另一位受访者也认为河长巡河制度产生了很好的水环境治理效果：

"每次巡河看到问题都是马上解决。有问题就解决，没（发现）问题就是正常开展工作，就河道正常保洁。有大的问题，或者污水或者什么，就联合部门一块去整治，整治一处是一处，慢慢（问题）就减少了。"

（访谈逐字稿20180731XZ1）

2. 工作督办制度

工作督办一般针对河长制工作中的重大事项、重点任务及群众举报、投诉的焦点、热点问题。如泉州市河长办建立并印发《泉州市河长制分办督办查办工作制度》，规定市级河长办批示、群众投诉举报、市级长办领导交办等事项，开列任务清单，要求承办单位5个工作日内完成办理并反馈，对处理情况复杂的10个工作日内提出处理方案。对办理进度滞后或未在规定时间内办理完毕的，下发督办通知书进行重点督办并限期整改；对未按期完成整改的应说明具体原因，对未完成整改并未说明缘由的挂牌督办件，将协调相关部门查处，对履职不到位造成不良后果的相关责任人提出问责建议。因此，有受访者认为：

"河长制的实质就是'领导督办制'和'环保问责制'的延伸。"

（访谈逐字稿20161223WS1）

3. 督导检查制度

督导检查制度即对河长制实施情况和河长履职情况进行督查，对问题不解决、工作不得力、制度不落实的，进行通报、督办、约谈、问责。督导检查主要是通过巡河和看台账材料等进行，一位受访者描述其所在区的督导检查形式：

"我们区一般是区委办一个人，区政府一个人，区纪委一个人，然后我们河长办再参与，四个部门联动起来进行一个督查工作。"

（访谈逐字稿20180802NX2）

4. 考核问责与激励制度

考核问责是上级河长对下一级河长、地方党委政府对同级河长制组成部门履职情况进行考核问责。如江苏省河长制考核工作由省级总河长统一领导，实行日常监督考评与年终考核相结合、市级自评与省级考核相结合、部门测评和第三方监测相结合，考核结果作为地方党政领导干部选拔使用、自然资源资产离任审计的重要依据，同时与省级河湖管理、保护、治理补助资金挂钩。

考核分为河长履职考核和水质标准考核。由于水质提升是个系统工程，完全以是否达到水质标准来对河长们进行考核太过苛刻也不科学合理，因此考核中一般实行"尽职免责"的原则。如一位受访者解释道：

> "因为（水治理）它是一个生态系统，是一个很复杂的过程，就是我们的一些问题的解决，找不到一些正确的解决的方式。比如我这个水是这个二类水，然后实际上我现在是可能超标了一点点，是三类水，我想把这一点点消减掉，太难太难了……但是如果你效果没达到，你也去努力了，那我们也是认可的，这个叫'尽职免责'。可能你采取了多样的措施，这个水还没达标，这是存在的，客观存在的。"

（访谈逐字稿20180806ZX1）

总之，对河长制在组织体系上，垂直的河长体系建立了河长间的等级关系，有利于区域间的合作；水平的河长办建立了牵头部门和各涉水职能部门之间的星形结构，有利于部门间的合作。在信息沟通方面，河长会议制度和信息共享平台的建立，为河长间的联系提供了制度性程序化的沟通渠道。在具体协调机制上，河长制多采用等级协调机制，其中河长巡河制度在问题的现场交办、督办、争议解决方面非常有效，考核问责与监督检查制度是河长们开展工作的推动力之一，也是河长制重要的指导、控制和评估手段。

二、河长制中的程序化协调和反馈协调

在访谈中，一些地区的受访者描述了河长制的工作流程。工作流程大致分为发现问题、报送问题、协调调度、解决问题这几个阶段。在一些情况下，这几个阶段遵循程序化协调方式，在另一些情况下则会采取反馈协调方式。

访谈发现，反馈协调，尤其是面对面的反馈协调，是解决问题最快速的协调方式。

（一）程序化协调

河长制中的程序化协调方式主要指基于工作流程规定的自下而上的问题汇报和自上而下的任务督办清单等。发现问题分为三种情况，第一种是群众举报，第二种是巡河员发现问题，第三种是河长在巡河过程中发现问题。群众发现了水环境水生态问题，有些是拨打河长公示牌上的监督电话（河长个人电话或河长制办公室监督电话）进行反映；有一些是拨打该地的市长热线，市长热线（市级）接到群众关于水环境问题的反映和举报后，会通过专门的市长热线信息传送系统将问题按照区域向下分发给事发地（区级、镇乡级）的市长热线处理人员，然后该处理人员同样在系统中转送给平级河长制办公室，并电话督促河长办处理。

一些地区聘用了专门的巡河员，巡河员巡河发现问题会反映给河长助理，河长助理向河长汇报，同时向问题所归属的职能管理部门领导汇报。据受访者所言：

> "这个整个过程所需时间很短，也就是十几分钟的事情，就能解决，打个电话就可以了，给领导汇报，微信一发图片，哪有了（问题），领导就批了，批了之后就去做。"

> （访谈逐字稿20180731XZ1）

一些地区由河长办的工作人员承担巡河工作，河长办工作人员发现问题。在这种情况下，受访者说：

> "一方面报给总河长，如果问题比较大的话，总河长可能还会在我们那个汇报上面签批，这样的话就比较重视。另一方面是报给所属的镇街，如果那条河是区级河长，那么还会报到那个区级，但是如果是镇村级河长，那么我们就直接报到镇街上面。可能到了镇街上面，镇街再分发，再把那个报给那个村级或者是那个相应的镇级河长，然后由镇街出面解决那些问题。然后那个镇街它会去找各个部门的去解决。比如说那条河它需要城管出头了，或者是要有城建、交通环保一起出面的，他镇街上面再把那个问题反馈给区领导，然后再严肃地督办解决。我们再跟

踪，我们会跟踪这个过程。"

（访谈逐字稿20180802NX2）

如果是河长巡河的情况，则发现问题和协调调度可以在同时一时间解决。河长巡河一般要有人员陪同。例如，某一市级领导担任某一区的河长，他巡河时，会带着河长助理或一名区级河长办工作人员。一些比较重要的区级领导（如区委常委）巡河时还可以带着一名水务局负责人、一名环保局负责人，也有可能是住建、交通、农林负责人陪同，视其分管部门和具体情况而定。访谈中，这位区级河长办工作人员介绍说：

> "挂了区级河道的市级河长他到下面的巡查，我们要准备很多的资料，准备汇报，准备他这条河的情况跟他（汇报），让他知晓了解情况。然后比较认真的区级河长，巡河前会去河长办了解他（负责的）这条河的情况。有些会要求区河长办陪同。当然如果所有的区级河长都让河长办陪同的话，我们也分不出那么多精力。因为河长办也就那么几个人，我们这边有好几十个区级河长，那（都陪同）肯定也不行，但是比较重要的几个区领导，他们如果让我们去的话要及时去。"

（访谈逐字稿20180802NX2）

河长巡河发现问题会现场交办，现场督办。如上所述如果在巡河过程中发现问题，比如发现污染点，会首先判断污染点属于哪一镇（乡）领域以及归属哪一个行政部门负责，并当场联系那一段的河长或河段长（即某一乡镇领导）以及所涉及的行政部门的负责人（如养殖污染联系农业部门、工业点源污染联系环保部门、乱搭乱建联系住建或城管部门等）。在可能的情况下，乡镇领导和所涉行政部门领导需要立即赶到现场，在上级河长面前，当场明确责任归属和解决方案。此时，反馈协调能够很快速地解决问题。

如果一位非区委常委的区级河长在巡河过程中发现问题，但因为他不是区级分管领导，不能直接指挥或协调平级职能部门的工作，因此涉及平级职能部门或平级行政区域之间的协调问题。我们在访谈中发现，这个过程中出现了程序化协调和反馈协调相交织的情况，在主要依靠程序化协调的地区，河长巡查他负责的某一河段时发现问题首先反映给河长制办公室，河长办现场核实问题后，判断问题责任归属的地域和职能部门，向上汇报给这条河的总河长，请总河长批示。得到总河长批示，或者拿到任务督办通知书后，河长办联系相关地域或者职能部门负责人或者将任务督办通知书交给这些负责人。然后涉事地域或职能部门分工处理问题。这个过程完全遵循等级式协调机制中上传下达的沟通路径，这个过程中最重要的环节是向领导汇报，请领导批示。用某位受访者的话说是：

> "肯定要（向领导）汇报一下，那个属于流程，一定要汇报的。"

（访谈逐字稿 20180731XZ1）

（二）反馈协调

反馈协调，即"有问题直接沟通解决"（访谈逐字稿 20161222TZ1）。当河长巡查发现问题反映给河长办后，河长办所在牵头部门（通常为水利部门）负责人可以直接通过电话将情况反映给涉事职能部门（如环保、住建、农林等），然后两个部门共同到现场协商解决问题。如一位受访者说：

> "不需要（请示）上级的，就我们本级可以直接找，比如说环保部门和林业部门的其他的主任，自己商量着可以的，直接的（沟通），不需要（报）上去。根本不需要通过县河长办，还要通过他们（县河长办）跟环保局去（沟通），再由环保局往下通知或者以电话的形式打我们当地的环保，这都不需要的，我们都是直接沟通……我们成立河长办的时候，我们按照上级文件要求，我们就将把相关的部门召开了一个会议，然后的会议确立了小组相关职能单位，他是里面的成员之一。所以说我们不需要通过什么上级部门，还要来重新向他们汇报，又要通过他们再又向另外一个部门来（进行沟通）。（我们）不需要上传下达的。我们在工作上就是说，可以直接建立这种各部门之间的联系。"

（访谈逐字稿 20180627JZ1）

在被问道为何不用向上级河长请示汇报时，受访者回答：

> "因为大家都属于河长制河长办的组成单位，这个是各个单位的职责。平时我们联系也比较紧，有问题就直接沟通解决了。"

（访谈逐字稿 20180727XX1）

被问到是否是基于个人关系才能直接进行沟通协调时，受访者否认道：

> "不是的。完完全全是建立在一种工作上。对，不存在什么，因为

我跟某某，打个比方，我跟环保所长个人关系比较好，就（直接沟通）。不谈个人感情的，完完全全都是从工作出发。就是说，他们需要我们去协助，我也需要他去协助我们的工作。现在我们也团结在一起。"

（访谈逐字稿20180627JZ1）

部门之间直接沟通解决问题的情况一般发生在乡镇层级，且在平时工作联系较为紧密的部门之间（如水务与环保）。在平时工作联系不那么频繁的部门之间，相互间直接沟通协调的情况就比较少见。

"我们也一直在跟领导提这个问题，就是联系部门还是没有特别主动。当然除了环保，可能水务和环保一直是联系蛮近的。反正除了环保之外，其他的联系部门还是没有太主动，缺乏主动性。"

（访谈逐字稿20180802NX2）

综上，通过对河长制的协调体系结构和体系运作进行分析可以发现，河长制下的水环境治理集体行动主要采用等级制协调机制。在实际执行过程中，河长制主要采取等级指令式协调方式、上传下达的信息沟通渠道、任务督办清单等例行程序。领导的签字、批示、口头通知等能够有效地推动资源的调拨和任务的执行。相对于问题汇报和任务督办清单等程序化协调方式，河长们之间面对面的反馈协调能够更快速地解决问题。在一些基层政府，涉水职能部门工作联系较为密切的情况下，职能部门之间也直接沟通协调。这种直接沟通协调方式的正当性一部分来自河长制的水平结构，即涉水职能部门都是河长制办公室的组成单位；另一部分来自职能部门在重复互动的工作过程中建立的信任关系。且职能部门在工作中联系越频繁，这种信任关系越容易产生。

第六节　本　章　小　结

本章将集体行动分解为合作和协调两个方面，区分了集体行动中的合作与协调的范畴，分析了影响集体行动者合作的条件因素和集体行动中的协调机制、模式与行为的特征。合作与协调虽然都具有"一起工作"的含义，但是代表的是不同的集体行动问题（见表3-4）。

表3－4　　　　　　　　　　集体行动中的合作与协调

	合作	协调
关注点	"节点"的行为： 行动者之间的共同目的与利益、行动者做出了什么贡献、预期会有哪些结果	"纽带"的形成： 行动者之间如何组织互动、交易成本
相对立的概念	竞争、冲突、抵触、抵抗、敌对	无序、混乱
风险	关系风险：不稳定承诺和隐藏动机	操作风险：无法跨越组织边界进行协调
失败	"搭便车"、逃避责任、耽误观望	遗漏、不兼容、错误配置、失序
主要媒介和价值	信任、互惠、声誉、可信任的承诺	信息、有效的信息传播
成功	行为人持续选择合作策略、稳定的合作关系、目标达成	联合行动的效率、有效性、灵活性/适应性
预防失败的补救措施	互相明确责任与收益、正式制度制裁、声誉等社会制裁、负向互惠或利他惩罚等私人制裁、发展信任和亲密关系等（详见表3－1）	等级制、程序化、正式反馈、领导力、个人间联系和联络、协调机制和模式的设计等（详见图3－1）

资料来源：基于古拉迪等（Gulati, Wohlgezogen and Zhelyazkov, 2012）的研究补充和整理。

　　合作关注的是各个行动者（网络中的"节点"）的行为问题，如他们在单方面的"搭便车"策略能带来更多短期收益的情况下，甚至在行动者之间存在竞争、冲突、抵触、敌对的历史或现状下，是否会选择为集体利益做出贡献、做出了什么贡献、预期会有哪些结果。行为人面对的合作方面的风险是关系风险，如相互间不稳定的承诺和隐藏的动机。合作失败的表现是集体成员普遍采取"搭便车"的行为策略、逃避贡献和责任、耽误观望等。反过来，合作成功的表现则是行为人持续为集体利益做出贡献、相互间形成稳定的合作关系、集体行动目标达成等。在合作方面主要的媒介和价值是信任、互惠、声誉和可信任的承诺等。表3－1细致归纳了预防合作失败或者促进合作成功的措施，这包括互相明确责任与收益、正式制度制裁、声誉等社会制裁、负向互惠或利他惩罚等私人制裁、发展信任和亲密关系等。

　　协调关注的是有意和有序地联合或调整合作伙伴之间的互动行动（网络

中的"纽带"）的问题，如如何组织行动者之间的互动、如何减少行动者的交易成本等。协调方面的风险是操作风险，即无法跨越组织边界进行协调或无法使得行动者的互动有序化等。协调失败通常表现为信息遗漏、行为之间不兼容、资源错误配置、互动失序等。反过来，如果行动者之间协调一致，则联合行动具有高效率、有效性、灵活性、适应性等特征。协调方面的媒介和价值在于行为者之间的联系和联络、信息和信息的有效传播。化解协调困境需要分析行动者之间的联系和连接机制及其与行动者的网络结构之间的契合性。图 3 - 1 总结了主要的协调机制、模式和行为。这些协调机制、模式和行为中的要素，如等级制、程序化、正式反馈、领导力、个人间联系和联络等，提供了协调的"工具箱"，有助于行为者设计和采取与具体情况相适应的协调措施。

根据上述分析框架，本章详细分析了河长制中的合作与协调要素。合作要素关注的是如何激励河长制所涉及的行动者（包括政府体制内行动者和体制外行动者）为河湖治理做出贡献，以及哪些因素对他们进行合作产生了影响。在河长制中促进行动者合作的因素包括制定正式的制度规则、明确规定或划分收益和责任、分享中间产出、增加未来交互的可能性、揭示高度相互依赖性、进行充分的沟通交流、发展亲密与信任关系、提高贡献行为或搭便车行为的可观察性、奖励和鼓励第三方利他惩罚行为、行动者的同质性、发展个体学习与模仿成功的合作策略的能力、发展社会网络的择优汰劣机制。

协调要素关注的是河长制行动者之间的组织联系、信息传播和沟通方式与渠道。河长制设计和组织起了等级制协调组织体系和制度的设计（如河长会议制度、信息共享和报送制度、督导检查制度、考核问责与激励制度、工作督办制度等），建立起程序化协调通道（如信息通过河长办进行上传下达），依靠正式的程序协调和反馈协调（如任务督办单、职能部门之间的直接沟通联系）和基于权威的领导力（如河长现场办公、争议解决），见表 3 - 5。

表 3 – 5　　　　　　　　　　　河长制中的合作与协调

	合作	协调
关注点	网络"节点"的行为，这些"节点"包括： （1）体制内行动者：担任"河长"的地方各级党政负责人、各涉水职能管理部门、体制内监督"河长"履职和"河长制"实施的组织（如纪委、督导组等） （2）体制外行动者：包括招募或聘用的民间河长/护河志愿者/监督员、直接受到"河长制"影响的经济利益相关方（如企业、水产养殖户、畜禽养殖户、渔民、采砂作业者、河湖岸线居民等）、环境保护类非政府组织、普通民众等	网络"纽带"的形成，这些"纽带"包括： 不同层级河长之间、行政部门之间的垂直联系、同一层级河长之间、行政部门之间的水平联系、以河长办为信息枢纽的星形结构、体制内行动者与体制外行动者之间的联系等
失败 （河长制之前）	体制内行动者之间推诿扯皮、逃避责任、耽误观望，体制外行动者竞争性使用河湖资源、破坏河湖生态环境的行为	信息碎片化、信息隔绝、错误配置、重复治水、无法跨越组织边界进行协调
措施 （河长制）	制定正式的制度规则，明确规定或划分收益和责任，分享中间产出，增加未来交互的可能性，揭示高度相互依赖性，进行充分的沟通交流，发展亲密与信任关系，提高贡献行为或搭便车行为的可观察性，奖励和鼓励第三方利他惩罚行为，行动者的同质性，发展个体学习与模仿成功的合作策略的能力，发展社会网络的择优汰劣机制	等级制协调组织体系和制度的设计（如河长会议制度、信息共享和报送制度、督导检查制度、考核问责与激励制度、工作督办制度等）、程序化协调（如任务督办书、河长办的上传下达）、正式反馈协调（如职能部门之间的直接沟通联系）、领导力（如河长现场办公、争议解决）、基于个人关系的非正式协调等
预期成功 （河长制之后）	体制内与体制外行动者持续选择合作策略、形成稳定的合作关系、河湖治理目标达成	行动者间联合行动的效率、有效性、灵活性/适应性

资料来源：笔者自制。

第四章

河长制集体行动发生路径：
积极协调下的合作

以第三章关于河长制中集体行动发生要素的分析为基础，本章继续剖析河长制下的集体行动的发生路径。在合作和协调双要素的基础上，河长制主要采用"积极协调下的合作"路径，以协调带动合作，协调作为主要的驱动力量，在解决河长制之前的协调困难的同时，也帮助解决了合作困难。本章阐述了"积极协调下的合作"路径的内涵、适用情境和作用机理，并以此分析了河长制的集体行动发生路径，其中积极协调和等级协调体系和机制充分发挥了其作为"黏合剂"的作用，将行为主体集合在一起，并指令他们为集体行动目标做出各自的贡献。同时，协调也发挥了"润滑剂"的作用，从多方面促进了部门间与行政区域之间进行合作，包括降低知识共享和信息沟通的成本、建立互惠和信任的规范、促进学习、促进性领导与争议解决、监督与制裁等。

第一节 "积极协调下的合作"路径的内涵

"积极协调下的合作"路径的内涵离不开与之相关或相适宜的集体行动情境。如第三章分析所示，集体行动分解为合作和协调两大要素。其中，根据等级制对网络环境的影响从被动到主动，协调模式可分为回应性促进模式、权变协调模式、积极协调模式和等级指令模式。而行为人自主选择合作策略的可能性和水平受一系列自涉因素、关系因素和结构因素的影响，有高低之分。一般而言，提供给行为人自主选择的空间越大，有利于行为人选择贡献策略的干预措施越多，行为人越有可能自主选择贡献策略，群体的自主合作意愿、能力和水平也就越高；反之，行为人自主选择的空间越小，有利于行为人选择合作策略的干预措施越匮乏，行为人自主选择为集体利益做贡献的可能性越小（但有可能遵从或配合为集体利益做出贡献的强制命令或要求），群体的自主合作意愿、能力和水平也就越低。

在将集体行动分解为合作和协调两大要素的基础上，根据合作和协调两方面的表现和相互间不同的结构关系，集体行动可被区分为四种情形：低合作－被动协调情形、高合作－被动协调情形、低合作－主动协调情形、高合作－主动协调情形。（参见本书图1－2）。在不同的情形中，集体行动会采取不同的发生路径。结合我国体制情境和河长制的观察，本书关注的是"积极协调下的合作"路径，常发生于低合作－主动协调情形中；与之相对的路径是"自主合作上的协调"，常见于高合作－被动协调情形中。下面在低合作－被动协调的集体行动情形中阐述"积极协调下的合作"路径的内涵，同时对另外三种集体行动情形做简要说明。

一、集体行动的"积极协调下的合作"路径

在自主合作水平较低，但存在积极协调或等级指令等相对主动的协调模式的情形下，呈现了低合作－主动协调的集体行动情形，此时可通过"积极协调下的合作"路径形成集体行动。

"积极协调下的合作"路径是指存在群体之外的力量或群体中的少部分

人率先行动起来为更大的集体利益做出可见的贡献，形成能够触发群体中其他人行动的影响力，群体中的其他人受到先驱者的感染或者在他们的积极动员与整合下加入集体行动的行列。在一些情况下，率先发起集体行动的少数人既是合作者又是协调者。正是这些少数人之间的合作形成了阈值效应，吸引更多人参与到集体行动中来。随着更多参与者的加入，集体行动先行者在合作的同时，也承担起协调者的角色，如动员和整合各方资源、教育与培训新成员、向成员传达信息和期望、制定行动规则、形成干预监督与惩罚措施等。在另一些情况下，集体行动可以借助外部的或更高等级的协调者的推动而形成与发展，所依据的协调模式多为积极协调模式或等级指令模式。

因此，这一条路径多出现于目标导向的网络中，其中"积极协调"是集体行动的动力与核心，不仅是整个集体行动过程的"润滑剂"，也是合作者间的"黏合剂"，即能够将行动者们集结起来形成集体行动。这一种集体行动路径下的合作者，尤其是后加入的合作者，需要为集体行动贡献资源，并且认识到相互合作是为了创造更大的集体利益且自己也能从中获益。但是在加入之初，他们相互之间并不需要充分的信任，因为他们的贡献是靠外在协调力量驱动的。可以预见的是，随着行动者们频繁地在集体行动过程中进行互动，行动者之间的信任也会增强。合作者之间的信任程度越高，越能降低协调成本。

二、集体行动的其他情形

本研究主要关注"积极协调下的合作"集体行动路径，但为了研究完整性以及下面阐述的需要，将合作与协调结构关系下的其他集体行动情形简单阐述如下：

（一）"自主合作上的协调"发生路径：适用于高合作－被动协调情形

当群体中自主合作水平较高，又采用回应性促进或权变协调这样相对被动的协调模式的情况下，呈现了高合作－被动协调的集体行动情形，此时可通过"自主合作上的协调"路径形成集体行动。

"自主合作上的协调"是指集体行动参与者为了共同的利益与目标，自发地走到一起、自觉表露合作意愿、自愿达成合作承诺，并为了集体行动能够顺利形成与维持，合作者之间选举一个协调人或成立一个协调组织或者委托第三方机构负责集体行动所需的信息沟通、谈判、冲突调解等活动。这一条路径常出现于机会性发展的偶然网络中，随着人们渐渐从经验中习得合作能力而在天时地利人和的机会下产生。其中，"自主合作"是集体行动的基础与核心，"协调"是辅助与促进角色，发挥"润滑剂"的作用，减少行动者之间的沟通成本和摩擦。"协调"本身不负责将集体行动参与者们集结在一起，但是"协调"在降低集体行动的交易成本以及帮助集体行动跨越艰难阶段方面发挥着关键作用，因此是不可缺少的部分。此时，协调主要采用回应性促进模式或权变协调模式。协调方式主要是建立沟通渠道，共享信息，建立信任或契约，建立支持联盟，反馈成员的观点与感受，调解争议，激励与宣传，以及非正式、紧急和短期的指导等。

（二）低合作－被动协调情形：集体行动陷入困境

当群体的自主合作水平较低，且又不存在主动甚至强制的协调与动员的情况下，会呈现低合作－被动协调的情形，此时集体行动可能无法形成。在这种情况下，群体中可能缺乏明确了责任、收益或惩罚措施的正式规则，或者还未形成稳定的重复互动关系、信任关系、互惠关系等，已有的干预措施难以从自涉、关系和结构方面激励群体成员自发地共同选择合作策略。同时，群体中也缺乏一个处于中心位置的"临界规模"或者外在力量来动员、感染乃至强制其他成员参与集体行动。因此，群体成员既不能依靠信任纽带与互惠关系，也不存在外在监督与制裁力量，来克服"搭便车"行为。"搭便车"将成为群体成员主导性的行为策略，无人选择为集体利益做出贡献，集体行动由此陷入困境。

（三）高合作－主动协调情形：自治与控制的冲突

在群体自主合作意识、能力与水平较高，又存在积极协调或等级指令等主动协调力量的情况下，出现了高合作－主动协调的情形。此时，集体行动可能会出现两种情况。一种情况是在自主合作和积极协调之间产生严重的冲突，因为自主合作和积极协调对权力分配的要求是相互矛盾的。尤其当参与者和协调者在行动方向上存在分歧时，强烈的自治愿望可能会给参与者更多的理由不服从协调者的指挥。这显然加强了合作和协调之间的权衡：为了让参与者付出更多的努力，协调者需要给予更多的激励；但这又会减少他对参与者的控制，从而减少了可能的协调。此时，增加参与者和协调者之间的同质性以及培养共同的信念与价值观，理论上可以消除或至少减轻这种冲突。另一种是在理想情况下，高度同质的自主参与者与积极协调者之间可以形成协作的局面，包括参与者间形成联系紧密且高度信任的伙伴关系，伙伴组织充分地共享资源、共担风险、责任和回报，甚至伙伴组织放弃一些自主权给新的集体单元，由新集体单元负责汇集资源、分配收益，集中运营以获得更大收益等。

第二节 "积极协调下的合作"路径的作用机理

阿格拉诺夫（Agranoff）和麦奎尔（McGuire）认为，网络中的协调是积极协调，"必须在行动者之间实现合作，同时防止、尽量减少或消除这种合作的障碍，从而降低互动成本"。① 他们提供了一个非常具有启示性的积极协调的四种作用机制：激活（activation）、架构（framing）、动员（mobilization）、综合（synthesizing）。激活，即有选择性的识别网络参与者并挖掘他们的资源；架构，包括通过建立和影响网络的操作规则、规范和感知来塑造网络互动；动员，强调人力资源管理在网络参与者和利益相关者之间的动员、激励和诱导承诺；综合，即为网络参与者之间良好的、富有成效的交互创造和增强条件，包括促进信息交换、改变合作动机、方便行为者间的有效交流等。

阿格拉诺夫和麦奎尔提出的积极协调的这四种作用机制对河长制中集体行动运作机理具有重要启发。河长制下的集体行动具有"积极协调下的合作"路径的主要特征。其所规定和实施的各项制度、规则、措施大多为补充和强化"协调"方面，通过协调体系和机制的建立带动涉水职能部门间和流域区域之间的合作。根据"协调"要素在集体行动中的作用以及对集体行动者合作动机的影响，本书认为在河长制案例中，等级制充分发挥了积极协调

---

① R. Agranoff, M. McGuire, *Collaborative Public Management：New Strategies for Local Governments*, Georgetown University Press, 2004, pp. 177 – 178.

的作用。等级制协调首先作为"黏合剂",将行为主体集合在一起,并指令他们为集体行动目标做出各自的贡献。这包括识别必要的参与者、选择性地激活主要参与者、动员潜在参与者、架构互动规则和行为规范等。同时,协调在河长制集体行动中也发挥了"润滑剂"的作用,等级指令和面对面的沟通通过促进行为者间的信息交换和沟通交流、抑制"搭便车"动机等而影响了参与者的合作动机,进而促进了部门间与行政区域之间的合作。

一、积极协调的黏合作用

(一)识别必要的参与者

由于我国在水治理中实行属地管理体制,各级行政区划(省、市、县、镇、乡,乃至村)的党政领导是必要的参与者。河长制中的集体行动得以顺利实施,首先在于识别了这些必要参与者,将其委任为河长,实行领导负责制。在河长的行政权威和可调配的公共资源之下,各项工作能够快速地展开,争议也能得到顺利解决。河长们依托行政职位的等级权威,能够协调本辖区内各涉水职能部门之间的争议。尤其在面对突发的水环境危机或防涝抗旱任务的情况下,集中领导与指挥能够实现资源的合理调配和各部门管理行动的一致。同样,在区域间出现水环境治理争议的情况下,如果存在上一级河长,则上一级河长能够将下级河长们聚集在一起,讨论权责归属与治理方案,协调下级河长们之间的工作矛盾。

(二)选择性的激活主要参与者

河湖治理涉及的职能部门众多,其中一些部门是主要的集体行动者,激活这些职能部门参与河湖治理是关键。河长制充分利用了我国的"副职分管"体制,通过成立"河长办"或者"河长制领导小组",将分管领导设为"主任"或"组长",将主要职能机构中的某副职领导吸纳为组员。以江西省河长办公室成员为例,江西省河长办由分管农口的副省长担任主任,省政府对口副秘书长、省水利厅厅长担任常务副主任,省农委工部、省环保厅、省住建厅、省农业厅、省林业厅、省交通运输厅、省工信委、省国土资源厅、省公安厅等河长制责任单位负责同志（副职干部）担任副主任。① 这样的成员设计在不改变现有政府职能架构的情况下，最大限度激活这些职能部门和分管领导运用于河湖治理的公共资源和私人资源。

（三）动员潜在参与者

河长制对于集体行动参与者的动员包括两个方面的内容，一是对体制内行动者的政治动员，二是通过社区力量对体制外行动者的社会动员。对于体制内行动者，河长制在全面实施初期组织了集中化、密集化的集体学习，动员各级河长和责任部门上台表态，纪委、党政办、上级河长办、督查组等轮番对落实不到位的工作纠察纠错，使得河长制中的河湖治理目标上升为必须完成的政治目标。对于体制外行动者，一些基层政府（乡镇、街道）积极动员社区组织化力量和积极分子直接参与河长制各项工作环节，如聘请民间河长、护河志愿者（团队）担任巡河护河工作；或者动员广大普通民众积极提供水资源污染与破坏信息，为河长和相关责任部门的治理工作奠定基础。在这个过程中，基层政府和社区工作人员承担了体制内政治动员与体制外社会动员的连接工作。这些工作人员在组织内接受了密集高强度的政治和技术学习后，将接受和认可的意识形态和治水理念通过宣传劝导的方式传达给民众。在河长制的积极协调下，体制内和体制外行动者的公共资源和私人资源都被挖掘和动员起来，在必要的时候，公共资源和私人资源将共同为河湖治理目标服务。

（四）架构互动规则

河长制的静态结构注重等级制协调机制的建立，体现在组织体系、信息沟通和具体协调方式三个方面。在组织体系上，河长制通过垂直的河长体系建立了河长间的等级关系，通过水平的河长办建立了牵头部门和各涉水职能部门之间的星形结构。在信息沟通方面，河长会议制度和信息共享平台的建立，为河长间的联系提供了制度性程序化的沟通渠道。在具体协调方式上，河长制多采用等级式协调方式，其中河长巡河制度在问题的现场交办、督办、争议解决方面非常有效，考核问责与监督检查制度是河长们开展工作的推动

---

① 江西省水利厅：赣河办字〔2018〕58 号江西省河长办公室关于印发《江西省河长办公室成员名单》《江西省河长办公室工作规则》的通知，2018 年 8 月 14 日，http://slt. jiangxi. gov. cn/re-source/uploadfile/file/20180814/20180814163704138. pdf，2020 年 8 月 3 日。

力之一，也是河长制重要的指导、控制和评估手段。

二、积极协调的润滑作用

（一）降低知识共享和信息沟通成本

河长制通过设立河长制办公室、河长信息交流平台、河长会议制度、信息报送制度等降低了知识共享和信息沟通成本。其中河长制办公室发挥了突出作用。作为一个专门的信息集中、分发、传送、反馈机构，河长办是上下级河长以及涉水各职能部门之间的信息枢纽，也是政府与社会公众之间信息沟通的重要通道。社会公众关于河道水环境的监督反映首先会反馈到河长办，然后由河长办反映给相应行政区域的河长和相关职能部门。河长办还负责河长制信息交流平台、河长巡河 APP、河长工作微信群/QQ 群的管理、维护、运营、培训工作，因此它掌握了全区域内河长履职和水环境治理的即时信息和经验知识。在河长办成立之前，这些信息和知识只能碎片化地分散在各职能部门或行政区域中，无法集中整合。河长制通过将河长办设置为信息流动的星形结构的中心，以及建立各种信息报送例程和河长会议制度，大大地促进了区域间与部门间，政府与社会之间的知识共享和信息沟通。沟通有助于降低行为的不确定性从而增进合作，且信息交流得越充分，越能提高合作的概率。

（二）建立互惠和信任的规范

河长制通过制度建立起全国范围内的互惠准则，并通过河长会议制度以及一些非正式的协调方式促进了区域间或部门间的互惠和信任规范。由于职能交叠和水环境治理的系统性，涉水职能部门之间和区域之间自然存在着水环境治理的互惠基础，但是由于信息封锁和存在相互推诿的历史，相互之间的信任不足。河长制首先通过全国性制度树立起了共同的预期，所有参与者都明白自己以及其他参与者都必须服从制度的安排进行水环境治理，"搭便车"的行为将受到严格监控和惩罚。其次，河长制通过河长会议制度以及其他正式或非正式的沟通渠道推动了河长间和部门间互惠与信任关系的建立。定期进行的河长会议制度能够增加河长间和部门间的沟通交流，在这个过程中，表达和跟进良好意愿的努力会增强其他人对自己行为的预期和信任，同时有助于建立个人之间的纽带。访谈也发现，工作中联系较多的部门，如水利和环保，他们之间的纽带也更紧密些，相互间合作更加顺利；相反，工作中联系较少的部门，他们之间的合作则较为困难。

（三）促进学习

河长制通过信息与知识的分享、"一河一策"、河长巡河等措施促进了水环境治理的社会学习过程。河长制从一个地方水环境危机治理活动，经过试点和实验，最终发展为全国性的制度，这个产生和发展过程本身就是一个社会学习过程。这个社会学习过程使得水环境利益相关者对全国的水资源生态环境有了更为全面的了解，同时也形成了关于水环境治理的集体记忆。而河长定期巡河制度加强了河长们对辖区内水环境问题的感知。另外，太湖流域普遍推行的"一河一策"和"一湖一策"加强了政府部门与专业的水环境评估和发展第三方机构之间的联系，对于科学全面的认识辖区内的水环境水生态及其治理方式大有益处。在微信群或 QQ 群等公共空间中的信息与知识的共享也能有效地激励和促进社会学习。

（四）评估收益－成本－风险

河长制通过考核问责激励制度将原本模糊混乱的水环境治理的收益－成本－风险关系明晰在各级河长和职能部门面前。由于水资源的流动性等物理特性以及我国水环境治理在职能体制设置上存在职能部门过多且职能交叉的原因，在河长制实施之前，各行政区域以及各职能部门对于治水活动给本地区或本部门带来收益和成本无法具有清晰的认识，责任推诿现象屡见不鲜。河长制的一项重要制度是通过考核问责激励将水环境治理成果与党政领导干部的人事晋升甚至经济利益直接关联起来。由此，水环境治理能不能达到考核标准，其中的收益－成本－风险就直接摆在各级河长面前。如果水环境治理取得了"小的胜利"，则河长们和各职能部门会更愿意投入资源进行合作，以期取得进一步的成果。

（五）监督与制裁

河长制通过硬性的工作督办、考核问责、督导检查制度，制度设计使得治水职能部门和流域区域的"搭便车"机会最小化。由于全国都实行统一的河长制度，且每个流域每个断面都进行水质监测，这在制度上杜绝了后续参与者不愿意参与水环境治理的问题，即杜绝了"盈余效应"。不过如果同一条河道上下游的考核标准不一致，比如上游区域按Ⅲ类标准考核，下游区域按Ⅳ标准考核，则下游区域在一定程度上可以搭乘上游河道的贡献；但是如果上游区域的考核标准比下游区域低，则下游要承受上游的负效应。政府间的治水补贴和水权交易能够在一定程度上补充解决这个问题。

第三节 "积极协调下的合作"路径的作用条件

作为一种集体行动形成路径，"积极协调下的合作"路径具有适合其发挥作用的情境。除了适用于上一节指出的低合作－主动协调集体行动情形外，"积极协调下的合作"路径所适用的情境还由一些结构性条件所构成。通过路径类型对比，可以更清晰地了解这些结构性条件。

奥斯特罗姆（1998①，2010②）建立了一个结构变量－核心关系框架，分析了自组织的集体行动中的合作以及影响合作水平的行为变量和结构变量。奥斯特罗姆指出，在自主组织的集体行动中，声誉、信任和互惠这三者是影响参与者之间的自主合作水平的核心要素。某一参与者对集体行动中的其他参与者的信任，他人在值得信赖的声誉方面的投资以及所有参与者使用互惠规范的可能性，这三者及其之间的联系是从个体行为层面解释集体行动选择的关键。如果个人能树立起值得信任且会运用正向或负向互惠的声誉，那么其他人就能学会信任拥有如此声誉的人，并开始合作。当一些人在重复的情况下开始合作时，另一些人学会信任他们，并且更愿意采取互惠的态度，从而导致更高层次的合作。当更多的人使用互惠原则时，获得值得信赖的声誉就变成了一项很好的投资，也是一种内在价值。在这种情况下，

---

① E. Ostrom, "A Behavioral Approach to the Rational Choice Theory of Collective Action: Presidential Address, American Political Science Association," *Journal of East China University of Science & Technology*, vol. 92, no. 1, 1998, pp. 1 – 22.

② E. Ostrom, "Analyzing Collective Action," *Agricultural Economics*, vol. 41, no. s1, 2010, pp. 155 – 166.

值得信赖的声誉、信任的程度和互惠都会积极地加强。同理可证，声誉、信任和互惠中任何一项的减少都可能产生向下的连锁反应，导致合作的减少乃至消失。

奥斯特罗姆对于声誉、互惠和信任的上述分析是一般性的，适用于所有集体行动情境，但尤其适用于"自主合作上的协调"集体行动路径。因为在该路径中，行为人拥有充分的自主选择合作的空间，基于声誉、互惠和信任的自主合作是集体行动得以形成的核心。在"积极协调下的合作"路径中，声誉、互惠和信任之间的作用关系同样对行为人的合作水平产生影响，但是它们不是导致集体行动形成的核心因素，该形成路径中的核心因素是存在一个能够发挥主动协调作用的外部力量或内部中心集群。行动者们选择何种集体行动路径，受到外部一些结构性条件的影响。在一些结构性条件下，行动者们更容易自主合作起来形成集体行动；而当这些结构性条件呈现另一些特性时，通过"积极协调下的合作"路径则更有可能形成集体行动。

奥斯特罗姆的结构变量－核心关系框架总结了影响自主合作的行动者克服集体行动困境的七个宏观结构性变量。其中，无论情况是否重复进行，有四个变量被认为是重要的：参与者的数量、资源/物品收益的可分性、参与者的异质性以及他们是否可以进行沟通。如果是反复互动的情形，则至少有三个结构变量被认为会影响在集体困境情境中实现的合作水平：有关过去行动的信息水平、个体之间如何连接以及自愿进入和退出。

这里以奥斯特罗姆总结的七个条件，对比"自主合作上的协调"路径，结合河长制的观察，说明有利于河长制的"积极协调下的合作"路径发挥作用的条件（如表4－1所示）。

表4－1　　　　　　　"积极协调下的合作"路径的作用条件

	自主合作上的协调	积极协调下的合作
参与者的数量	适度规模，中小规模	适度规模，大中规模
资源特征	可以存储的固定资源	不能存储的流动资源
参与者的异质性	相对同质，或高度依赖下的异质	相对异质，同质最佳
交流	面对面交流	程序协调 面对面的反馈协调

续表

	自主合作上的协调	积极协调下的合作
关于过去行动的信息水平	充分了解过去合作、冲突的历史与合作者的声誉	控制信息的数量、可用性和准确性
个体间如何连接	环状连接、强连接	星形连接、弱连接
进入或退出	自愿进入或退出	限制进入或退出

资料来源：根据奥斯特罗姆（Ostrom，1998，2010）的研究进行扩展。

一、参与者规模庞大

当集体行动涉及自然资源如水资源和水环境的治理时，学者们都认为适度规模的参与者更能解决问题，因为过小的规模难以满足达到有效治理效果所需的人财物资源，过大的规模则面临"搭便车"、交易成本和冲突等问题。当然，参与者规模的"适度性"没有一个明确的范围，而是与集体行动所在的其他结构性变量相关。不过由于"搭便车"问题严重威胁了"自主合作上的协调"模式，使得该模式通常出现在中小规模的集体行动中。

而"积极协调下的合作"则能够通过有效的协调降低大群体中达成和执行内部协议的交易成本、调解冲突、实施选择性的奖励和惩罚措施以克服"搭便车"问题，所以更适用于大中群体的集体行动。虽然奥尔森认为规模过大的群体中不容易产生少数人帮助整个集团获得集团物品的情况，因为规模越大意味着个体获得的集体利益的份额越小。然而，奥利弗（Oliver）和马维尔（Marwell）指出这与集体行动的成本有关，如果成本随群体规模变化不大，则较大的群体更有可能拥有一批高度感兴趣和资源丰富的行动者，通过形成"临界规模"而发起集体行动。①

我国河长制就属于大规模的集体行动。河长制一共明确了省、市、县、乡四级河长30多万名，村级河长76万名，两个方面数字加在一起叫作"百

---

① P. E. Oliver, G. Marwell, "The Paradox of Group Size in Collective Action: A Theory of the Critical Mass. Ⅱ.," *American Sociological Review*, vol. 53, no. 1, 1988, pp. 1 – 8.

万河长"。① 仅通过这一方面的数字即可窥见我国水环境治理所需要的参与者规模之巨。这些"河长"确实掌握着更为丰富的行政资源，带动相关涉水职能部门乃至民间力量一起进行全国的河湖治理工作。

二、水资源的流动性

资源具有不同的物理特性，这些特性影响资源使用者设计制度安排的能力以及会采取何种类型的集体行动。从资源特征的角度，"自主合作上的协调"类型的集体行动最适合于可以存储的固定资源，而"积极协调下的合作"类型比较适合于不能储存的流动资源。布洛姆奎斯特（Blomquist）等发现公共池塘资源除了收益的非排他性和可分割性外，还有两种资源特征尤其重要：资源单位（例如水）的流动性和储存资源单位的可能性。② 可储存性可以是一种资源的固有部分，如地下水盆地；也可能以人造结构的形式出现，比如一些修建了水库的运河灌溉系统。由此可以分出四种不同的资源类型：可以储存的固定资源、不能储存的固定资源、可以储存的流动资源、不能储存的流动资源。一般而言，远洋和一些运河灌溉系统是具有流动性和没有储存能力的公共池塘资源；另一些运河灌溉系统有流动性和储存能力；而地下水盆地具有相对稳定的流动性和储存能力。

流动和储存的两个特性影响了资源使用者可掌握的关于公共池塘资源以及他们正在经历的问题的信息、解决这些问题的难易程度、用户可以从努力解决问题中获益的可能性、其他用户的行为的可保证性，从而影响了用户可能开发和实施的制度安排。面对流动性相对稳定和能储存的资源（如地下水），资源使用者对于资源的时空信息掌握得更细致，从而能够设计和采用处理各种问题的制度安排，但需要政府当局提供一些援助，比如提供一个相对可预测的环境或提供关键资料。而随着资源的流动性提高了集体行动的成本，并让资源使用者更难认识到他们使用资源的行为如何影响资源条件。流动的和不能储存的资源的用户很难对这种流动性施加直接控制，此时需要一

① 中华人民共和国水利部：《全面建立河长制新闻发布会》，2018 年 7 月 17 日，http：//www.mwr.gov.cn/hd/zxft/zxzb/fbh20180717/，2019 年 6 月 12 日。

② W. Blomquist, E. Schlager, S. Y. Tang, "Mobile Flows, Storage, and Self-organized Institutions for Governing Common-pool Resources," *Land Economics*, vol. 70, no. 3, 1995, pp. 294 –317.

个掌握更全面的专业知识的主导机构（如政府）来组织制度安排和集体行动。

河长制实行于我国地表水系，主要是流动的河流，也扩展到了湖泊。河流属于流动和不能储存的水资源，当然部分运河、水库和湖泊也具有可储存性。河流的流动性在一定程度上需要积极的协调力量来促进水治理中的集体行动。另外，河长制的产生说明，当资源的社会生态环境特征比较恶劣，比如环境污染和环境破坏形势比较严峻的情况下，"积极协调下的合作"路径由于具有较强的执行效率而更有可能是适合的集体行动方式。

三、高度依赖的异质参与者

参与者的异质性包括有意参与集体行动的个人或组织在能力、地位、资源、技能和专业知识、时间、精力、自由等方面的差异。异质性使得交易成本增加以及参与者在利益和成本分配方面存在冲突。可以预见，参与者异质性程度越高，通过"自主合作上的协调"路径形成集体行动的难度越大，除非参与者之间高度依赖且有很强的参与动机。如安塞尔（Ansell）和盖什（Gash）的协作治理模型发现，高度对立且高度依赖彼此的利益相关者可能会走向成功的协作过程，因为竞争的利益相关者担心如果不参与谈判就会丧失相关利益。[①] 尽管如此，"自主合作上的协调"路径对参与者的同质性程度的要求仍是比较高的。

"积极协调下的合作"路径对集体成员的异质性则具有较高的容忍度。马维尔（Marwell）等人研究了群体异质性（包括利益和资源）与组织成本、网络密度和网络集中化之间的相互作用。他们发现当群组是异构时，网络集中化（network centralization）通过增加组织者与少数几个大型贡献者之间的绑定来提高集体行动的概率。[②] 奥利弗（Oliver）和马维尔（Marwell）的研究

---

① C. Ansell, A. Gash, "Collaborative Governance in Theory and Practice," *Journal of Public Administration Research and Theory*, vol. 18, no. 4, 2008, pp. 543 – 571.

② G. Marwell, P. E. Oliver, R. Prahl, "Social Networks and Collective Action: A Theory of the Critical Mass. Ⅲ," *American Journal of Sociology*, vol. 94, no. 3, 1988, pp. 502 – 534.

也表明资源分布越是不均匀的群体，更加容易形成"临界规模"。① 资源分配的显著异质性更容易创造出一群积极性高、资源丰富的个人，他们的贡献足以为他人产生巨大的正外部性，即最初的贡献可以为后续参与者创造更多的激励。当然，"积极协调下的合作"也希望参与者具有一定程度的同质性。因为在大群体的集体行动中，随着所需要的"临界规模"的规模越大，随机分布在网络中的"先驱者"只有越同质才越有可能集结在一起形成初始的合作。而且，网络中的其他参与者越同质，越有利于初始合作在网络中的传播。

河长制的集体行动也体现了行动者们的依赖性、竞争性、异质性和网络集中化。我国水治理的各相关职能部门各自掌握职能范围内的执法权限、信息和知识，彼此之间依赖度很高。在河长制实施之前，职能部门之间常会出现责任上的相互推诿和功劳上的相互竞争的情况，这种竞争性乃至对抗性反而有助于将各职能部门保持在集体行动中，因为他们会担心如果不参与集体行动，责任就会被推到自己部门或会丧失相关争取利益的机会。河长制实施领导小组是典型的网络集中化表现。虽然参与者，如各职能部门，在能力、地位、资源、技能、目标上异质性较强，但也具有一定的同质性，主要表现对等级协调方式和绩效考核制度高度认同。因此，同质性有助于集体行动的形成，但相比于"自主合作上的协调"路径，"积极协调下的合作"路径在异质结构中更有效率。

四、程序协调和面对面的反馈协调

奥斯特罗姆的结构变量－核心关系框架强调了面对面的交流对自主合作的必要性和重要性。她认为如果没有面对面的对话，很难想象有效的合作。这主要是因为参与者能够从面对面的交流环境中获得信任感和团结感，有利于相互尊重和共同理解，且面对面的环境能够允许参与者进行深度交流和表达利他偏好，从而增强了参与者达成共识并信守承诺的可能性。因此，"自主合作上的协调"路径自始至终以面对面的交流为必要条件。

基于上述优点，面对面的交流也有利于"积极协调下的合作"型的集

---

① P. E. Oliver, G. Marwell, "The Paradox of Group Size in Collective Action: A Theory of the Critical Mass. Ⅱ," *American Sociological Review*, vol. 53, no. 1, 1988, pp. 1-8.

体行动。尤其是在该类型的集体行动的早期，当"临界规模"开始形成并向群体中的其他人扩散的过程中，个人间的交流是非常重要的。不过，当"积极协调下的合作"型的集体行动发展到一定阶段，可以采用非人格化的交流方式。如第二章所述，具体的协调行为分为程序协调行为和通过反馈的协调行为，前者是依托明确结构的、已经编纂成文的、非人格化的协调活动，一旦实施，任务执行者之间的语言交流就会减少；后者则是基于信息的相互调整，需要个人基于正式职责或角色通过组织内或组织间的正式渠道，或者基于个人关系的非正式渠道进行沟通。由于通过反馈的协调（尤其是非正式渠道的反馈协调）具有很强的个人性质和不可替代性，需要漫长的发展时间以及可能出现偏袒，其在协调的效率和效力方面甚至不如程序式的协调。

因此，"积极协调下的合作"路径的集体行动在一定程度上需要依靠程序化的协调来提高沟通效率。比如，我国河长制通过信息共享和报送制度、河长会议制度建立起了依托明确结构的、已经编纂成文的程序协调机制。程序协调是河长制成为一项法定的国家制度的基础。同时，在河长制实践中，面对面的反馈协调也是非常有效率的协调方式。

五、信息控制

由于"自主合作上的协调"类型的集体行动依赖于集体行动的参与者自发选择合作策略，而个人能够获得的关于他人早期行为的信息量，尤其是利益相关者先前的敌对或合作的历史的信息，可以对策略的选择产生实质性影响。尤其当集体行动重复进行的情况下，集体行动的某一参与者会根据其他参与者们在之前的活动中是否具有运用正向或负向互惠的声誉，是否是值得信任的合作者等信息决定自己的投入。即使集体行动只能进行一次，参与者之间的信息交流得越充分，越能提高合作的概率。

在"积极协调下的合作"类型的集体行动中，由于协调者或协调组织负责信息的集成，沟通渠道的建立，参与者的动员、激励和诱导承诺，统一价值观和动机，克服文化差异，建立信任关系等活动，这使得协调者或协调组织可以控制信息传播的数量和通道。虽然所有参与者之间共享信息和了解别人的选择和偏好会使得每个人更好，但是也不排除为了集体行动得以在有限时效内顺利形成，协调者或协调组织可能会向参与者提供有利于合作的信息，而隐瞒对合作的形成与维持有威胁的信息。这样参与者能获取的信息的准确性和有用性就可能大打折扣。

在河长制中，由河长办负责信息的集成和沟通渠道的建立。访谈发现，河长办的工作人员有些是在河长制建立之后从其他部门临时抽调的年轻工作人员，他们对河长制之前的水治理工作并不熟悉。"河长办"并不能提供完备的关于过去水环境治理活动的信息。这些信息很大程度上还要依靠在水利、环保、住建等主要涉水职能部门具有一定工作经验的工作人员。

六、节点之间的星形连接

菲奥克（Feiock）等人的研究指出，强连接网络（如互惠链）最擅长增强解决合作问题所需的可信度和信任，弱连接网络（星形网络）最擅长获取和分发解决协调问题所需的信息。[①] 在"自主合作上的协调"类型的集体行动中，信任度和可信的承诺比信息传播效率更重要，因此个人之间形成环状的互惠关系链（A 为 B 提供资源，B 为 C 提供资源，C 为 A 提供资源）更利于参与者之间形成个人间的信任、承诺和社会资本，从而提高合作水平。

而在"积极协调下的合作"类型的集体行动中，个体参与者之间的交互更多的是为协调而传播信息，形成星形的网络结构最能促进有效信息的交流。从个体行为者的角度来看，联系那些已经拥有可靠和足够信息的人是最有利的。当参与者只能选择一个信息共享伙伴，他们将希望与最中心的行动者交流，这样就导致了扮演信息协调角色或"明星"角色的参与者的出现。这种结构将提供最有效的信息传输机制，每个参与者只有一个链接，这个信息中心发挥着至关重要的作用。

在河长制中，河长办发挥着信息中心的作用，将河长制中关键成员单位和负责人连接起来，形成了星形的网络结构。与此同时，正式的星形协调渠

---

① R. C. Feiock, I. W. Lee, H. J. Park, "Administrators' and Elected Officials' Collaboration Networks: Selecting Partners to Reduce Risk in Economic Development," *Public Administration Review*, vol. 72, no. s1, 2012, pp. S58 – S68.

道的建立也强化了个人间非正式的环状连接。各级河长之间和涉水活动管理负责人之间通过非正式的协调渠道形成了环状连接关系。

七、限制进入或退出

参与者自愿进入或退出的权利与能力对"自主合作上的协调"类型的集体行动的长期成功非常关键。奥斯特罗姆认为自愿进入或退出集体行动的权利和能力会帮助合作水平随着时间的推移而上升。当行为者有权利选择退出某一集体行动时，它就允许行动者使用"冷酷策略"和"一报还一报"等直接互惠策略。博弈行为实验证明，直接互惠策略最能抵御背叛策略的入侵，在长期演化中最终会被多数个体所采用。因此，当行为者可以自主选择是否参与集体行动时，他们会选择参与合作声誉较好的团体，长期下来，合作群体就会在群体之间的竞争中生存下来。

然而，"积极协调下的合作"类型的集体行动更加关注达成集体行动目标的协调成本问题，在这方面自愿的进入和退出无疑给协调带来很大的困难。如果人员的流动是受成功的合作驱动或吸引的移动，则有可能促进合作；而如果流动是无定向的扩散或迁移，则会助长搭便车者进入合作集群，从而阻碍了合作的发展。无论何种流动都会增加协调成本，而无定向的扩散或迁移甚至损害合作。因此，"积极协调下的合作"类型的集体行动一般会限制人员的进入或退出。限制交互的准入可以通过以下方式降低协调成本：最大限度地减少各方期望、技能和目标的差异，开发沟通协议并通过持续交互建立例程。①

河长制是正式的国家制度，很多地区的地方性法规都明确了其成员单位和各级河长职责。换言之，进入河长制是制度规定好的，进入之后，也不存在自愿退出机制，各成员单位和各级河长没有自愿进入或退出河长制的权利。由于没有地区被排除在河长制之外，这使得没有地区能在制度实行上"搭便车"。

---

① C. Jones, W. S. Hesterly, S. P. Borgatti, "A General Theory of Network Governance: Exchange Conditions and Social Mechanisms," *Academy of Management Review*, vol. 22, no. 4, 1997, pp. 911 – 945.

第四节　本 章 小 结

在第三章解析了集体行动的合作和协调的基础上，结合对河长制的观察和集体行动相关经验研究成果，本章提出"积极协调下的合作"集体行动路径。"积极协调下的合作"路径是指存在群体之外的力量或群体中的少部分人率先行动起来为更大的集体利益做出可见的贡献，形成能够触发群体中其他人行动的影响力，群体中的其他人受到先驱者的感染或者在他们的积极动员与整合下加入集体行动的行列。其中，"积极协调"是集体行动的动力与核心，不仅是整个集体行动行动过程的"润滑剂"，也是集体行动者之间的"黏合剂"。

本章总结了河长制下"积极协调下的合作"路径的作用机理，其中等级协调体系和机制充分发挥了其作为"黏合剂"的作用，将行为主体集合在一起，并指令他们为集体行动目标做出各自的贡献，这包括识别必要的参与者、选择性的激活主要参与者、动员潜在参与者、架构互动规则和行为规范等。同时，协调也发挥了"润滑剂"的作用，从多方面为集体行动参与者间的合作创造有利条件，包括降低知识共享和信息沟通的成本，评估收益、成本或风险，建立互惠和信任的规范，促进学习，监督与制裁等。河长制通过"积极协调下的合作"路径，以协调带动合作，在解决协调困境和合作困境两方面都取得了一定的进展。

"积极协调下的合作"路径有其相适应的集体行动情境。通过合作和协调双因素间不同的结构关系，本书区分了集体行动面临的四种情形：低合作－被动协调、高合作－被动协调、低合作－主动协调、高合作－主动协调。"积极协调下的合作"路径适用于低合作－主动协调情形；与之相对的路径是"自主合作上的协调"路径，适用于高合作－被动协调情形。借鉴奥斯特罗姆对集体行动结构性变量的分析，通过与"自主合作上的协调"路径的类型对比，本章阐述了河长制下"积极协调下的合作"的作用条件，如大中规模的相对异质的参与者、参与者之间通过星形连接进行信息沟通、面对流动或不能存储的自然资源、采用程序协调或面对面反馈协调方式、控制信息量和人员的进入和退出等。

第五章

河长制集体行动路径的情境约束：
与 WSA 对比

第三章和第四章分析了河长制如何通过"积极协调下的合作"路径形成有效的集体行动，接下来的问题是河长制下的集体行动路径与其他水治理集体行动路径有何不同？是什么原因造成了这种差异？自从奥斯特罗姆创建了制度分析与发展框架，集体行动研究越发注重结构性变量、制度乃至更大的社会生态系统对集体行动的影响，情境因素被认为是集体行动机制中的重要一环。遵循这个研究趋势，本研究认为对于河长制中集体行动的分析不能忽视集体行动情境对于集体行动形成路径的影响。为此，本章将河长制置于我国水治理的社会生态情境中，分析"积极协调下的合作"路径在情境中的动态运作。

本章研究了一个对比案例，该案例是代表了"自主合作上的协调"路径的加拿大不列颠哥伦比亚省（以下简称 BC 省）的《水可持续法案》（WSA）下的集体行动，将该案例与代表"积极协调下的合作"路径的我国江苏省的河长制下的集体行动案例进行对比。选择江苏省的河长制案例是因为该省的河长制具有代表性。河长制最初产生于江苏省无锡市，然后推广到全国各地，其他地区的制度规则和操作实践多效仿江苏省，大量关于河长制的政策扩散研究可以证明这一点。将江苏省的河长制与 BC 省的 WSA 进行对比具有多重意义。就本书的理论分析而言，案例对比有助于论证情境对于集体行动形成路径的影响。就河长制实践而言，比较分析有助于理解河长制下的集体行动与其他水治理集体行动有何不同，并且思考这种差异性所带来的启示。本章从初始情境与情境认知、发生路径、产出、结果和评价等方面对江苏省的河长制和 BC 省的 WSA 进行比较。

第一节　对比框架

集体行动嵌构于具体的情境之中。不同的情境之中的集体行动者自然会选择不同的方式或路径来形成集体行动。例如，奥斯特罗姆的自组织型集体行动发生方式主要适用于公共池塘资源自主治理情境，尤其关注基于互惠和合作的自主合作情形。其研究对象主要是中小规模的公共池塘资源治理，要求有一定的制度结构激励，参与者范围明确且可以相互沟通交流协商，在这些条件下可通过自我组织建立集体规则以消除资源使用的搭便车问题，监督保证集体规则的顺利实施，从而维持公共池塘资源的长期可持续的利用。同时，奥斯特罗姆也认同，在其他的情形下，政府管制或市场化机制可能是更有效的方式。据此，本章从如下几个方面对江苏省河长制和 BC 省 WSA 进行对比：①集体行动发生的情境和集体行动者对所处情境的认知；②集体行动发生路径；③产出、结果和评价。

首先，水治理领域的集体行动发生于特定的社会生态情境之中，既包括外部生态性情境，也包括社会性情境。在生态性情境方面，水资源面临的环境危害和环境破坏特征将影响身处其中的集体行动。在社会性情境方面，已有制度安排、集体行动的历史、当下集体行动能够利用的资源、之前集体行动成功或失败的原因等也会影响集体行动的发生路径。例如，集体行动者面临的集体行动现状或历史可能具有四种情形的其中一个的特征：低合作－被动协调、高合作－被动协调、低合作－主动协调、高合作－主动协调。集体行动者需要对这些生态性因素、社会性因素乃至历史性因素进行认知和识别。

其次，在对集体行动的生态性情境和社会性情境进行认知和识别的基础上，集体行动可能采取"自主合作上的协调"发生路径或"积极协调下的合作"发生路径。这两条集体行动路径并不是截然分开的两条轨道。在某些情况下，一旦某种路径得以形成，集体行动就会沿着这个单一路径线性发展下去，从而形成一个固定的模式。在另一些情况下，这两条路径可能相互补充或转化，从而形成循环递进的情况，使得集体行动动态发展演化。

最后，集体行动会形成产出和结果，并要接受规范性的评价。集体行动形成的产出包括计划、政策、管理实践、有形项目等。产出作用于社会生态系统形成结果，这包括社会性结果和环境性结果。结果通过经济效率、可持续性、参与率、适应性等规范标准的评价后反馈到集体行动。成员进行学习和调适后，形成新一轮的集体行动。

一、初始情境和情境识别

（一）生态性情境：环境危害与环境破坏

集体行动处于社会生态系统中（social ecological systems，SES），持续受到社会生态系统的结构性变量的影响。奥斯特罗姆的集体行动理论尤其注意社会生态系统变量对集体行动的影响。这些变量非常复杂，包括社会、经济和政治背景（如经济发展、人口趋势、政治稳定性、政府相关政策、市场的可利用性等）以及相关生态系统（如气候模式、污染模式、社会生态系统的流入和流出等）。[①]

在这些复杂的社会生态系统变量中，有一些变量在水环境治理领域显得尤为重要，如环境危害和环境破坏。环境危害即生态系统对社会系统构成的威胁。尤其在水环境治理方面，环境危害事件发生的频率和强度、造成的损害以及受影响的目标群体等特征直接影响了水环境治理中的集体行动发生路径。比如在环境危害事件突发、强度大、损害严重、受灾的人群或其他生物（如鱼群）规模大的情况下，水治理中的集体行动很可能采取"积极协调下

---

① 埃莉诺·奥斯特罗姆：《公共资源的未来：超越市场失灵和政府管制》，郭冠清译，北京：中国人民大学出版社，2015 年，第 38 页。

的合作"路径。如果环境灾害事件有规律的频发，但是强度小、损害小、受影响群体小，则集体行动就有可能采取"自主合作上的协调"路径。

在近现代社会中，环境危害很大程度上是由人类活动本身造成的，因此水环境治理活动的对象除了水系统的生态系统，还包括人类活动本身。人类活动对水生态系统的环境破坏行为的特征也影响了水治理的集体行动发生方式。以水污染活动为例，点源污染和面源污染所要求的治理形式就有所差别。点源污染主要指工业废水和城镇生活污水的排放造成的污染，其特点是具有固定的排放口。面源污染主要指来自流域广大面积上的降水径流污染，如农药、化肥污染。点源污染较易监测，可追溯污染责任主体，环保执法机构在治理中发挥的作用比较大。通过环保执法机构的监测和管制活动，可以有效地减少工业废水与生活污水的排放，甚至进一步触发工业废水和生活污水的净化技术基础设施的建设和升级活动。因此，点源污染的治理可由一个等级指令型的协调活动（如环保部门的执法活动）带动其他行为者的合作（如企业的配合、居民的配合、污水管网管理部门的配合）。然而，面源污染很难通过监测而追溯污染责任主体，这限制了等级指令型的协调活动所能发挥的作用。此时，如果存在面源污染活动涉及的利益相关方间的自主合作活动以减少面源污染行为，则水治理的集体行动将会更有效率和效果。

（二）社会性情境及其识别

社会性情境识别包括识别相关的制度因素、识别集体行动的历史或现状、当下集体行动能够利用的资源、对集体行动的阻碍因素进行归因等。

几乎所有的集体行动理论和模型都强调了制度在集体行动中发挥的作用，如奥斯特罗姆的制度分析与发展框架的第一步即为识别相关的制度因素。她指出，制度通过改变人们面对的激励，影响他们选择进行合作或是零和博弈的可能性[1]。制度既有正式的、"硬"的制度，如个体、公共和国家所有的财产权利的相对程度、强制执行这些权利的法律系统；也有非正式的、"软"的制度，如社会规范、文化态度、长期或短期获益的偏好。正式制度和非正式制度很大程度上决定了水环境治理中的集体行动可以采取的方式与路径，

---

① 埃莉诺·奥斯特罗姆：《公共资源的未来：超越市场失灵和政府管制》，郭冠清译，北京：中国人民大学出版社，2015 年，第 22 页。

因为大多数集体行动是在既有制度规定范围内开展的。因此一项集体行动开展前，必然要识别已经存在的正式的制度规则（如法律、规章），及其所明确规定的水环境治理所采取的决策形式、目标、责任主体、治理结构等。同时，对于非正式的制度的识别有助于集体行动者在正式制度规定之外开发补充性对策以促进合作的形成或减少协调成本。

从合作和协调角度，集体行动者面临的集体行动现状或历史可能具有四种情形中的其中一个的主要特征：低合作－被动协调、高合作－被动协调、低合作－主动协调、高合作－主动协调。识别集体行动现状或历史有助于对集体行动者能够利用的有利于合作或协调的资源进行识别。例如，集体行动现状若属于高合作－被动协调的情况或存在高合作－被动协调的历史，说明存在一些有利于合作的条件因素可供集体行动者利用；若属于低合作－主动协调的情况，则说明存在积极的临界行动者或者等级制力量。如果集体行动者们希望以最小的成本来达到集体行动目标，他们往往会更加充分地利用已有的资源，或者延续之前成功的集体行动历史经验。因此，新的集体行动很可能会表现出路径依赖的特征。拥有高合作－被动协调成功历史或现状的集体行动者们会继续沿着"自主合作上的协调"路径开展集体行动，拥有低合作－主动协调成功历史或现状的集体行动者们则会继续沿用"积极协调下的合作"路径。

如何对集体行动的阻碍因素进行归因会影响集体行动进一步调整和完善的方向和路径，因为不同的归因意味着不同的解决方案。如果集体行动者将之前集体行动的失败归因于合作失败，如搭便车、逃避责任、不稳定的承诺，则集体行动者可能会从合作方面采取弥补或纠正措施。同样，如果集体行动困境被归因于协调失败，如信息阻滞、行动者遗漏、资源配置错误，则集体行动者可能会加强协调活动。

应当注意的是，归因会出现偏差的情况，即行为人的主观归因和客观原因不符。例如，关于基本归因偏差的研究表明，个体倾向于将消极的结果归结为不可阻挡的外部力量，将积极的结果归结为个人能力。① 这样，在低合作－被动协调的情形下，行为人可能将集体行动困境归因于外部协调力量的缺失，而不愿意承认自身的搭便车行为。而在高合作－主动协调的情形下，

---

① M. Hewstone, "The 'Ultimate Attribution Error'? A Review of the Literature on Intergroup Causal Attribution," *European Journal of Social Psychology*, vol. 20, no. 4, 1990, pp. 311 – 335.

如果集体行动取得成功，成功可能会被归因于行为人自身在合作方面的努力，而忽略了协调的贡献。归因偏差可能会使得集体行动者选择错误的对策。

因此，制度条件、集体行动的历史/现状、集体行动者在合作或协调方面掌握的资源、对集体行动困境的归因、归因偏差等，都会影响集体行动的方向和路径。集体行动开始前，集体行动者们对这些方面的认知愈加充分客观，则愈有可能选择正确而有效的策略以开展或完善集体行动。

二、集体行动发生路径

对集体行动的生态性情境和社会性情境进行识别后，集体行动的形成路径在制度条件的约束、已有支撑资源、行动者归因的综合作用下就会有多种可能。如上所述，集体行动的两种典型路径为"自主合作上的协调"路径和"积极协调下的合作"路径。当初始情境为低合作－被动协调时，要形成集体行动既可以采用"积极协调下的合作"路径，即转被动协调为主动协调，这是奥尔森和哈丁主张的路径；也可以采用"自主合作上的协调"路径，即提高自主合作能力与水平，这是奥斯特罗姆主张的路径。究竟采用何种路径，还需根据集体行动所在的具体情境，包括自然资源特征、制度安排、集体行动历史和集体行动者根据归因而给出的解决方案而定。

"自主合作上的协调"与"积极协调下的合作"这两条集体行动路径并不是截然分开的两条轨道。在某些情况下，一旦某种路径得以形成，集体行动就会沿着这个单一路径线性发展去，从而形成一个固定的模式。理论上，采取这两条路径的理想情况分别为：①如果集体行动所在的制度条件赋予集体行动者自主合作的权利和权力，允许和鼓励行动者之间的自主合作，集体行动存在在高合作－被动协调模式下取得成功的历史，集体行动者也将之前集体行动的成功归因于行为人基于信任和沟通下的良好合作，则新的集体行动也很有可能继续延续"自主合作上的协调"路径。②如果集体行动所在的制度条件赋予外部力量进行积极协调和等级协调的权利甚至责任，允许和鼓励外部力量发展动员、组织、激励和指导活动的权力，集体行动存在在低合作－主动协调模式下取得成功的历史，集体行动者也将之前集体行动的成功归因于外在协调的有效性，则新的集体行动也很有可能继续延续"积极协调下的合作"路径。

在另一些情况下，这两条路径可能会形成相互补充、循环递进的情况。

例如，在一个关系稳定的群体中，一项集体行动最初是由"自主合作上的协调"路径形成，其中的协调者或协调机构最初只承担信息的聚拢与分发、沟通渠道的建立等回应性促进的角色，并不具有指导性的权威。然而随着信息越来越往协调者或协调机构聚拢，协调者或协调机构自然而然地占据了集体的中心位置而具有了权威性。此时的集体行动就很有可能慢慢转为"积极协调下的合作"。尤其当集体行动变得越发复杂或需要适应新情况的变化，或者人员的流动使得稳定关系中的老成员离开和缺乏合作经验的新成员加入，此时集体行动会更加依赖协调机构的作用以帮助其渡过艰难时期或转换时期。当集体中的成员适应了新的情况的变化，并且坚持各自的自主权（如奥斯特罗姆所说的自主决定进入或退出集体行动的权力），则"积极协调下的合作"模式又可能转换为"自主合作上的协调"模式。也可能，集体中的成员适应了一个积极的协调者或协调机构来组织整合各类资源，而愿意将部分自治权力交给这个协调者或协调机构，从而维持了"积极协调下的合作"这个路径。

因此，"自主合作上的协调"路径和"积极协调下的合作"路径具有不同的适用情境，它们既可能在具体情境下各自线性发展，也可能随着情境的变化而交互发展，形成循环递进的情况。这种动态发展路径也使得集体行动更加复杂，体现了集体行动在情境约束和适应过程中的动态演化。比如低合作－被动协调的集体行动情形，可能通过"自主合作上的协调"路径线性地发展为高合作－被动协调情形，也可能通过"积极协调下的合作"路径线性地发展为低合作－主动协调情形，还可能在这两条路径的交互作用下循环递进地发展为高合作－主动协调情形。

三、产出、结果和评价

（一）产出和结果

产出是指由集体行动产生的计划、协议、政策、管理实践以及其他有形项目。结果是产出对环境和社会条件的影响，分为社会性结果和环境性结果。[①]

---

① T. M. Koontz, C. W. Thomas, "What Do We Know and Need to Know about the Environmental Outcomes of Collaborative Management?" *Public Administration Review*, vol. 66, no. Supplement s1, 2006, pp. 111–121.

社会性结果包括集体行动的产出对该群体及更大的范围的信任、合法性和社会资本的影响，以及对经济条件，如对就业、个人收入、政府收入等的影响。社会结果可能呈现出多阶效应。如英尼斯（Innes）和布赫（Booher）[1] 的研究指出，一阶效应是协作过程的直接结果，立即可辨别，包括创造社会、知识和政治资本，高质量的协议和创新战略。当协作顺利进行时，可能会发生二阶效应，或者它们可能会在协作工作的正式边界之外发生。这些可能包括新的伙伴关系、协调和联合行动、超越协作的联合学习、协议的实施、实践的变化和观念的变化。最后，三阶效应可能在一段时间后才会显现，包括新的协作、合作伙伴之间更多的共同进化和破坏性较小的冲突、实地成果（如服务、资源、城市和地区的适应）、新制度、解决公共问题的新规范和社会启发、新的话语模式。这种多阶效应的分析同样适用于集体行动产生的社会性结果。现有的关于环境管理的研究也提出了一些关于环境产出和结果及其测量措施（见表 5 – 1）。

表 5 – 1 环境性产出与结果及其测量

	测量	数据收集方法
环境产出	达成的协议（如管理计划和特征报告）	小组调查和面谈，文档分析
	已完成的恢复或栖息地改善工程（如恢复植被、地貌或生物群、垃圾移除）	小组调查和面谈，文档分析
	公共政策的改变	小组调查和面谈，政府官员的采访
	改变土地管理实践（如采用最佳管理实践）	小组调查和面谈，土地所有者的调查
	开展教育和宣传活动	小组调查和面谈，文档分析
	执行的程序（如每日总最大负载程序）	小组调查和面谈，文档分析
	受保护不开发的土地（如新规、购买土地/地役权或特别指定）	小组调查和面谈，文档分析

---

① J. E. Innes，D. E. Booher，"Consensus Building and Complex Adaptive Systems," *Journal of the American Planning Association*，vol. 65，no. 4，1999，pp. 412 – 423.

续表

测量		数据收集方法
环境结果	对环境质量变化的感知	小组调查和面谈
	土地覆盖变化	遥感技术
	生物多样性的变化（在遗传、物种或景观层面）	生态学研究
	适用于特定资源的环境参数的变化（如水生化需氧量、环境污染水平或污染物排放率）	生态学研究

资料来源：T. M. Koontz, C. W. Thomas, "What Do We Know and Need to Know about the Environmental Outcomes of Collaborative Management," *Public Administration Review*, vol. 66, Supplement s1, 2006, pp. 111 – 121。

（二）规范性评价

社会性结果和环境性结果通过规范评价反馈到集体行动者。这些规范性评价标准包括经济效率、公平、参与率、适应性、可持续性等。成员在对集体行动的过程和结果进行归因、学习和调适后，形成新一轮的集体行动。经济效率标准即为了实现集体行动目标所产生的成本。适应性、可持续性、弹性和参与率是相互关联的标准。可持续性与复杂系统的弹性（或称复原力，resilience）紧密相关。弹性是一个系统在不丧失其关键功能的情况下应对、适应和转换的能力。其中，应对能力和适应能力发生在现有的系统参数内，而转换能力涉及当现有的社会、生态和经济条件变得无法忍受时，现有系统向新系统的根本性改变。① 根据福尔克（Folke）等人的研究，在面对意外、不可预测性和复杂性时，建立弹性的管理可以维持社会生态系统。② 弹性管理的核心战略之一是多中心的制度安排，即使用不同类型的制度或规则系统

---

① B. Walker, C. S. Holling, et al., "Resilience, Adaptability and Transformability in Social-ecological Systems," *Ecology and Society*, vol. 9, no. 2, 2004, pp. 1 – 9.

② C. Folke, S. Carpenter, et al., "Resilience and Sustainable Development: Building Adaptive Capacity in a World of Transformations," *AMBIO: A Journal of the Human Environment*, vol. 31, no. 5, 2002, pp. 437 – 441.

来管理资源。这些制度包括国家监管机制，利用经济激励的市场机制和地方性的社会规范等。制度多样性是降低风险的一种"保险政策"，因为所有类型的机构在应对同一挑战时同时失败的可能性很小。因此，适应性和弹性要求多中心、横向、广泛的利益相关者参与，要求将科学分析与公众审议相结合，以便更好地为复杂的社会生态系统的政策制定提供信息。

综上，本章案例对比框架的组成部分包括集体行动所在的生态性情境（环境危害和环境破坏）、社会性情境和识别（包括制度安排、集体行动历史、集体行动资源、集体行动困境归因等）、集体行动路径（包括"自主合作上的协调"和"积极协调下的合作"）、产出、结果（社会性结果和规范性结果）、规范性评价（经济效率、可持续性、适应性、参与率等）（参见本书图1-3）。

接下来的第二节和第三节根据该分析框架对江苏省的河长制和加拿大不列颠哥伦比亚省的《水可持续法案》下的集体行动进行比较。其中，河长制下的集体行动代表了是"积极协调下的合作"路径，《水可持续法案》则代表了"自主合作上的协调"路径。

第二节 "积极协调下的合作"案例：江苏省的河长制

一、初始情境和情境识别

（一）生态性情境：环境危害和环境破坏

江苏省滨江临海，地处长江、淮河两大流域的下游，境内水网密布、河湖众多。根据2000年到2015年左右的数据，江苏省水环境状况在城镇化进程作用下变化明显，太湖流域入湖水量呈下降趋势，氨氮、总磷、总氮排放量逐年递增[①]；近海水域金属离子浓度增加，总磷污染范围扩大，主要河流

[①] 顾莉、华祖林、褚克坚等：《江苏近海水域2007年与1998年水质状况差异性分析》，《河海大学学报（自然科学版）》2011年第6期。

沿河地区的营养元素过量释放，且有机污染物排放超过水体自净能力，引起不同程度的水环境污染，导致河流健康状况下降①。根据《江苏省环境状况公报（2015）》的数据，全省地表水环境质量总体处于轻度污染。列入国家地表水环境质量监测网的83个国控断面中，水质符合Ⅲ类的断面比例为48.2%，Ⅳ~Ⅴ类水质断面比例为49.4%，劣Ⅴ类断面比例为2.4%。与2014年相比，符合Ⅲ类断面比例增加2.4个百分点，劣Ⅴ类断面比例上升1.2个百分点。太湖湖体总体处于轻度富营养状态，4~10月多发蓝藻②。

上述环境危害一部分来源于江苏省水资源的自然禀赋特征，但更大程度上是由于人为的环境破坏。水系统中的社会系统对生态系统的威胁，即环境破坏，包括水污染问题、侵占河湖、挤占岸线问题，乱倒乱弃问题和非法采砂问题等。在水污染方面，采矿、冶炼、化工、电镀、电子、制革等行业污水违规排放，民用固体废弃物的不合理填埋和堆放，农村和城镇地区生活和人畜禽污水随意排放，农业种植中农药、化肥和除草剂导致地表和地下水不同程度污染，养殖业中饲料投喂、药物使用不规范现象严重，导致面源水体污染。由于土地资源使用受到严格监控，不少地方开始向河湖要地，乱搭乱建乱围、违法占用水面，将大量的生活、工矿业和建筑垃圾无序堆放在河湖两岸，甚至直接向河湖倾倒，一些采砂业主违法偷采偷运河湖砂石资源，致使淤积严重，抬高河床，隔断河湖连通，改变河势，威胁防洪安全，破坏破河湖生态，严重影响了河湖行洪和通航等功能。③

（二）已有制度安排

在河长制实施之前，我国水治理的相关制度规定（正式的法律、法规、行政条例等）决定了水治理中的集体行动所可能采取的模式。这些正式制度强调水治理的统一性，要求"系统推进水污染防治、水生态保护和水资源管理等水污染防治的总体要求"；建立跨行政区域和流域的协调机制，进行

① 陈宁、刘凌：《江苏省主要河流水环境状况综合评价研究》，《水电能源科学》2012年第4期。
② 江苏省生态环境厅：《江苏省环境状况公报（2015）》，2016年5月30日，http://hbt.jiang-su.gov.cn/art/2016/5/30/art_1649_3939934.html，2020年8月10日。
③ 张军红、侯新：《河长制的实践与探索》，北京：黄河水利出版社，2017年，第49~50页。

"统一规划、统一标准、统一监测、统一防治措施"；水环境治理活动由政府统领与协调，形成"政府统领、企业施治、市场驱动、公众参与"的水污染防治新机制；加强环保监督考核，实行党政同责、一岗双责，规定"县级以上人民政府应当将环境保护目标完成情况纳入对本级人民政府有关部门及其负责人和下级人民政府及其负责人的考核内容"。这些制度还规定了国家对水资源实行流域管理与行政区域管理相结合的管理体制以及各涉水行政部门的职责。

（三）集体行动历史——积极协调下的合作

我国的治水历史悠久，而且一直是政府主导，具有比较强的等级制协调传统。我国历史上已出现过类似河长制的制度设计。清雍正元年（1723 年）年羹尧率军去今天的甘肃、内蒙古和青海平叛，为了保黑河（又称弱水）下游阿拉善亲王的领地额济纳旗和大军的用水，对黑河流域实行了"下管一级"的政策。所谓"下管一级"，即上中游的张掖县令为七品，中游的酒泉县令为六品，额济纳旗的县令为五品，该县令其实是河的首长。从而保证水量很小，而且年际变化很大的黑水河可以保质保量的到达下游额济纳旗。[1] 乾隆十七年（1752 年）芳溪堰告示也说明了当时存在"渠长""河长""湖长"等古代农田水利工程的基层管理者的称谓。[2]

在河长制萌发时期，即在江苏、浙江等地区探索河长、湖长制的同时，其他地区也在探索相关的治理形式。如山西、福建建立水资源管理委员会，作为高层次的议事协调机构，对全省水资源实行统一管理。新疆成立了由自治区副主席担任主任、省级有关部门主要负责人为成员的塔里木河流域水利委员会，对全流域行使水资源统一管理、流域综合治理和监督职能。这些与河长制同时期的水治理探索实践采取的都是"积极协调下的合作"路径。同时，在部分地区出现短时期的水环境专项治理，这些专项治理活动也主要采取"积极协调下的合作"路径。比如一位受访者介绍：

---

① 吴季松：《治河专家话河长》，北京：北京航空航天大学出版社，2017 年，第 3 页。
② 鲍宗伟、张涌泉：《古代河长制实物文献的宝贵遗存——以乾隆十七年芳溪堰告示为中心》，《浙江学刊》2018 年第 6 期。

"（河长制）之前只有一些专项行动，但是都是区领导牵头的。可能也就实行一两个月、两三个月，就是有这种短期的行动。"

（访谈逐字稿20180802NX2）

因此，我国水治理的集体行动的历史说明我国具有悠久而强力的政府主导、等级制协调传统，在此之下形成的水治理集体行动主要采取"积极协调下的合作"路径，江苏省开创的河长制可能是这一路径在新时期的延续和强化。

（四）对集体行动困境的归因与破解——增加等级协调力量

在河长制实施之前，由于我国现行水治理体制碎片化导致的各自为政和信息壁垒，我国水治理集体行动在合作和协调方面都出现困境，整体呈现低合作–被动协调的局面，江苏省也是如此。通过访谈发现，江苏省水治理实践者们通常将河长制之前的集体行动困境归因于"推诿扯皮"等合作方面的问题，但将破解集体行动困境的希望寄托于权威和上级机关的协调，即希望通过等级协调来促进合作。实践者们之所以如此进行归因并给出加强等级协调的解决方案，一方面可能是存在主观归因偏差，即人们普通倾向于将消极结果归结于外部原因。在这里表现为，将水治理集体行动困境归结为其他部门的不配合、推诿扯皮，或者上级协调力量的缺失。另一方面，也反映了实践者对于有利于水治理的可以利用的条件的认知和识别，即认为基于等级权威的协调机制是一把利刃，能够最有效地解决部门之间推诿扯皮的问题。

因此，河长制之前的已有制度安排、集体行动历史和对集体行动困境的归因这三个方面共同突出了等级协调的作用。集体行动以何种方式发生很大程度上是由已有的制度规则决定的。在河长制全面实施之前的几年内，我国已连续出台了有关水治理的制度、政策、规定等，这些制度规则确定了我国水治理中的集体行动由政府统领协调、党政同责的体制。因此，江苏省的河长制虽然起源于地方政府的实践创新，但其中的党政领导负责机制实际上是已有制度规定的具体操作。水治理方面的集体行动历史也具有明显的政府主导、等级协调的传统，与河长制同期的一些水治理实践也表现为"积极协调下的合作"路径。同时，水治理实践者对水治理困境的解决方案的预期也是期望加强等级协调。

二、集体行动发生路径

如第四章分析所示，河长制具有"积极协调下的合作"发生路径的主要特征。其所规定和实施的各项制度、规则、措施大多为补充和强化"协调"方面，通过协调体系和机制的建立带动涉水职能部门间和流域区域之间的合作。在这个过程中，等级协调体系和机制充分发挥了其作为"黏合剂"的作用，将行为主体集合在一起，并指令他们为集体行动目标做出各自的贡献。同时，协调在河长制中，包括等级指令协调和面对面的沟通协调，也发挥了"润滑剂"的作用，方便和促进了部门间与行政区域之间的沟通（参见第四章分析，在此不再详述）。

在江苏省河长制案例中，正式制度安排强调统一性和责任制，之前的集体行动历史多采用"积极协调下的合作"路径，并在等级协调方面积累了很多经验，实践者希望通过等级协调改善合作问题。在这些因素的影响下，河长制采用"积极协调下的合作"路径，使得江苏省水治理的集体行动从低合作－被动协调状态跃迁到了低合作－主动协调状态。但是低合作－主动协调状态并不是江苏省水治理集体行动的唯一形态或终极形态。

河长制的"积极协调下的合作"的情况主要适用省内河湖，即河湖的自然流域正好分布在省级行政区域。而对于跨省的河湖，河长制的等级指令协调方式就会显现出回应迟钝、效率低下的弊端。"积极协调下的合作"路径尤其在两种情况下比较难以通过等级协调机制发挥作用。一是跨省的小河小湖，这些小河小湖因为级别太低，没有省级领导干部担任河（湖）长，这属于河长制的制度失灵情况；二是跨省的大江大河，这些大江大河通常有省级领导干部分段担任河（湖）长，但是因为水流量大，治理难度大，这属于河长制的操作失灵情况。面对河长制的制度失灵和操作失灵，江苏省的一些地区并不满足于完全依赖或等待等级协调机制给出指令，而是开始探索其他的集体行动方式。这些集体行动主要强化了合作方面，呈现出"自主合作上的协调"路径的特征。

在访谈中，我们接触到了两例通过"自主合作上的协调"路径解决跨省的小河小湖的水环境治理矛盾的情况，这里的"自主合作"是指地方政府之间的自主合作，"协调"是指地方政府间直接的沟通交流，而没有依赖更高层级的政府的等级协调。其中一例发生在江苏与安徽交界，有一个区级湖泊涉及安徽 A 镇与江苏 B 镇，江苏 B 镇所在的区河长办在巡查中监测出该水质不达标，反映给负责该湖泊的江苏 B 镇镇河长办，江苏 B 镇实地核查后发现主要原因出在安徽 A 镇的工厂往湖里排放污水。江苏 B 镇向安徽 A 镇反映了这个问题，并提出与安徽 A 镇的镇领导和相关职能部门负责人坐下来开会商谈这个问题。经过一段时间的沟通协调，这个座谈会得以在江苏 B 镇镇政府成功进行，安徽 A 镇分管水环境治理的领导、环保部门负责人、水务部门负责人与江苏 B 镇分管领导、环保、水务、江苏区级环保监测部门一起就问题的责任归属和解决方案进行了协商。在另一例中，江苏 C 乡有一个饮用水一级水源保护区，但是由于山林与安徽 D 乡相邻，江苏与安徽两乡时不时会村民越界砍伐、采茶、交通纠纷而引发两地村民的矛盾，因此两乡建有联合调解委员会制度。依托两乡间的联合调解委员会，两乡也很好地处理了水源保护地的共同保护问题，还出台了相关的村规民约。

在这两个例子中，镇政府之间或乡政府之间由于地缘关系存在较为密切的交往基础，如案例一中的江苏 A 镇与安徽 B 镇的镇政府只隔一条街。案例二中的村民之间相互交往很密切，形成了密切的"黏性群体"。因此，两地没有完全依靠等级式协调机制来推动地域间的合作，而是通过基于互惠和信任关系的自主合作来共同进行水生态保护。

对于跨省的大江大湖，有些地区也开始探索将"积极协调下的合作"路径与"自主合作上的协调"路径相互补充，从而达到高合作 – 主动协调的集体行动状态。比如 2018 年 11 月，水利部太湖流域管理局（以下简称太湖局）联合江苏省、浙江省河长办在江苏省宜兴市召开太湖湖长协作会议，审议通过《太湖湖长协商协作机制规则》，正式建立太湖湖长协商协作机制。该机制是国内第一个跨省湖泊湖长高层次议事协调平台，协调活动主要包括召开协作会议、开展联合巡湖、进行专题协商等。① 协作机制在江苏省河长办设办公室，并设 3 位召集人，由江苏、浙江省省级太湖湖长和太湖局主要负责人组成，体现了等级协调特征。机制成员主要包括环太湖省、市各级湖长、

---

① 中国江苏网：《太湖推出湖长制"升级版"：建立国内首个跨省湖长协商协作机制》，2018 年 11 月 14 日，https：//baijiahao. baidu. com/s？id = 1617115596249819306&wfr = spider&for = pc，2020 年 1 月 4 日。

主要出入太湖河流的县（市、区）河长、太湖局和相关省市河长办人员。参加会议的太湖局副局长黄卫良指出该协商协作机制不会弱化各级地方党委政府的责任，也不改变已有的河长湖长组织体系和部门分工。在会上，沿太湖的苏州、无锡、常州、湖州四市湖长分别表态，支持建立太湖湖长协商协作机制，体现了这些省市的自主合作意愿。参加会议的还有水利部副部长魏山忠，体现了中央层级力量对该协调机制的关注，在必要时候可能参与该协调平台的运作。

在太湖湖长协作机制建立 1 年后，2019 年 12 月，太湖局联合江苏省、浙江省、上海市河长办在浙江长兴县召开太湖淀山湖（太湖流域第二大跨省湖泊）湖长协作会议，正式建立太湖淀山湖湖长协作机制。会议审议通过《太湖淀山湖湖长协作机制规则》。协作机制办公室由江苏省、浙江省、上海市河长办和太湖流域管理局共同组成，办公室日常工作实行轮值制。结合太湖流域跨省河湖特点，协作机制下设太湖组、淀山湖组和省际边界河湖组三个工作组。该机制涉及的行动者包括水利部河长办、河湖管理司，太湖流域管理局，江苏省、浙江省、上海市河长办及水利（水务）厅（局），长三角区域合作办公室负责同志，苏州、无锡、常州、湖州市级太湖湖长，苏州、青浦市（区）级淀山湖湖长，主要出入太湖、淀山湖河道县（区）级河长，以及苏州、无锡、常州、湖州、青浦市（区）河长办等。①

上述实例说明，江苏省的河长制下的集体行动以"积极协调下的合作"路径为主导路径，同时"自主合作上的协调"路径也提供了一定的补充。河长制下的水治理集体行动通过"积极协调下的合作"路径，以协调带动合作，从低合作－被动协调情形发展到低合作－主动协调情形。在此基础上，面对河长制的制度失灵（如没有高层级河长协调的情况或者面源污染情况）和操作失灵（如跨省大江大湖治理），一些地区出现了通过"自主合作上的协调"路径产生集体行动的实践操作（见图 5－1）。

---

① 水利部网站：《太湖流域推出重大创新举措：建立太湖淀山湖湖长协作机制》，2019 年 12 月 17 日，http://www.mwr.gov.cn/xw/slyw/201912/t20191217_1375186.html，2020 年 1 月 4 日。

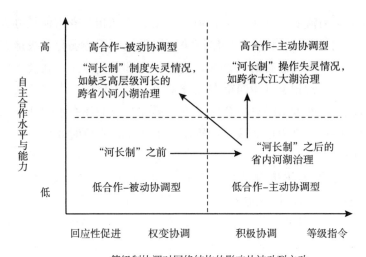

等级制协调对网络结构的影响从被动到主动

图 5−1　江苏省河长制下的集体行动发生路径

资料来源：笔者自制。

三、产出、结果和评价

本书区分了集体行动的产出和结果：产出是由集体行动产生的计划、协议、政策、管理实践以及其他有形项目，结果是产出对环境和社会条件的影响。河长制 2016 年开始全面实行，仍在持续形成产出和结果。本书仅将现阶段的产出和结果概述如下。

（一）产出

河长制实施后最重要的一项产出是将河长制变成了一项国家法定制度，纳入了《水污染防治法》。2017 年修订的《水污染防治法》第五条规定："省、市、县、乡建立河长制，分级分段组织领导本行政区域内江河、湖泊的水资源保护、水域岸线管理、水污染防治、水环境治理等工作。"并由此建立了全国范围内的河长体系，使得"每一条河都有河长"。

河长制实施的产出和结果及相对权重可以从河长制的考核项目和内容得到反映（参见附录一）。例如，水利部太湖流域管理局依据相关标准和规程规范，制定了太湖流域片河长制考核评价指标体系指南。该指标体系根据河长制工作任务及要求，将需要评价的内容分解为若干单项评价指标。评价内容包括河长制长效机制、水资源保护、河湖水域岸线管理保护、水污染防治、水环境治理、水生态修复、执法监管以及公众参与。这些评价指标中的多数是"产出"指标，如设定河长履职程序、出台节水方案、制定污染防治计划、实施河长制相关制度、建立管理信息系统、开展涉河湖建设监管项目等。少数为"结果"指标，如水面率、水质达标率、污水处理率等。由于"产出"性指标相比于"结果"性指标更易于测量，再加上河长制刚推行不久，这部分解释了太湖流域片河长制考核评价指标体系以考核程序、方案、计划、制度、项目等的建立和完备为主。

（二）社会性结果

河长制结果分为社会性结果和环境性结果。在社会性结果方面，最直接的表现是，河长制的实施使得河流湖泊有人管理，管理更为有序了：

> "如果没有河长制，原来河道它属于一种无序的管理，没有现在这种规范性管理了。"

（访谈逐字稿20180627NX1）

这种规范化的管理主要针对环境破坏行为的制止和惩处。各地河长制的工作简报显示，河长制下的河湖治理集体行动主要集中于打捞河面漂浮物、清理河湖沿岸堆积物与违规建筑物、制止违规采砂作业、处理工业企业养殖业的点源污染、减少城乡污水管网、提升河湖水质、修复生态、提升景观等活动。这些"规范化的管理"实践本身即为河长制最直接的社会性结果。

同时，河长制的实施也产生了超出河湖管理本身的社会性结果，如联合学习、观念的变化等。河长制通过信息与知识的分享、"一河一策"、河长巡河等措施促进了水治理的社会学习过程。河长制从一个地方水环境危机治理活动，经过试点和实验，最终发展为全国性的制度，这个产生和发展过程本身就是一个联合学习过程。这个联合学习过程使得集体行动者们对水环境和水生态环境有了更为全面的了解，同时也形成了关于水环境治理的集体记忆。另外，河长定期巡河制度加强了河长们对辖区内水环境问题的感知，"一河一策"和"一湖一策"加强了政府部门与专业的水环境评估第三方机构之间的联系，对于科学全面地认识辖区内的水环境水生态及其治理方式大有益处。

这些集中的河湖治理实践和集体学习活动逐渐产生了观念的变化，即各级政府越来越重视水环境生态保护。在访谈中，不少受访者提到领导现在对环境保护这一块"很重视"，河长制模式甚至扩散到其他领域。如受访者说：

> "是一个大环境，环境保护这一块越来越重视了，所以才出台的河长制。它也是一个根据时代发展而发展的一个产物，现在我们马上又要成立'林长制'。"

（访谈逐字稿20180627NZ2）

（三）环境性结果

在访谈中，大部分受访者认为江苏省河长制的实施取得了很好的环境性结果。如一位受访者描述道：

> "我们河长制开始之前，第一个影响是水花生，它对河道、桥梁、防汛抗旱的时候影响很大。几年没管理，可以长到甚至于河道上就能走人。长年累月地长，也没人捞没人清理，然后污水又出来了，确实那河道很脏很脏的，简直是连鱼都没有，什么都没有。当我们河长制开展了之后，水确实清了，也没有水花生了……现在我们效果简直是太好了，那些老百姓对这个也确实很赞成……我们河道，如果再讲两三年的话，就是我们小时候那个河道，青山绿水已经看到了。（河长制实施）这一年多，工作就这个效果是很明显的，确实完全不一样。也没有垃圾了，污水也很少了，慢慢鱼也多了，（河水）又清了，偶尔有好多小野鸭子，这个效果挺好的。"

（访谈逐字稿20180731XZ1）

但是深入研究指出，河长制通过清理水面杂草、打捞河面漂浮物等措施等方式加大水面曝气面积，从而显著提升了水中溶解氧，缓解了水体黑臭问题，达到了初步的水污染治理效果，但是河长制并未有效降低水中深度污染物。[①] 该研究认为河长制未有效降低水中深度污染物是地方政府治标不治本的粉饰性治污行为所致。因为水中的深度污染物如果未达到十分严重的程度，

---

① 沈坤荣、金刚：《中国地方政府环境治理的政策效应——基于河长制演进的研究》，《中国社会科学》2018年第5期。

公众识别能力较弱，地方政府缺乏治理水中深度污染物的激励。且基层地方政府一方面面临上级政府关于推行河长制的要求，另一方面又具有促进辖区经济增长的动力。这种相互矛盾的外部压力往往使地方政府在推行河长制的过程中，采取象征性的治污策略，但并未显著减少辖区水污染密集型行业的生产活动。从本书对河长制的考核指标的整理也可看出，河长制的考核主要是"产出"性指标，"结果"性指标较少，而且一些"结果"性指标的标准也较为含糊。这也部分解释了河长制未有效降低水中深度污染物的情况。

（四）规范性评价

1. 效率与成本

河长制全面推行之后，在较短时间内取得了可见的社会性结果和环境性结果，同时对于行政区域内的水环境破坏问题能够在较短时间内进行处理，其效率是比较高的。不过，由于河长制的效率是等级协调促成的，即河长制将部门间合作成本转移到等级协调方面，在组织结构上还未解决现存体制给部门间合作造成的困难。

从协调与合作角度而言，河长制运用行政权力暂时解决了地方政府机构间权责交叉所带来的推诿扯皮问题，实际是将部门间水平合作方面的成本转移到等级垂直协调方面。从上述对于河长制的静态模式和动态运作可以看出，河长制主要依靠河长巡河、工作督办、考核问责、督导检查等等级协调机制，在实际执行过程中，要通过上传下达的信息沟通渠道，大小事务都要领导的签批才能顺利进行。这个过程的协调成本是很高昂的。

然而，我国现行水治理体制存在的职能部门过多、职能交叠的问题并没有因为河长制的实施而解决。学者们对我国水治理体制的分析指出，现行水治理体制存在的问题既有中央层面的问题，也有流域和地方层面的问题，但主要矛盾在中央层面。这一层面上的问题解决了，其他层面的问题就会迎刃而解。[①] 河长制的实施并没有改变中央层面关于水治理的组织机构设置。河长制领导小组与河长办并不是常设机构，其领导由地方党政一把手和水行政主管部门负责人兼任，办公人员从相关的水利、环保等部门临时抽调组成。

---

① 《完善水治理体制研究》课题组：《我国水治理及水治理体制的历史演变及经验》，《水利发展研究》2015 年第 8 期。

这种临时性制度安排不涉及对现有组织结构进行调整，部门之间职责交叠的情况依然存在。而且，中央职能机构和制度安排之间的冲突给地方政府实施河长制带来一些困难。比如，水利部、环保部、住建部等对于水质的评测依据各自的行业标准，评测标准不统一给地方政府的水质测评和执行带来了很多困扰。比如一位受访者反映：

> "上面的部门给我们下达指标的时候不一样。比如这个环保部给这条河，比如某一个断面下来是二类水的（标准），可能这个住建部给它下的是三类水质（标准），可能就是执行的标准不一样。"

（访谈逐字稿20180806ZX1）

因此，河长制虽然通过等级垂直协调与严格的监督制裁机制暂时解决了涉水各职能部门之间的推诿扯皮等"搭便车"问题，并在短时期内取得比较有效的显性治理成果，但是河长制并未在组织结构上改变我国现行的水治理体制，这为江苏省当下以及长期有效地进行水治理造成了影响。河长制将部门间合作成本转移到等级协调方面，这为其稳定而长效地发挥作用带来了不确定性。另一方面，从实际执行过程中而言，河长制给河长们带来了很高的能力和精力方面的要求，一旦协调要求超出了协调能力、精力与注意力，水环境治理又会因为各部门之间的主动合作不足甚至合作瓦解而退回到先前的"碎片化"治理格局。从长期来看，我国水环境治理可以以河长制为起点，通过河长制的实施理顺水环境治理中的工作机制，为水治理的体制性结构性改革创造条件。

2. 适应性、可持续性、弹性和参与率

按照适应性、可持续性、弹性和参与率的标准，河长制由于采取集中式、层次化、相对狭隘的利益相关者参与的控制路径，面临着比较大的单一制度失灵的风险。例如，河长制的有效性很大程度上依赖于领导的个人精力和能力。不少学者指出河长制能否有效执行，有赖于辖区主要官员"亲自过问"，河长制的实际执行力度必然受到官员个人精力的掣肘。[1] 在访谈中，受访者也反映：

---

① 沈坤荣、金刚：《中国地方政府环境治理的政策效应——基于河长制演进的研究》，《中国社会科学》2018年第5期。

> "最重要的还是领导重视。特别是党政一把手的重视。党政一把手重视河流环境治理，河道治理工作就行做好。体制会理顺，资金能配套。部门利益矛盾也能解决，执行力也会提升。"
>
> （访谈逐字稿20161223WS1）

但同时，

> "领导负责制精力有限，很难（事事）协调。"
>
> （访谈逐字稿20161222TX1）

> "各级河长在河道治理上没有法定赋权，都是靠个人的行政职权，能力和能量就有比较大的差别。"
>
> （访谈逐字稿20161222WX1）

学者们担忧，当地方党政负责人的"注意力"发生转移，难以保证地方政府和治理机构不放松对水环境治理的重视，甚至重新走入"九龙治水"的困境。[1] 这种情况，在最初实行河长制的无锡市确实发生过，来自该市某区的受访者提到：

> "2007 年蓝藻事件爆发后，领导重视，所以 2008 年到 2010 年执行较严，效果较好。11 年以后领导不够重视，执行效果就越来越弱。"
>
> （访谈逐字稿20161223WS1）

另外，河长制在跨域治理尤其是跨省河湖治理方面也体现出回应性不足。在访谈中，受访者反映有两类情况在河长制的制度体系下解决起来比较困难。一是跨省的小河小湖，这些小河小湖跨越省级行政边界，但因为级别太低，没有省级领导干部担任河长。虽然这些小河小湖所在的基层政府要对其区域段的水质负责，但由于两地执行标准不一，难以对这些小河小湖进行整合治理。一位区级河长办受访者这样描述他们在这种情况下遇到的困难：

> "（我们）跟××省那边这个矛盾其实还蛮大的，我们主要是水源跟他们间隔，主要是（两边）管理不一样。我们这边的堤坝是比较好了，但是他们那边堤坝修的还比较不行，然后就给防洪也带来一些隐患。然

---

① 高家军：《河长制可持续发展路径分析——基于史密斯政策执行模型的视角》，《海南大学学报》（人文社会科学版）2019 年第 37 卷第 3 期。

后他们平常还派的那些采砂船，在我们河中挖那个淤泥，他说是清淤，其实呢，他把那个淤泥挖了之后堆到他们那边去，然后我们这边水位就会偏高一点。总之他们这种行为，我们也讲了很多（次）。但是像这种涉及两个省的就比较麻烦……因为（这个问题）如果真的上升到政府层面，它不太好。你说它是小问题，它也不小；说他是大问题，它也不大。可能领导有他的决断决策。我们这个（区里）只能向市里报，我们肯定是只能向市里报。市里到底怎么弄也不清楚。因为毕竟是跨了省，他们那边就不好解决。"

（访谈逐字稿20180802NX2）

二是跨省的大江大河。这些大江大河都有省级领导干部担任河长，流经的市、县（区）、镇（阶）段也有相应的行政级别较高的河段长负责，但是因为水流量大，河段分割较多，没有形成整合性的治理。在访谈中，有受访者很形象地描述了长江的治理困难：

"我们也有厅长当（长江河段）的河段长，他这个对这条河的治理项目就很头疼。因为河长他也不是专业的人士，他必须后面有一个技术团队的支撑，（不然）它还没法去治。你像那个长江你怎么去治理？那就是从源头上管控。那涉及多个省多个市。但是他现在分下来，就这一段是你的。但是我们是无能为力，你这么一段给我了，他整条河不是我的。就是我们在执行河长制的情况下，大江它是切分开的，就是切了一段一段的。如果我专治我这一段，我怎么能把这条河治好呢？那上游对我很重要，（要看）他上游治得怎么样，对不对？那我处理这些（属于我的）问题时，我只能看着水滚滚而下，我没有任何的办法。无计可施，我只能做好我自己，面源污染我弄掉了，这个畜禽养殖我弄掉了，这个什么都我封住不准（下河）。那真正的我这些封住了以后，对比如长江这样的这个水流量来讲，我说个不好听的，一点办法都没有，对吧？就是切分得比较多，可能就是尤其是针对这个跨区域的河流。如果这条河流在我这个区域里面，那就好办。怕的是水系的相通，跨得宽。"

（访谈逐字稿20180806ZX1）

因此，对领导人个人能力的过度依赖、跨域河湖治理困境都说明了河长制面临着单一制度失灵的风险，其制度弹性有限，缺少灵活的基于社区的资源管理系统的支撑，对社会生态环境变化的适应性和弹性的应对不足。

第三节 "自主合作上的协调"案例：不列颠哥伦比亚省的《水可持续性法案》（WSA）

加拿大不列颠哥伦比亚省于 2016 年 2 月开始实施《水可持续性法案》（Water Sustainability Act，以下简称"WSA"）。该法案是对 1909 年颁布的《水法案》的重大更新，目标是更好地保护不列颠哥伦比亚省淡水的可持续利用，并且为完善该省的流域治理奠定法律框架基础。WSA 最大特点是对生态环境的高度关注，旨在全面处理环境流量和河岸健康问题。它要求将水文和空间因素纳入和水有关的决策，如将一些土地利用决策与它们对水、河岸和河流内环境的影响联系起来。同时整合了关于地表水和地下水的决策，如将地表水的使用许可证制度扩展到地下水领域和将出租制度扩大到有执照的地下水使用者。而在此之前，地下水的使用不受管制。WSA 还规定了健康水生态的基本条件，比如维持最低环境流量、保护栖息地等，要求其他领域的决策和项目发展评估也要考虑这些基本条件。WSA 还向决策者提供额外的权力，允许水管理人员根据日益恶化的生态条件下达减少用水的命令。

WSA 由不列颠哥伦比亚省（British Columbia，以下简称"BC 省"）省政府负责实施，但是其实施途径是将更多的决策权力下放到区域机构（如流域实体①），以符合基于地方的适应性治理理念。从合作-协调角度而言，BC 省在流域治理领域的等级协调特征并不明显，甚至有学者质疑 BC 省软弱的行政能力会给 WSA 实施结果造成不确定性②。从目前搜集到的资料来看，BC

---

① "流域实体"（Watershed Entities，WEs）指的是可以在流域范围内存在的组织和治理安排（一些机构架构）。WEs 可能包括当局、董事会、信托机构、区域机构或其他流域伙伴关系或安排。他们将有一个正式的和公认的管理任务，确定的作用和责任，以维护和促进流域健康和功能，维持当地经济和社区福利。参见 O. M. Brandes，J. O'Riordan，"Decision-Makers' Brief: A Blueprint for Watershed Governance in British Columbia," *Victoria*，*Canada*: *POLIS Project on Ecological Governance*, *University of Victoria*，2014. Retrieved from http://poliswaterproject.org/publication/760.

② D. Curran，S. Mascher，"Adaptive management in water law: evaluating Australian（New South Wales）and Canadian（British Columbia）law reform initiatives," *McGill Int'l J. Sust. Dev. L. & Pol'y*，2016. Cited from https://www.mcgill.ca/mjsdl/files/mjsdl/curran - mascher_0.pdf.

省政府由于 WSA 的实施而加强了对流域治理领域的行动者之间的网络协调机制的依赖，期望能通过 WSA 的"自上而下"的实施和地方社区性组织"自下而上"的影响来实现流域治理的现代化和水资源的可持续性。因此，相比于我国河长制所采用的"积极协调下的合作"路径，WSA 实施之下的集体行动更多地具有"自主合作上的协调"的特征。下面即以 BC 省内的哥伦比亚盆地流域为例，从社会生态系统特征、初始位置识别、集体行动形成路径、产出和结果、评价这几个方面分析该地区围绕 WSA 的集体行动。

一、初始情境和情境识别

（一）生态性情境：环境危害和环境破坏

BC 省境内的哥伦比亚盆地①是一个很大的农业区，其水质和环境质量都很高，但依然受到水电开发、工业发展趋势和气候变化的威胁。该地区人口增长相对缓慢，面临人口老龄化，没有足够的移民来促进经济活动。此外，非居民拥有土地的比例很高，这提高了财产价值，同时降低了经济活动的密度。随着经济从以资源为基础的经济转向以旅游和退休为基础的舒适经济，水资源的工业用途和社区价值正处于日益紧张的状态。同时，此区域作为一个多中心的农村地区，旅行距离遥远，该地区不同的次区域有着截然不同的经济形式。

气候变化对该流域可能产生的影响包括气温升高、冰川迅速消退、低海拔地区积雪减少以及降水和径流的时间和数量的变化。水文变化可能导致更频繁和极端的干旱、洪水和大规模的森林火灾。② 在最近 10 年里，哥伦比亚

---

① 哥伦比亚盆地占地 671200 平方千米，覆盖加拿大不列颠哥伦比亚省的东南部，以及美国的华盛顿、爱达荷、蒙大拿、俄勒冈、内华达、犹他和怀俄明州。这片区域是由哥伦比亚河在穿越美加边境和美加边境之前所排干的水所定义的。该盆地只有 15% 位于加拿大。然而，加拿大的部分约占平均河流流量的 40% 和整个盆地约 40% 的径流。哥伦比亚河盆地的水道和山脉创造了广泛的生态系统，包括草原、干燥的松树林、内陆雨林、高山草甸和冰川。该地区是 700 多种鸟类、哺乳动物、鱼类和爬行动物的家园。如无特殊声明，以下所称的哥伦比亚盆地皆指不列颠哥伦比亚省境内的哥伦比亚盆地。

② M. Carver, "Water Monitoring and Climate Change in the Upper Columbia Basin: A Summary of Current Status and Opportunities," Available from: https://ourtrust.org/learn - more - water - resources - basin/, cited 2019 Dec. 28.

盆地许多地方经历了千年未见的降水，其中很多导致了洪水和泥石流，造成了财产损失和伤亡。在过去十年中，该地区有三年经历了干旱。随着干旱和积雪减少，出现了严重的森林火灾。在盆地的不同地区，由于温度升高和低流量，社区已经经历了水限制、垂钓关闭、水质退化、鱼类数量减少，河岸和海岸线地区的敏感生态栖息地和文化价值遭到破坏。

总体而言，哥伦比亚盆地面临的社会生态特征和挑战包括气候变化带来的家庭、市政和工业用水供应方面的不确定性、生物种群减少以及决策的不确定性增加；人口增长缓慢和人口老龄化导致的经济活动不足，进而造成政府在用水信息和基础设施方面的投资不足；人口少和人口集聚的地理位置分散形成了网络中分散的小型群体，他们面临的信息沟通问题。这些社会生态特征影响了 WSA 的产生，反过来，WSA 也是对这些社会生态特征的回应。比如 WSA 的目标之一是制定水资源可持续发展计划，以应对用户需求和环境之间的动态变化；更新水质目标、水量阈值和水生生态系统健康标准，以应对经济活动及其他决策对水生态环境的影响；要求所有非住宅地下水使用者持有水务许可证并进行收费，预计将促进水使用的报告和测量等水信息基础设施以及有效用水；将决策的某些方面委托给政府以外的个人或实体，鼓励和吸引分散在盆地不同区域的社区群体充分讨论他们面对的水资源挑战并赋予他们做决策的权力。

（二）已有制度安排——嵌套与重叠的治理结构

加拿大的水和流域的法律体系很复杂，涉及嵌套和重叠的司法管辖区和当局。管理水的正式责任由联邦（federal）、省（provincial）、地区（territorial）、土著（indigenous）和地方（local）政府共同承担。尽管 1867 年的《宪法法》将水和流域管理责任和权力划分为省级政府和联邦政府，但在实际的法律条款中，省级政府对水和流域的决策负有主要责任。省级政府拥有与土地使用、水资源管理和地方政府控制相关的最直接的宪法权力。地方政府历来通过饮用水管理参与其中，并越来越多地参与水源水保护。地方政府还通过土地使用和分区决策直接影响水资源，这通常在社区规划和区域增长计划中得到阐明。《宪法》（第 35 节）也明确确认现有的土著和条约权利。这里仅将加拿大联邦政府、省/区域政府、地方政府和土著政府与水有关的职责整理如下：

1. 联邦政府

根据 1867 年《宪法法》，与淡水有关的联邦管辖范围包括渔业、通航水域、跨界水域管理和国际共有水域。根据加拿大法律，联邦政府与原住民政府合作，对原住民保留区和水源以及国家公园和设施等联邦土地的水资源管理负有宪法上的责任。同时，联邦政府支持与水生和鱼类栖息地和饮用水有关的科学和研究，如加拿大卫生部发布了《加拿大饮用水质量指南》。联邦政府还负责跨界治理，因此在美加《哥伦比亚河条约》中扮演重要角色。

2. 省/区域政府

根据 1867 年的《宪法法》，各省和领地对自然资源管理负有主要责任，包括淡水管理和保护（包括安全饮用水和水源水保护）、水分配和许可、管制排入水体和管理王室土地。这些责任并不包括土著保留区或有标识的土地。省级立法涵盖土地利用和林业经营、地表水和地下水保护以及公共卫生等关键领域。在 BC 省，许多省级部门拥有与淡水相关的权力，包括环境与气候变化战略部，森林、土地、自然资源业务和农村发展部，卫生部，能源、矿产和石油资源部。

3. 地方政府

地方政府包括直辖市和地区行政区。许多与水资源相关的决策主要是由地方政府通过省级下放与饮用水水源和供应管理相关的责任来做出的。地方政府通常在水务管理、土地使用规划和开发、洪泛区规划和分区审批等方面发挥着明确的作用。BC 盆地包括五个地方政府，其中中部库特内和东部库特内的整个区域完全在哥伦比亚盆地内，哥伦比亚－萨斯沃普、库特内边界和菲沙－佐治堡的部分区域位于盆地内。

与地方政府具有类似职能的改善区，旨在为指定范围内的居民提供供水和消防等本地服务。它们具有地方政府的一些特点，例如它们的组成方法、地方民选官员的代表权以及借用、收取和管理它们提供的服务的权力。但是，它们在处理诸如土地利用规划等广泛的社区问题方面没有市政当局那样的权力。改善区提供的最常见服务是饮用水供应。盆地中有许多改善区和为社区供水的小型供水系统（在任何 24 小时内供 500 人使用的供水系统），为管理水和提供饮用水创造了当地方法。

4. 土著政府

土著政府拥有与水有关的权利和责任，并以各种方式参与和塑造水治理，包括：管理后备土地；通过联合规划和决策过程协作管理传统领土；在其保护区和有标识的土地和水域行使其固有（土著法）管辖权和权威，例如通过宣布水政策、法律和战略；与加拿大政府或王室建立国家对国家（nation-to-nation）之间的关系和达成协议，并与其他非土著实体合作。《1982 年宪法法》第 35（1）条、最高法院裁决（1973、1997、2004、2014）以及加拿宣布支持《联合国土著人民权利宣言》（2016 年），确定并加强了土著政府的上述合作方式。

因此，尽管并非所有政府都在所有领域或地点运作，但这种共同的责任往往需要许多方面和利益之间的合作。各级政府内的许多机构积极参与和水有关的管理、业务和治理活动。持水许可证的人、非政府组织、商业和工业也常常参与其中，并可能执行具体的职责和要求。WSA 的规划和治理职能如何落实，将由省政府与原住民和包括地方政府在内的重要流域使用者共同决定。

（三）集体行动历史和集体行动者在合作或协调方面掌握的资源

BC 省的水资源治理在自主合作方面的条件比较充沛，表现为具有较活跃的公众参与意愿和活动，以及数量众多的以社区为基础的协会和非政府组织。一些非营利性组织甚至还是 BC 省政府、管理部门和地方政府之间的信息交流和协调中心。

BC 省的公众重视淡水健康和可持续性，强烈支持淡水保护，对当地流域的健康状况充满热情。2016 年的民意调查显示，93% 的 BC 省人认为淡水是最宝贵的资源，但只有 21% 的人相信，20 年后 BC 省的淡水将保持良好状态。[①] 2015 年的一项调查采访了来自各级政府、原住民、学术界、流域组织董事会、非政府组织、工业从业者等 500 余名受访者，其中 77% 的受访者表示，他们强烈同意或同意与地方政府一起的共同治理是一个有效的流域治理

---

① RBC Blue Water Project, "RBC Canadian Water Attitudes Study," Available from：http：//www.rbc. com/community – sustainability/environment/rbc – blue – water/waterattitude – study. html, cited 2020 Jan 6.

的胜利条件①。

在 BC 省，数十个以社区为基础的水管理组织、地方政府和协作流域委员会正在从事流域管理、监测和规划工作。② 超过 50 个以社区为基础的管理组织存在于该流域。③ 这些组织从事一系列活动，包括制定保护和规划倡议，开展公民科学和流域教育项目，进行生态系统研究和恢复项目。基于社区和协作的团体通过其独特的能力在治理中发挥重要作用，这些能力包括促进流域治理的整体性思维、召集多方利益、提供规划信息、汇集资源以及跨范围参与社区和政府活动。

BC 省政府于 2004 年 2 月发布并开始执行《水可持续性行动计划》（Water Sustainability Action Plan for British Columbia），目的是在各级（从省到家庭）和所有部门（从家庭、资源、工业和商业、到娱乐和生态系统支持用途）促进和帮助水利用、土地利用和水资源管理的可持续方法。该行动计划由前首相戈登·坎贝尔亲自审查和批准，为地方政府的实地行动提供了伙伴关系的保护伞，迄今为止已成功实施 16 年。该行动计划最初由水可持续性委员会（Water Sustainability Committee，WSC）负责实施，这是 BC 省水和废物协会的一个技术委员会。从 2003 年到 2010 年，通过与 BC 省水、土地和空气保护部建立伙伴关系，WSC 成了在当地政府环境下运作的伙伴网络的中心。2010 年 11 月，该组织被并入非营利组织，前 WSC 转变为 PWSBC（The Partnership for Water Sustainability in British Columbia，不列颠哥伦比亚省的水可持续性伙伴关系）。目前 PWSBC 共有 18 个地方政府作为其成员组织。④ PWSBC 是 BC 省内的地方政府层面的"行动召集"网络的中心，在省和地方政府之

---

① RBC Blue Water Project, "RBC Canadian Water Attitudes Study," Available from: http://www.rbc.com/communitysustainability/environment/rbc – blue – water/waterattitude – study. html, cited 2020 Jan 5.

② T. Morris, O. Brandes, "The State of the Water Movement in British Columbia: A Waterscape Scan & Needs Assessment of B. C. Watershed-Based Groups," 2013 Jul, Available from: https://poliswater-project. org/polis – research – publication/state – water – movementbritish – columbia – waterscape – scan – needs – assessment – b – c – watershed – based – groups/, cited 2020 Jan 6.

③ Columbia Basin Watershed Network, "Members," Available from: http://cbwn. ca/about/ members – list/, cited 2020 Jan 5.

④ Partnership for Water Sustainability in British Columbia, "2019 Annual Report," Available from https://waterbucket. ca/atp/2019/12/14/2019 – annual – report – for – the – partnership – for – water – sustainability – in – british – columbia/, cited 2020 Jan 8.

间、地方政府和管理部门之间发挥桥梁作用，负责通过伙伴关系和协同以实施《水可持续发展行动计划》项目。

因此，BC 省在水治理方面的集体行动历史说明其具有较强的自主合作基础和力量，这得益于公众和以社区为基础的非政府组织有一系列正式和非正式的渠道参与决策过程的各个方面。在正式方面，他们正式参与和影响了流域决策制定、制定本地化标准和阈值等方面。在更非正式的范围内，他们开展和参与了流域治理愿景的规划、执行和管理活动的监督（如信息收集和特定的监测计划）、与受影响的利益和权利持有人进行沟通、持续的评估和学习等活动。同时，BC 省的地方政府在一些正式行动计划之间的协调并不必然依靠等级协调方式，而是委托给一些非营利性组织架构起的网络协调机制。这些非营利组织为地方政府互动和交流构建了平台，促进了政府间信息和资源动态流转。

（四）集体行动改进归因——加强自主合作能力

WSA 的制定和实施过程为 BC 省的水治理集体行动提供了调整和改进的机会。WSA 所传递的信息和 BC 省的民众认为，加强社会参与和以社区为基础的流域组织的力量，更有利于 WSA 的实施。WSA 继续延续了 BC 省立法授权的传统，即将发布命令和自由裁量的权力授予区域/地方政府或相关机构与人员。但是一些调查审计工作对 BC 省对省政府是否有充足能力监督立法授权的提出质疑，使得民间社会和社区团体正争取获得授权以更正式地参与决策、监督和监测等关键活动，以补充联邦和省政府的能力。可见，BC 省倾向于将流域治理集体行动的成功归于区域内团体参与决策和监督，而将失败归于行政体制在监督、信息搜集方面的能力低下。从合作 – 协调角度而言，WSA 下的集体行动趋势是依靠、发挥和加强基于区域的流域治理行动者的自主合作能力和水平，同时以更多的网络协调机制补充等级协调机制。

在 BC 水法律框架内，水管理人员拥有广泛的权力和自由裁量权，这使他们可以在其认为适当的条件下发布命令，指导与水使用有关的行为。比如在运作层面，法例赋予水务官员和工程师的权力范围，包括：检查、规管或封闭任何工程；确定水的有益利用；命令恢复或修复河流及附近的任何变化；命令安装、维护和提供来自测量或测试设备的数据；在河流或地下水中安装测量或试验装置，并对其进行测量或试验；就水的分流、贮存和使用做出规定和命令。这些发布命令和自由裁量的权力的目的是为了避免法律原则或行政体制的僵化。但与此同时，这也要求水务管理工作人员掌握关于该省数千条水道的可靠资料，并需要合格的工作人员和技术资源来处理所产生的问题。

WSA 继续强化了这种基于区域和特定情况的自由裁量权，将自由裁量权的范围扩展到水生态健康方面。比如 WSA 允许流域实体承担法案中规定的法定权力，如设定用水目标、制订水的可持续性计划、颁发水许可证、批准淡水水体及其附近的工作，以及运营诸如堰或水坝等基础设施。同时，WSA 提供了行政临时保护令，以保护河岸地区、水生生态系统和鱼类。如果部长认为某一特定河流的水流量很低或可能很低，以致鱼类种群的生存受到威胁或可能受到威胁，他可以颁布类似的鱼类种群临时保护令。部长或省级内阁也可以决定一些关键环境流阈值，帮助防止对水生生态系统造成重大的或不可逆转的破坏。并且这些命令和阈值的效力优先于用户许可证的水权效力，因此水用户必须遵从。

授权和放权在行政体制内的进行，依赖于一个反应灵敏的等级协调机制，包括获得准确的水文数据，以及行政人员在水法律制度下做出反应和执行的能力。然而有审计报告指出，高层级政府不再有能力履行其立法授权，也不再对某些职能下放给合格专业人员进行充分监督。BC 省森林管理委员会和省级民政监察员办公室分别进行了两项调查，加强了这一结论。森林管理委员会审查了该省关于森林和牧场管理的立法，发现法律和法规中规定的政府目标不够具体，无法进行评估。BC 省民政监察员办公室认为，该省没有对注册专业人员为保护河岸地区不受土地使用开发影响而进行的评估采取充分的后续行动。这项审计的主要结论是，森林、土地和自然资源业务部应：与地方政府合作，确保遵守河岸地区法规；确保合资格的专业人员得到适当的注册及训练；与专业协会合作，改进进行评估的指导方针；进行合规监控，并对不合规行为采取行动；每年向公众报告。

这些调查审计得出的一个重要结论是，授权不仅要在行政体制内进行，民间社会和社区团体也需要获得授权以更正式地参与水资源决策、监督、监测的关键方面，以补充高层级政府能力的下降。随着 WSA 的逐步实施，社区和民众参与水相关决策的潜在渠道越来越多。如 WSA 将决策的某些方面委托给政府以外的个人或实体，这从制度上承认了政府之外的机构或个人的决策权利，从而为基于本地的社区自治或协同决策提供机会。同时由于哥伦比亚盆地内社区规模小且分布较为分散，WSA 认为这种地理位置挑战需要对分散的小型组织提供更多的支持，并且需要更多地依赖于相邻社区之间的交流学习。因此 WSA 的想法是提高社区关于当地水资源的能力和知识，以支持一组积极参与的、以社区为基础的流域组织。这些组织能够为 WSA 的实施提供可靠的信息，并根据迅速变化的现实参与区域决策。因此，在自主合作方面，WSA 希望继续吸收当地公民和流域组织的见解，并确保这些当地公民和流域组织有能力为流域管理做出贡献。

综合上述对 BC 省的水治理正式制度安排、集体行动历史、集体行动所拥有的资源、集体行动归因的分析，WSA 开始执行时，BC 省的水治理集体行动处于高合作 - 被动协调的初始位置。BC 省的水治理正式制度安排强调嵌套和重叠的司法管辖区和当局之间的共同责任；BC 省在水治理方面的集体行动历史说明其公众和非政府组织具有较强的自主合作基础和力量，且地方政府的一些正式行动计划并不依靠等级协调机制，而是委托给由非营利性组织架构起的网络协调机制；BC 省将之前水治理行动的弊端归因于高层级政府在获取水资源信息和监督方面的低效，从而认为民间社会和社区团体也需要获得授权以更正式地参与水资源决策、监督、监测的关键方面，补充高层级政府能力的下降。

二、集体行动发生路径

WSA 将法规、水目标和可持续发展计划的制定与决策权下放到区域乃至地方层次，说明 BC 省政府期望能通过 WSA 的"自上而下"的实施和地方流域组织"自下而上"的影响来实现流域治理的现代化和水资源的可持续性。WSA 由省政府负责实施，不过省政府已经启用了三个重要的新工具，专门用于支持地方的流域治理的需求：①基于区域的法规——可用于面临多重水压力或独特的水管理挑战的特定流域；②区域水目标——是更好地保护供水、水质和水生系统的正式法律工具，它们限制和要求法定决策者在跨资源部门的关键决策中考虑水目标和支持生态系统；③流域可持续发展计划——可在对特定压力做出反应或预测这些压力的情况下而制定，通过当地机构（如流域实体）的请求而触发。同时，WSA 第 126 条明确授权环境部将与该法有关的全部权力和决策职能下放给区域机构。

决策职能的下放一方面可以借助已有的地方自治、以社区为基础的协会和非政府组织的力量来促进 WSA 的实施；另一方面，WSA 也为基于本地的社区自治和区域内的合作提供了机会。在这个过程中，有三个层次的活动特征及其组合很重要：社区自治能力、区域内水文生态信息的测绘和报告、哥伦比亚盆地内的流域组织网络。这三个方面代表了范围从小到大（社区－区域－流域）的水治理集体行动的模式。BC 省在社区、区域和流域层面都存在非政府组织的活跃身影，各类组织形成相互嵌套的网络协调机制，总体而言体现了高合作－被动协调的局面。本书以三个小案例分别展示 BC 省在社区自治、区域协调和盆地内网络协调这个方面的情况。这三个案例中的组织行动和组织间网络构建都早于 WSA，已存在了 10 年以上，同时将在 WSA 的实施中发挥重要作用。

（一）基于社区的自治组织："温德米尔湖大使"

温德米尔湖（Lake Windermere）是一个 17 公里长的浅水水体，实际上是哥伦比亚河的一大片加宽区域，位于 BC 省的东库特内地区。温德米尔湖是周边居民（常住人口估计为 1 万人）饮用水和工业灌溉的主要来源，它同时是一个旅游地和 16 种鱼类和数百种候鸟的栖息地。

2005 年，温德米尔湖地区人口迅速涌入和开发激增，对该湖生态及周围居民产生的问题包括栖息地丧失、水质恶化、工业用水影响居民享受和环境、公众无法进入湖泊以及湖泊管理面临全面挑战。面对这种情况，一个叫"广视"（Wildsight）的地区性非营利组织成立了温德米尔湖项目（Lake Windermere Project，LWP）来保护湖泊健康。在社区协会的支持下，各级政府、原住民和外部研究团队都参与了该项目。LWP 进行了水质监测，协助开发温德米尔湖的岸线管理指南，并提供了温德米尔湖管理计划。为期五年的 LWP 于 2009 年结束，为强有力的公众和政府参与奠定了基础，并建立了一个新的水质数据库。2010 年 10 月，一群对温德米尔湖水质监测和管理感兴趣的市民注册组成了一个独立的具有慈善性质的协会，即"温德米尔湖大使"（Lake Windermere Ambassadors，LWA），接管 LWP 的水监测和管理活动。2011 年 LWA 被当地议会委任为温德米尔湖泊管理委员会（Lake Management Committee），以执行该湖管理计划的非监管建议。2016 年 LWA 继续获委任为温德米尔湖管理委员会，任期五年（2016～2021 年）。

LWA 设立了一个志愿性的理事会，代表了不同领域的利益相关者，包括企业、原住民、娱乐业（水上娱乐、旱地和滩涂娱乐）、第二业主、码头划船、全年常住和季节性居住的居民、青年和非政府组织。理事会还有来自政府、议会和原住民组织的代表和顾问。而 LWA 的雇员只有一个兼职的协调员和一个放暑假的学生。[①]

LWA 强调对湖泊的持续保护取决于社区的协同参与和在流域一级进行水系统管理和规划。为此，目前 LWA 不仅负责温德米尔湖的监测和管理活动（根据 BC 省的环境与气候变化战略部提出的建议，派出一支由公民科学家志愿组成的专门小组进行该湖的水质监测），还以多种方式积极参与更大范围的与湖泊管理有关的协作活动。这包括：作为温德米尔湖管理委员会纳入温德米尔湖管理计划（Lake Management Plan），同时执行由东库特内综合湖泊管理伙伴开发的海岸线指导文件；就温德米尔湖前滨发展项目提供意见，为本地决策者提供正式意见；领导公民 - 科学水监测项目，与决策者（包括行业合作伙伴）共享信息；通过水教育、管理和修复项目吸引公民参与；建立温德米尔湖社区的能力，通过召集公众对话、邀请专家讲者和发展研究伙伴关系，促进温德米尔湖的水健康和恢复，参与当地的水管理和决策。因此，LWA 不仅致力于建立一个基于社区的湖泊管理实体，而且在扩大社区在当地水资源管理中的作用以及在面向整体流域治理的视角转变方面，发挥了"大使"的作用。

LWA 的案例说明，当现有的法律（如《水可持续性法案》）没有提供足够的指导，地区的政府和利益相关者还没有准备好一起参与流域治理时，基于社区的志愿协会也有可能胜任本区域内的河湖监测和管理工作，并且能够与区域内的正式管理计划相结合，甚至影响区域的相关决策。LWA 的成功并非是由政府或其他外部力量的积极协调促成的，而是在之前集体行动（即"温德米尔湖项目"）所建立的合作结构和信任关系基础上，进一步在流域社区的参与者之间发展联系和信任，鼓励和培养社区和利益相关者对流域整体管理的兴趣。同时，LWA 还受益于项目协调人的作用。协调员们是社区的重

---

① Water Sustainability Project, "Community Engagement in Watershed Governance: Case Studies and Insights from the Upper Columbia River Basin," Available from https://poliswaterproject.org/polis - research - publication/community - engagement - in - watershed - governance - case - studies - and - insights - from - the - upper - columbia - river - basin/, cited 2020 Jan 2.

要成员，在汇集信息、使 LWA 与温德米尔湖社区、利益攸关方以及该地区其他组织建立关系方面具有创新性和活力。同时，项目协调员在将正式程序、正式的制度安排和社会资本的结合方面为 LWA 提供了强有力的领导能力。因此，LWA 理事会、项目协调人以及与 LWA 合作的组织在这个涵盖了不同利益相关者的协调网络中都发挥了作用。

（二）基于区域的水生态信息的测绘和报告："东库特纳综合湖泊管理伙伴关系"

东库特纳综合湖泊管理伙伴关系（The East Kootenay Integrated Lake Management Partnership，EKILMP）是由多个机构、地方政府、原住民和非政府组织组成的联盟，共同负责保护湖泊生态系统。EKILMP 倡议始于 2006 年，当时加拿大渔业和海洋局邀请各级政府，包括土著和社区利益团体，讨论他们在水治理方面的共同关注、问题和共同责任。与会者共同关心的一个主要问题是，在各种湖泊及其周围增加住房开发和娱乐活动可能破坏敏感的海岸线和水生环境。各方同意共同努力，通过伙伴关系、信息共享和优化可用资源，开发湖泊管理的整合的、协同的方法。

EKILMP 的组织结构是以伙伴关系为基础的职能机构、地方政府、原住民组织和非政府组织的联盟，共同承担保护湖泊生态系统的责任。合作伙伴包括：原住民组织（加拿大哥伦比亚河部落间渔业委员会、Ktunaxa 民族委员会土地和资源部门）、联邦政府（加拿大渔业和海洋部）、省政府（BC 省森林、土地、自然资源运营和农村发展部、内陆卫生行政部门）、区域政府（东库特内地区政府），市政当局（运河公寓村、因弗米尔区）、社区组织（瓦萨湖土地改善区、莫依社区协会、罗森湖纳税人协会、吉姆史密斯湖社区协会、圣玛丽谷农村居民协会、库卡努撒湖社区理事会、温德米尔湖社区）、环保组织（"加拿大活湖"）。EKILMP 的工作人员是合同雇佣制的兼职协调员。

EKILMP 的主要活动包括为 BC 省东南部的东库特内相关湖泊开发基于科学的、协调管理的土地和水使用指南。EKILMP 使用了加拿大渔业和海洋部的方法，在东库特内的湖泊中绘制了《敏感栖息地清查图》（*Sensitive Habitat Inventory Mapping*，SHIM）。SHIM 考察湖泊和评估海岸线改变的速度，审查土地使用授权与准则一致的程度，并确定是否发生非法活动，记录土地利用、水质、鱼类和野生动物的价值、河岸和湿地生态环境的变化，并确定需要保护的敏感地区。到目前为止，EKILMP 已经完成了九个湖泊的 SHIM 项目①。SHIM 数据可以帮助东库特内的湖泊所在社区制定湖泊管理计划。例如，ELILMP 通过 SHIM 确定了温德米尔湖上对鱼类和/或野生动物价值的长期维持至关重要的区域，这为温德米尔湖管理计划（Lake Windermere Management Plan，LWMP）提供了信息支撑。

EKILMP 的案例说明，一个区域性团体可以通过一个由多样化的行动者构成的基础广泛的协作小组，共享信息，共同开展区域内的水文生态测绘项目。由于加拿大联邦和地方政府减少了对水资源信息基础设施的投资，这既造成了危机，也为 EKILMP 等训练有素的流域组织创造了新的机会。EKILMP 的 SHIM 数据协助管理人员、规划人员和社区进行土地利用规划，制定法规、标准和政策，从而提高作为决策基础的科学知识。向下，这些科学知识能够帮助某一社区，如温德米尔湖，制订河湖管理计划；向上能够为 BC 省级机构，如 BC 省的边境部，森林、土地、自然资源业务和农村发展部和东库特内地区政府的开发决策以及其他规划过程提供信息。

（三）通过网络协调机制促进流域组织间的联系：“哥伦比亚盆地流域网络”

“哥伦比亚盆地流域网络协会”（Columbia Basin Watershed Network Society，CBWNS）是哥伦比亚盆地内的有关流域组织寻找培训、信息或联系的中心（hub）。CBWNS 是 BC 省网络协调机制的一个典型案例，它展示了一个联系和信息中心如何为哥伦比亚盆地内外的流域组织提供信息和培训服务，帮助这些组织建立联系并提供互动、学习、培训和合作的机会，有意识地建立这些流域组织之间的关系网络，通过组织网络来改善整个流域管理的社会性结果和环境性结果。

2005 年，一些非营利组织、政府、塞尔柯克学院（Selkirk College）与哥伦比亚盆地基金会（Columbia Basin Trust）合作组织了一次研讨会。参加这次讨论会的团体认为有必要加强交流与合作，以支持它们各自和集体的努力。这个研讨会的结果之一即建立“哥伦比亚盆地流域网络”（Columbia Basin Watershed Network，CBWN）以在水行动者之间共享信息、构建知识和专业技能。

---

① 参见 www.ekilmp.com。

CBWN 的创始成员包括哥伦比亚盆地加拿大部分的流域团体、机构和个人。2008 年成立了一个指导委员会，以制定确定 CBWN 的优先目标和行动战略框架。哥伦比亚盆地信托基金为 CBWN 提供了工作人员的支持。2012 年，CBWN 成为主流环境协会（Mainstreams Environmental Society）资助的项目，主流环境协会为之提供行政支助。2015 年，指导委员会投票决定成立哥伦比亚盆地流域网络协会（CBWNS）。CBWN 现在有一个董事会，指导委员会和成员遍布加拿大哥伦比亚盆地内外。哥伦比亚盆地信托基金继续为 CBWN 提供财务支持。CBWN 的活动包括建设 CBWN 网络、服务 CBWN 会员、建立流域管理的区域能力、改善流域管理成果等。

CBWN 希望建立健康的和互联互通的 CBWN 网络。CBWN 现有 75 名团体会员和 475 名个人会员。CBWN 的 2018～2023 年的目标是，在分区域内，成员团体知道所有其他积极的管理团体，并与至少其他两个团体或组织就个别项目进行合作。网络建设的方式是维护与建立能够对会员提供专业知识或项目援助的组织成员关系（如塞尔柯克学院地理空间研究中心等），以专业信息支持成员对话；为成员创造在线和面对面合作机会，促进成员的对等协作；发展日益增长和多样化的成员关系来支持成员，通过增加网络连接的密度和质量来建立支持行动的网络能力。

服务 CBWN 成员包括作为成员和盆地居民的信息中心，通过网站、时事通讯、社交媒体和面对面交流分享信息，链接到流域科学、政策和传播方面的数据、信息和报告，共享关于流域教育、水监测项目、水生入侵物种、流域参与项目和项目资源的合作伙伴信息；为会员提供受教育和培训的机会，在流域科学、政策、文化和传播等方面提供网络研讨会、会议和研讨会并进行合作；开展主题教育，如以社区为基础的流域管理、水监测技术、公民科学、《水可持续性法案》、《哥伦比亚河条约》、流域政策和气候变化；将成员与专家指导联系起来，满足成员对正式培训、研究、测绘的需求。

建立流域管理的区域能力包括通过建立区域伙伴关系和项目，如数据、水监测、应用研究项目等，促进区域协调。与合作伙伴一道，努力建立和支持区域规模信息和资源规划，如水资源数据、流域管理资源以及成员与决策者之间的联系。包括作为水监测数据 Datahub 项目的合作者，参与建立水监测数据质量和能力的区域办法，通过区域伙伴关系提高成员获得流域管理专业知识和资源的机会。

改善流域管理结果包括制定衡量流域管理成果的计划，衡量成员团体在次区域和区域合作中的参与情况，在可靠和熟悉的位置测量组数据的开放可用性，衡量成员的流域数据和知识在地方、省和原住民决策中可获得和考虑的程度。

综上三个案例说明，BC 省在哥伦比亚盆地形成了社区 – 区域 – 流域相互嵌套的网络结构。比如社区层面的"温德米尔湖大使"与区域层面的"东库特纳综合湖泊管理伙伴关系"就温德米尔湖的测绘建立了合作，而后者又是流域层面的"哥伦比亚盆地流域网络"的组成成员。并且每一个层面的组织都集合了广泛的利益相关者，包括各层级政府、政府职能机构、学术组织、专业团体、行业代表、普通公民等。这个网络结构使用网络协调机制，通过对话、论坛、协商等形式有效地发挥了其"润滑剂"的角色。并且网络协调机制已经顺利运作 10 年以上的时间，通过促进知识共享和信息沟通、建立互惠和信任规范、促进联合学习、解决争议、进行监督等方式，促进了利益相关方之间合作伙伴关系的维系和发展。

三、产出、结果和评价

WSA 是一项原则性法律，于 2016 年 2 月才开始实施，关于如何应用 WSA 中的一般原则的许多细节将由法规提供。由于 WSA 的复杂性和拟议法规的数量，BC 省政府正在采取分阶段实施的方法。因此，WSA 及其下的流域治理集体行动的产出和结果还在持续变化中，本书仅将资料可得的产出和可能性结果整理如下。

（一）产出

WSA 中关于加强可持续性水管理基本法律框架的关键条款包括如下几个方面，所产生的计划和管理实践等产出和结果也将主要集中在这些方面：①在水规划和治理方面，新条款要求对水规划采取更全面的办法，如明确权力以建立能更好地反映当地需要和优先事项的分配制度，以及优先于其他资源授权而考虑水源保护的权力。②在节约用水、保护环境、有效利用水资源方面，WSA 的规定将要求决策者在今后有关新许可证或现有许可证审查的所有决定中考虑环境流动，优先考虑关键的环境流量（最小流量需求）或保护鱼类和敏感鱼类栖息地，将其作为所有其他许可用途的优先事项。WSA 允许指定敏感河流（通常是那些有重要鱼类种群的河流），禁止修建水坝，只规定了河岸地区有限的开发活动，并加强保护。同时，"有益利用"① 被提升为任何一种水利用的关键标准。③在地下水提取许可方面，WSA 为许可使用较大的（非住宅）地下水提供了明确的规定。这将使该省更好地将淡水作为一种综合资源加以管理。④在监测和报告方面，WSA 要求大用户根据地表水或地下水许可证测量实际用水，并向政府报告。根据区域规定，这一要求可适用于所有用户。②

WSA 第一阶段完成了下列规章：水可持续性监管，地下水保护条例，大坝安全监管，水可持续性费用、租金和收费的收费规则。在这个阶段，与基本水管理职能相关的法规工作已经完成。关键的变化在于所有非住宅地下水使用者首次被要求持有许可证，并支付费用和租金。省政府建议，所有现有的地下水使用，特别是家庭地下水使用，都应登记在册，以便在今后的决策中加以考虑和保护。

接下来省政府将开始制定全面实施 WSA 的其他政策和规章，包括水可持续性计划、水的目标、测量和报告、牲畜用水、指定的区域、专门的农业用水、替代治理方法③。这其中，水可持续性计划方面备受关注，因为它们可能会产生更广泛的社会结果。水可持续性计划旨在帮助某区域防止或解决水用户之间的冲突、水用户需求与环境流量需求之间的冲突、水质风险、水生生态系统健康、确定与水生生态系统有关的恢复措施等。WSA 规定了明确的实施权力，允许水可持续性计划修改或超越任何法令下现有的水许可证或公共官员的决策管辖权。省级内阁可以通过以下规定实施水可持续性计划：要求该计划由一名做出特定决定的公职人员进行考虑，限制特定土地或资源工具的发行或计划的批准，限制或禁止对土地或自然资源或活

---

① "有益利用"包括该省为水分配系统的管理获得资源租金和促进有效利用的能力。它还包括要求用水为所有不列颠哥伦比亚亚人的福祉提供更广泛的公共利益。WSA 澄清，对水的有益利用包括制定用水效率和节约用水的标准。

② O. M. Brandes, J. O'Riordan, "Decision-Makers' Brief: A Blueprint for Watershed Governance in British Columbia," *Victoria*, *Canada*: *POLIS Project on Ecological Governance*, *University of Victoria*, 2014. Retrieved from http://poliswaterproject.org/publication/760.

③ 参见 https://www2.gov.bc.ca/gov/content/environment/air-land-water/water/laws-rules/water-sustainability-act。

动的明确使用，修订水务牌照的条款及条件，减少水务许可证下的最高引水量，改变、安装、修理或更换工程，包括更有效地使用或节约用水，限制或禁止与地下水有关的活动。可以预见，BC 省在未来将出现一批基于区域的可持续性计划。

（二）社会性和环境性结果

WSA 将流域的陆基目标与水基目标结合起来，将流域作为一个整体来管理，这将改变环境政策的决策模式。WSA 提出用水目标必须与平行立法中明确的陆地目标相结合，如《森林和牧场作业法》《河岸地区条例》《私人管理林地法》，以便按照同一套规则管理流域内的所有活动。BC 省已经出现了一种向授权和共同决策的转变。加拿大其他省和地区政府也正在改革方法，朝着更加协作和授权的水和流域治理形式迈进。公民、原住民和地方政府希望在影响其流域的决策中拥有更大的发言权，并从根本上加强地方控制。可以预见，将出现更多的由专家、从业者、流域实体、联邦、省、原住民和地方政府之间的论坛。这些论坛将建立跨流域的治理能力，允许交换治理过程和决策支持工具的知识和最佳实践，同时建立水知识，创造教育机会。这些机会将有助于决策者、资源和规划专业人员以及其他高等教育机构，以支持流域治理方面的创新，并强调对未来的管理。

WSA 使 BC 省的水资源管理从单纯的以水消费为基础的管理体制，进入以充足的生态流量为基础的管理体制，同时该管理体制能适应不断变化的水文条件。如果这种转变能顺利进行，则 BC 省希望能实现水流量充足与健康生态系统的环境性结果。当下 BC 省关注的问题集中在饮用水水源保护和河岸保护；维持流域健康的环境流量，包括鱼类和鱼类栖息地；更好地管理已建成的基础设施，如堤坝；促进城市发展和资源开发，更好地平衡经济和生态用水需求，确保基本的流域保护。如果 WSA 以及其下的水可持续性计划和相关法规的实施获得了上述环境性结果，则 BC 省可能成为全球最具生态响应性和监管适应性的区域之一。①

————————

① D. Curran, S. Mascher, "Adaptive management in water law: evaluating Australian (New South Wales) and Canadian (British Columbia) law reform initiatives," Available from https://www.mcgill.ca/mjsdl/files/mjsdl/curran-mascher_0.pdf., cited 2020 Jan 10.

（三）规范性评价

1. 效率与成本

WSA 能否有效率和有效力地实现其水资源管理的制度目标，其中关键的一点在于掌握 BC 省水流量和水生态的信息和知识。然而 BC 省面临的一个问题就是对大多数流域的水量，尤其是地下水量，没有准确的数据。在此之前，BC 省对水许可证持有人进行监测和报告实际用水情况的要求很少，可靠的用水数据很少，省级综合信息管理系统也很少。与此同时，决策者和水纠纷的裁决者仍然依赖法律上优先考虑的资历和工作人员的能力来下达命令。BC 省已经认识到，政府目前缺乏科学数据和工作人员能力以评估水道承受能力和有效管理水资源，甚至导致了用水许可证执行的严重延误，这种延误反过来使得人们无法获得足够的用水。对行政体系的依靠阻碍了政府获得信息的能力，因为通常水许可证持有人或利益相关者没有兴趣提醒水管理人员注意生态条件的危害。①

WSA 的执行是在 BC 省现有的行政体制结构基础上，没有明确说明会提供额外资源或进行改革以解决行政体制反应低下的系统性问题，特别是 BC 省水文状况的可信和可靠数据的获取问题。并且授予水管理人员的所有行政权力都与特定地点的问题有关，这种制定单独命令的结构是耗时和昂贵的。因此，尽管 WSA 为 BC 省采取强有力的行动提供了可能性，但也为本已不完善的省级水资源管理体制增加了更多的责任。由于继续依赖省内行政管理，缺乏对所有水管理领域工作人员和技术专门知识提供具体承诺和专用资源，WSA 执行的效率和效力还有待观察。

2. 适应性、可持续性和参与率

制度协调是可持续性的关键要素。在 WSA 之前，由于缺乏与其他决策过程的协调，水资源无法实现整体性治理。比如审查石油和天然气或林业许可证申请的省级工作人员不一定要考虑他们的决定对水管委会管辖的水管理制度的影响。BC 省石油和天然气委员会有权力发布经常性的短期用水许可。地

---

① D. Curran, "Leaks in the System: Environmental Flows, Aboriginal Rights, and the Modernization Imperative for Water Law in British Columbia," *UBC Law Review*, vol. 50, no. 2, 2017, pp. 233 – 291.

方政府的日常土地利用决策也会影响城市流域的水文变化，如土地开发可通过增加屋顶和铺路来增加流域的不透水覆盖率，这加强了雨水流动的速度和体积，从而影响了流域的渗透和供水。然而，无论是民选官员还是地方政府工作人员，在评估发展申请或建设地方政府工作时，都不需要考虑水文权利或影响。WSA 解决目前与其他行政决策者缺乏协调的问题的办法是制定水资源目标，要求政府官员在做出具体决定时考虑这些目标，并要求各种土地利用决定考虑到水的可持续性计划。WSA 中提出的用水目标必须与平行立法中明确的陆地目标相结合，如《森林和牧场作业法》《河岸地区条例》《私人管理林地法》，以便按照同一套规则管理流域内的所有活动。

在适应性方面，WSA 延续和强化了相互嵌套的治理结构。其下的条例还允许将省级决策者的权力和职责委托给另一个人或实体行使。这种规定可用于将权力下放给负责水可持续性规划和土地利用的以流域为基础的组织，为基于当地的协同决策提供机会。同时 WSA 还规定成立咨询委员会，就水质评估的不同范畴向决策者提供意见，包括订立水质指标、确定环境流量需要或临界流量阈值的方法，以及引水和用水的标准和最佳做法。WSA 对流域治理和水资源保护采取更全面和综合的方法，为解决水文环境变化而造成复杂问题提供了机会。特别是当多个利益相关者、观点持有者和决策者合作并共享信息、资源和责任时，该项制度将发挥出其适应性的优势。

社会参与是 WSA 制定和实施的关键要素。自 2009 年 BC 省水法现代化项目启动以来，政府收到了原住民、工业和环保团体、地方政府和对水资源感兴趣的个人的来信，他们提交了数千份意见书①，开展了博客讨论②，内容涉及如何保护地下水、如何确保河流和湖泊的健康、水价和水租赁费用的改变以及在决定土地使用时如何考虑水的问题。这些想法为法案的政策建议（2010 年 12 月）、立法建议（2013 年 10 月）、水资源使用的新的申请费用和租赁费用（2015 年春）、《水可持续性法案》的最终实施及其下最初法规（2016 年 2 月）提供了信息。考虑到上述法律和管理上的变化，以及随着 WSA 的逐步实施，社会参与水相关决策的潜在渠道将会越来越多。

---

① BC 省政府在网站上公开了这些意见书，参见 https：//engage. gov. bc. ca/watersustainabilityact/whatweheard/。

② 这些博客讨论，参见 https：//engage. gov. bc. ca/watersustainabilityact/category/blog/。

第四节　本 章 小 结

为进一步在相关情境中阐述"积极协调下的合作"路径，以及河长制为何能够通过"积极协调下的合作"路径形成集体行动，本章研究了一个对比案例。该案例是加拿大不列颠哥伦比亚省（BC省）的《水可持续法案》（WSA）下的集体行动。本章从初始情境与情境认知、发生路径、产出、结果和评价等方面对江苏省的河长制和BC省的WSA进行了比较。河长制和WSA采取了不同的集体行动路径：河长制主要采用"积极协调下的合作"路径，WSA主要采用"自主合作上的协调"路径。二者比较的简要总结见表5-2。

表5-2　　　　　　　　河长制和WSA的集体行动特征比较

项目		江苏省河长制	BC省WSA
生态性情境	环境危害	水环境恶化、水生态损害、蓝藻多发、水质富营养化	干旱、洪水、森林火灾、积雪和冰川消退、生物种群减少
	环境破坏	水污染、侵占河湖、挤占岸线、乱倒乱弃、非法采砂等	水电开发、旅游业开发、城市规划
社会性情境	总体特征	低合作－被动协调	高合作－被动协调
	相关的制度安排	强调统一性、政府统领、党政同责	嵌套和重叠的司法管辖区和当局、强调共同责任和授权
	集体行动的历史	低合作－主动协调	高合作－被动协调
	对集体行动困境的识别与归因	将"河长制"之前的集体行动困境归因于"推诿扯皮"等合作方面的问题，但将破解集体行动困境的希望寄托于权威和上级机关的协调	将流域治理集体行动的成功归于区域内团体参与决策和监督，而将失败归于行政体制在监督、信息搜集方面的能力低下
形成路径		以"积极协调下的合作"路径为主导，"自主合作上的协调"为补充。等级制协调机制作为"黏合剂"和"润滑剂"	以"自主合作上的协调"为基础，网络协调机制作为"润滑剂"

项目		江苏省河长制	BC 省 WSA
产出		河长制成为国家法定制度，建立了全国范围内的河长体系，设定河长履职程序，出台节水方案，制定污染防治计划，实施河长制相关制度，建立管理信息系统，开展涉河湖建设监管项目等	基于区域的各项规章（已经出台和即将出台）、水可持续性计划（即将出台）、水的目标（即将出台）
结果	社会性结果	河湖管理规范化，联合学习，观念变化	从环境政策分散型决策模式转为整体性决策模式，从以水消费为基础的管理体制转为以充足的生态流量为基础的管理体制
	环境性结果	关注水面率、水质达标率、污水处理率，缓解水体黑臭，但是否降低水中深度污染物仍有待观察	希望实现水流量充足与健康的生态系统
规范性评价		具有较高的执行效率，将合作成本转移到等级协调方面，单一制度失灵风险较大，制度适应性和参与率较低	由于缺乏水流量和水生态的信息和知识，执行效率可能不足；制度弹性、可持续性和参与率较高

资料来源：笔者自制。

2016 年之前，江苏省的水生态环境形势较为严峻，迫切需要水污染防治和水生态保护等水环境治理集体行动。在河长制之前，水环境治理集体行动的总体特征为低合作－被动协调。其中，相关的制度安排要求治理结构和标准的统一性，强调政府统领和党政同责；之前的集体行动历史主要采取"积极协调下的合作"路径；水环境治理实践者们将之前集体行动的困境归因于部门和地区间关于治理责任的推诿扯皮等合作问题，同时认为只有借助等级协调机制才能破解该困境。在这样的集体行动初始情境下，河长制采用了"积极协调下的合作"路径，通过等级制协调机制督促各方合作，等级制协调机制不仅在河长制中发挥"润滑剂"作用，也发挥"黏合剂"作用。同时，在河长制制度失灵与操作失灵领域，也出现了"自主合作上的协调"路径形成集体行动的实例，从而为"积极协调下的合作"路径提供了补充。

　　BC 省面临的环境危害和环境破坏的程度则比江苏省要轻微许多，平衡各用水者的用水需求和环境流量、实现水资源的可持续性是 WSA 的目标。在 WSA 之前，BC 省水治理集体行动的主要特征为高合作－被动协调。其中，相关的制度安排设立起了司法管辖区和当局间相互嵌套和重叠的正式治理结构，规定了它们承担共同责任，并在执行中下放决策权和行政命令到区域层面；BC 省内的已有的集体行动采用"自主合作上的协调"路径；水治理参与者们通常将集体行动的成功归因于基于社区或区域的团体参与决策和监督等合作方面的要素，而认为等级协调机制在监督和信息获取方面的低效和无力会限制集体行动更好地发挥作用。在这样的集体行动初始条件下，WSA 的执行将更多地依靠既存的集体行动网络，延续"自主合作上的协调"路径，其中网络协调机制主要发挥"润滑剂"作用。

　　由于河长制和 WSA 的实施年限不长（2016 年开始实施），其产出和结果还在持续变化。从可获取的资料来看，二者目前的产出主要在于制定计划、政策，河长制已经开始了相关管理实践。河长制的社会性结果包括行为主体的联合学习和治理观念的变化，WSA 则关注决策模式和管理体制的转变。河长制已出现水质提升、鱼类种群恢复等环境性结果；WSA 致力于实现最低水流量和生态环境改善的环境性结果还无法判断。

　　从经济效率、可持续性、适应性、社会参与率等规范性标准进行评价，河长制具有较高的执行效率，但将合作成本转移到等级协调方面，单一制度失灵风险较大，制度适应性和参与率较低；WSA 由于行政机构缺乏关于水流量和水生态的充足信息和知识，其执行效率可能不足，但制度弹性、可持续性和参与率较高。

第六章

结论与讨论

第一节　研　究　结　论

本研究对我国河长制中的集体行动如何发生问题进行了"要素＋机制"的解释。在集体行动发生要素方面，根据集体行动的已有研究成果和对河长制下集体行动实践观察，本研究将集体行动分解为合作和协调两大要素。其中，合作要素关注的是各个行动者（网络中的"点"）是否愿意为集体利益做出贡献、做出了什么贡献，即"是否做"和"做什么"的问题，关键在于如何化解"搭便车"动机的不利影响。协调要素关注的是行动者之间（网络中的"线"）如何组织互动并将互动成本降到最低，即"怎么做"的问题，关键在于行为者之间的联系和联络。

河长制中的合作要素关注如何激励河长制所涉及的行动者（包括政府体制内行动者和体制外行动者）为河湖治理做出贡献，以及哪些因素对他们进行合作产生了影响。在河长制之前，水治理集体行动者面对的合作困境包括体制内行动者之间推诿扯皮、逃避责任、耽误观望，体制外行动者竞争性使用河湖资源、破坏河湖生态环境等。随着河长制的实行，出现了一系列促进行动者合作的因素，包括正式的制度规则、明确规定或划分收益和责任、分享中间产出、增加未来交互的可能性、揭示高度相互依赖性、进行充分的沟通交流、发展亲密与信任关系、提高贡献行为或"搭便车"行为的可观察性、奖励和鼓励第三方利他惩罚行为、行动者的同质性、发展个体学习与模仿成功的合作策略的能力、发展社会网络的择优汰劣机制。

河长制中的协调要素关注河长制行动者之间的组织联系、信息传播和沟通方式与渠道。河长制之前的集体行动者面对的协调困境包括信息碎片化、信息隔绝、错误配置、重复治水、无法跨越组织边界进行协调等。河长制设计和组织起了等级制协调组织体系和机制，建立起程序化协调通道。在实际执行过程中，河长制主要采取等级指令式协调方式、上传下达的信息沟通渠道、任务督办清单等例行程序。领导的签字、批示、口头通知等能够有效地推动资源的调拨和任务的执行。同时，河长们之间的面对面的反馈协调能够更快速地解决问题。在涉水职能部门工作联系较为密切的情况下，职能部门之间也直接沟通协调。这种直接沟通协调方式的正当性一部分来自河长制的水平结构，即涉水职能部门都是河长制办公室的组成单位；另一部分来自职能部门在重复互动的工作过程中建立的信任关系。

在合作要素和协调要素的基础上，河长制主要采用"积极协调下的合作"集体行动形成路径。"积极协调下的合作"路径是指存在群体之外的力量或群体中的少部分人率先行动起来为更大的集体利益做出可见的贡献，形成能够触发群体中其他人行动的影响力，群体中的其他人受到先驱者的感染或者在他们的积极动员与整合下加入集体行动的行列。其中，"积极协调"是集体行动的动力与核心，不仅是整个集体行动过程的"润滑剂"，也是合作者之间的"黏合剂"。在河长制中，等级协调体系和机制充分发挥了其作为"黏合剂"的作用，将行为主体集合在一起，并指令他们为集体行动目标做出各自的贡献，包括识别必要的参与者、选择性地激活主要参与者、动员潜在参与者、架构互动规则和行为规范等。同时，协调也发挥了"润滑剂"的作用，从多方面为集体行动参与者间的合作创造有利条件，包括降低知识共享和信息沟通的成本，评估收益、成本或风险，建立互惠和信任的规范，促进学习，促进性领导与争议解决，监督与制裁等。因此，河长制中的集体行动通过"积极协调下的合作"路径，先解决的是集体行动者（主要是体制内行动者）之间怎么连接和做什么的问题，在这个过程中通过增加工作上的频繁互动、扭转推诿扯皮的历史、增加相互依赖性、分享可见成果，逐渐发展出互惠和信任关系。

情境是河长制中集体行动运作机制中重要的一环，解释了河长制为何能够通过"积极协调下的合作"路径形成集体行动。集体行动所在的生态性情境（如环境危害和环境破坏特征），社会性情境及其识别（如已有制度安排、集体行动历史、集体行动资源、集体行动困境归因等）都会对集体行动的形成路径产生影响。我国的水生态面临严峻形势说明迫切需要水污染防治和水生态保护等水环境治理集体行动。社会情境方面，正式制度安排强调统一性和责任制，之前的集体行动历史多为低合作－被动协调型并在等级协调方面积累了很多经验，实践者希望通过等级协调改善合作问题。在这些情境下，"积极协调下的合作"路径是符合我国生态社会情境下的集体行动路径，而且使得我国水治理的集体行动从低合作－被动协调状态跃迁到了低合作－主动协调状态。

第二节　对"积极协调下的合作"路径的进一步讨论

在对河长制中的集体行动进行情境化解释之余，本研究希望能够进一步挖掘"积极协调下的合作"路径的理论价值。一直以来，集体行动的理论研究和经验研究专注于发现"使人们的共同行动成为可能的社会和组织过程"[①]。为此，学者发展出多种集体行动发生方式，并且愈发认同情境对于集体行动发生方式的影响。本研究通过河长制的案例分析和案例比较提出了"积极协调下的合作"路径，该路径强调协调在集体行动中具有不可或缺的作用，有必要将协调同合作一起作为集体行动的核心分析要素。协调与合作的双因素分析可以将对集体行动困境的分析和解决方案推进一步：集体行动困境可以进一步区分为合作困境和协调困境，相应的，解决集体行动困境也

---

① P. E. Oliver, "Formal Models of Collective Action," *Annual Review of Sociology*, vol. 19, no. 1, 1993, pp. 271-300.

可以从合作和协调两方面进行努力。

一、协调在集体行动中的重要作用

集体行动理论在讨论集体行动如何发生的问题时，主要围绕集体行动中的合作行为，关注在背叛策略（如搭便车行为）更有利可图的情况下，合作行为是否会出现以及如何出现，哪些因素会影响集体行动参与者选择合作策略。这一方面是因为集体行动理论中内含着强烈的博弈论传统；另一方面是因为在奥尔森1965年出版《集体行动的逻辑》一书时，对于市场协调机制和网络协调机制的理解还未得到充分发展，学术界仍在泰勒和法约尔的科学管理思想的影响下理解协调，认为协调是以理性的组织形式进行分工、建立规章制度和实施监督，故此对集体行动中的协调未给予充分关注。

然而，随着对于协调和网络结构的研究逐渐丰富，越来越多的集体行动经验研究指出了协调对于成功的集体行动的作用。许多集体行动研究者指出，一项成功的集体行动必然包括协调，并且要克服协调失灵问题。如奥利弗（Oliver）指出，更复杂的集体行动模型涉及一个集体内的许多个人的联合行动。在这些模型中，问题在于个人是否愿意并且能够将他们的行动协调为单一的联合行动。[1] 芙芭娜金（Flanagin）等人指出，集体行动总是包括三个要素：①识别和联系在集体物品中共享利益的人；②向这些人传达信息；③协调、整合或同步个人的贡献。[2] 并且，许多研究确定了协调在成功的水治理集体行动中的必要作用。比如，吉特尔（J. H. Gittell）和威斯（L. Weiss）指出外部协调常常有助于实现预期的绩效结果。[3] 在某些情况下，如应急管理或重复灾害管理，协调结构通常不仅是有效合作行动的补充，而且是必要的组成部分。[4] 流域治理的研究者们也已经认识到合作和协调在保护流域自然

---

① P. E. Oliver, "Formal Models of Collective Action," *Annual Review of Sociology*, vol. 19, no. 1, 1993, pp. 271 – 300.

② A. J. Flanagin, C. Stohl, B. Bimber, "Modeling the Structure of Collective Action," *Communication Monographs*, vol. 73, no. 1, 2006, pp. 29 – 54.

③ J. H. Gittell, L. Weiss, "Coordination Networks Within and Across Organizations: A Multi-level Framework," *Journal of Management Studies*, vol. 41, no. 1, 2004, pp. 127 – 153.

④ W. L. Waugh Jr., G. Streib, "Collaboration and Leadership for Effective Emergency Management," *Public Administration Review*, vol. 66, no. s1, 2006, pp. 131 – 140.

资源方面的同等重要性。他们指出，如果没有众多机构、多个利益攸关方和社会团体的合作，保护流域自然资源的努力不太可能成功。① 但是由于每个参与者都有自己独特的边界，需要对来自多个参与者的活动和贡献进行协调，就如同一个交响乐队的指挥家对乐手们的演奏进行"编排"。②

这说明，集体行动的理论和经验研究在继续深入探索集体行动中的合作行为的同时，开始对协调在集体行动中的作用给予更多的关注，甚至明确地将"协调"作为集体行动的一个要素。集体行动研究的这种趋势与公共管理的网络研究趋势是一致的。在网络研究刚兴起之时，网络文献经常以一种黑白分明的方式将网络和等级进行对比，认为网络结构是灵活和包容的，等级结构是僵化和低效的。但是公共管理实践证明，将网络和等级进行绝对的区分和对立在现实中并不可行。现实情况是，网络结构和等级结构经常发生混合，网络和等级是共生的关系。如普鲁文（K. Provan）和凯恩斯（P. Kenis）指出，网络不仅包括高度参与的分权式的共享网络，也包括有一个关键行动者或内部代理人引领的领导型网络，以及由一个行政部门对网络进行管理的行政型网络。③

同时，学术界对协调的理解早已超出了等级式协调机制的范围，发展出了市场式协调机制和网络式协调机制。随着这三种协调机制在实践中发生混合，不同的情境中存在不同类型的协调模式，学者将其归结为回应性促进、权变协调、积极协调以及等级指令这四种模式。而到具体的协调行为层面，协调不仅包括依托程序设计和正式反馈渠道进行的正式协调，也包括基于个人关系而发挥作用的非正式协调。因此建立在权力、监督、规则、例程等形式上的等级指令式协调只是协调的一种模式。在网络和等级交织的组织结构中，基于共同价值观、互惠规范、信任关系、沟通上的回应性协调也在充分发挥作用。

---

① G. Honadle, L. Cooper, "Beyond Coordination and Control: An Interorganizational Approach to Structural Adjustment, Service Delivery, and Natural Resource Management," *World Development*, vol. 17, no. 10, 1989, pp. 1531 – 1541.

② H. Lawson, "Improving Conceptual Clarity, Accuracy, and Precision and Facilitating More Coherent Institutional Designs," *The Contribution of Interprofessional Collaboration and Comprehensive Services to Teaching and Learning*, *The National Society for the Study of Education Yearbook*, 2002, pp. 30 – 45.

③ K. Provan, P. Kenis, "Modes of Network Governance: Structure, Management, and Effectiveness," *Journal Administration Research and Theory*, vol. 18, no. 2, 2008, pp. 229 – 252.

　　将协调列为集体行动的分析要素意味着可以从协调这个视角观察集体行动如何发生，如此可以观察到与合作视角所观察到的不同的集体行动发生方式。从合作视角出发，集体行动如要发生，必须存在集体行动者自愿自觉地为集体行动做出贡献，也就是集体行动者自己先解决"是否做"的问题并在沟通协商过程中解决"做什么"的问题，从而形成奥斯特罗姆所说的基于声誉、互惠和信任的自主合作行为。在这个过程中协调只是发挥类似"润滑剂"的辅助性作用，如通过促进信息沟通、解决争议等方式减少行动者之间的沟通成本。然而，如果从协调视角出发进行观察，则可以发现除了上述集体行动发生方式外（我们可称其为"自主合作上的协调"路径），还存在一种"积极协调下的合作"路径。在"积极协调下的合作"路径中，协调采用的是积极协调或等级指令的模式，如动员和整合各方资源、制定行动规则、形成干预监督与惩罚措施、向成员传达信息和期望、教育和培训新成员等。此时协调既发挥"黏合剂"的作用将集体行动者集结在一起；又发挥"润滑剂"作用，减少行动者之间的交易成本。这个过程先解决的是"怎么做"的问题，"怎么做"反过来对"是否做"和"做什么"产生影响。

　　因此，协调（尽管形式各异）不仅是成功的集体行动的必要组成部分，而且能够深刻影响集体行动者对于合作行为的认知和选择，即对集体行动者是否选择对集体利益/目标进行贡献产生作用。集体行动研究领域的一位著名学者奥利弗（Oliver）曾指出，在某些情况下，即使没有私人激励，相互依赖和协调也可以改变集体行动中的个人决策。[①] 奥尔森的分析集中于"私人激励"的影响，指出大群体的集体行动要通过选择性激励才能克服"搭便车"动机和个人计算的收益成本比的不利影响。奥斯特罗姆的分析则集中于"相互依赖"的影响。如她指出在同一地区长期生活和工作的群体成员可以共享作为初始社会资本的互惠和信任的一般规范，从而更愿意合作以实现集体行动的好处。本研究则指出，在"积极协调下的合作"路径中，"协调"对于集体行动的形成和维系具有关键作用。"协调"在集体行动中可以发挥"润滑剂"和/或"黏合剂"的作用。作为"黏合剂"的协调可以识别、激活和动员集体行动者，将必要和潜在的集体行动者集结在一起，直接通过"积

---

　　① P. E. Oliver, "Formal Models of Collective Action," *Annual Review of Sociology*, vol. 19, no. 1, 1993, pp. 271 - 300.

极协调下的合作"路径形成集体行动。作为"润滑剂"的协调可以减少集体行动的交易成本，促进行动者采取合作行为，间接推动集体行动的发生。根据本研究的分析，协调至少可以在以下六个方面有效促进集体行动的形成。

（一）降低知识共享和信息沟通的成本

整个社会集体行动的趋势源自知识和知识分享能力的增长，共享知识和掌握透明、准确、全面的信息会使得集体行动中的每个人更好，增加行动者受益的可能性。但是，信息要求越全面，获得信息的成本就越高。一方面，集体行动需要其多元参与者各自带来的关于社会生态系统的有意义的信息或经验；另一方面，过高的知识分享和信息沟通成本直接影响了集体行动参与者分享他们所掌握的知识的机会和动力，使得合作伙伴有机会和动机进行欺骗或不充分地披露信息。因此，在信息量和信息成本之间存在一个权衡。

相比于合作伙伴之间无组织地进行信息交换，存在一个协调者或协调机构负责信息的获取与分发无疑能够降低信息交换成本，同时形成有效信息流。协调者或协调机构可通过建立共同的语言来传达复杂的信息以降低沟通成本，也可通过增加集体行动参与者对信息的接触来促进社会学习。在更复杂的集体行动中，协调者或协调机构可以创建标准化的信息和通信系统，甚至建立共同的门户网站和共同的数据库。为了平衡信息的可获得性和成本效益，这些信息系统和数据库之间可互访问、互操作，各种在线工具和服务应该允许用户访问和无缝集成信息来源。[1] 另外，组织内部和组织间的例程、信息系统、团队会议、边界管理操作系统等设计的相似性可通过加强组织内部和组织间网络之间的接口来提高信息协调的质量和效率[2]。

（二）评估收益、成本或风险

成本收益比是集体行动参与者决定是否合作的一个重要考量。行为人的风险态度也是重要因素，当主体的收益超过（或低于）他们的期望时，他们

---

① K. T. Lance, Y. Georgiadou, A. K. Bregt, "Cross-agency Coordination in the Shadow of Hierarchy: 'Joining up' Government Geospatial Information Systems," *International Journal of Geographical Information Science*, vol. 23, no. 2, 2009, pp. 249 – 269.

② J. H. Gittell, L. Weiss, "Coordination Networks Within and Across Organizations: A Multi-level Framework," *Journal of Management Studies*, vol. 41, no. 1, 2004, pp. 127 – 153.

就会变得更厌恶风险（或寻求风险）。随着行动者获得合作经验，他们可能会重新评估与伙伴建立合作关系所获得的收益，并相应地改变自己的行为与风险态度。行为人对于合作或背叛的价值与风险的估计是决定合作关系能否存续或是瓦解的最主要的因素。同时，行为人可能会对自己或他人的成本收益比或者风险进行错误的判断，例如低估合作带来的未来收益，在无风险的背叛策略和回报更高但有风险的合作策略之间选择前者以最小化自己的成本，错误地认为他人会采取背叛策略从而自己先采取背叛策略等。

相比于合作伙伴各自估计自己与他人的收益、成本和风险，协调者或协调机构更有助于促进各参与者对贡献和收益的共同理解。协调者或协调机构可以做的工作包括制定一项对集体行动的成本和预期效果进行评估的计划，其中涉及成本效益的评价标准。当集体行动需要参与者更多的投入，而且成本收益分析也证明这么做有利于集体获得更大的收益时，协调者和协调机构可以加强对未来收益以及参与者可获得的收益份额的信息传播，让他们认识到自己的贡献将对结果产生明显的差异。其中一个很好的方法是分享中间产出等"小的胜利"。如果集体行动难以在短期取得大的胜利，那么公开和分享小的胜利能够有助于集体行动参与者们正确衡量集体行动带来的收益，而不至于使他们觉得持续的付出得不到回报。此外，协调者或协调机构应该明确说明采取集体行动的风险，让参与者具有共担风险的意识，预防机会主义动机。

然而，协调者和协调机构不能歪曲评价结果，如果他们不能证明各方对集体行动的贡献与成本是合理的，他们就不能强制要求各方必须参与集体行动。评价计划和标准的产生也是各方形成共识和做出可信承诺的过程，共识与承诺有助于集体行动者采取更为稳健的风险态度。在互惠互利的制度得到充分实施后，协调者应评估该制度是继续、修改还是终止。因此，集体行动最有可能在具有弹性并进行定期重新评估时创造公共价值。

（三）建立互惠和信任的规范

在某些情况下，参与者向集体行动贡献资源但不能保证收到任何回报，此时集体行动成员之间的信任是必不可少的，它有助于克服行为人纯粹经济理性决策的弊端。集体行动理论论述了互惠动机与信任关系对于合作行为和网络结构的重要性，指出信任关系和互惠关系（包括直接互惠、间接互惠和强互惠）有助于实现合作均衡，如奥斯特罗姆的结构变量－核心关系框架着重解释了互惠、信任和声誉如何影响合作水平。

集体行动参与者的信任和互惠关系的养成受多种因素的影响，包括行动者的社会偏好、初始社会资本、先前的培训和经验、个人间连接的强弱乃至更大的社会系统的价值观等等。合作伙伴可以通过共享信息和知识、展示能力、表达和跟进良好意愿来建立信任。但是仅仅依靠这些因素形成信任和互惠关系是缓慢的，需要经历一轮又一轮的操作、反馈、学习的发展过程。在此，协调因素可以作为一个推动力量，加速形成团体中的信任与互惠的规则与规范。基于个人关系的非正式协调是促进信任和互惠规范的很好方式。由于基于个人关系和非正式沟通渠道的非正式协调超出了正式的基于职责所要求的努力或交流，这种人际间额外的努力产生了亲善感、感激、个人责任和信任的感觉，持续的接触也加强了共同的纽带。在此，非正式协调既是"润滑剂"，又是"黏合剂"，它们促进了合作行为，并将合作维系在一起。非正式协调行为一般基于互惠规范而产生，即使是协调者也希望从协调行为中获得互惠声誉，但同时个人纽带的建立强化了人们遵守互惠准则的动机，因为违反它的代价很大。因此，非正式协调越广泛，互惠准则在减少冲突和促进合作方面就越有效。

（四）促进学习

社会学习是集体行动的重要环节之一，行为人会从过去的经验中学习，从而形成集体行动的演化。问题的识别和重构、寻找可行的变更路径、试点或试验的实施和评估等都是社会学习的过程。但是行为人可能会混淆不同层次的学习，如学习使用"严格触发"策略（你合作，我就合作；你背叛，我就背叛），学习更新对他人使用该策略的信念，学习对他人的策略做出最佳反应等。因此，这种学习对合作的总体影响是模糊的[①]。学习模型的分析表明，在对过去经验的反应性和遵循合作策略的意愿方面，各行为人之间存在一定的异质性，如一些人是基于过去经历的适应性学习者，而另一些人是基于未来展望的前瞻性的学习者。因此，每个集体行动者都有学习的能力，但

---

① M. Embrey, G. R. Fréchette, S. Yuksel, "Cooperation in the Finitely Repeated Prisoner's Dilemma," *The Quarterly Journal of Economics*, vol. 133, no. 1, 2017, pp. 509–551.

是如果能在协调者或协调机构的帮助下开展联合学习，则学习过程对合作结果将产生更有利有效的影响。

协调者或协调机构促进联合学习的途径有很多。最广泛的，协调者可以通过增加对信息的接触来促进社会学习，这包括行动者间分享知识和互动学习，这种学习过程有助于培养共同的知识和价值观、信任和社会资本。协调者还可以组织分析性审议以加强机构和社会学习，分析性审议主要是掌握专业知识的行动者和普通行动者之间进行，有助于形成关于治理对象所在社会生态环境更全面的信息，改变集体行动者对正在解决的问题的感知，并建立对过去经验的集体记忆。"实验"也是一种重要的学习方法，可以系统地学习某一政策实施的结果以及以积极的方式考虑外部因素的变化，培养学习和实验的治理能力，从而为进一步的改进创建一个平台。另外，可以选择成功的合作"楷模"。在集体行动初始或艰难阶段，成功的合作"楷模"往往会为模仿提供最好的例子，增加对集体能力和预期绩效的信心，从而加快学习过程或者获得更好的学习效果。

（五）促进性领导与争议解决

集体行动的协调者往往也是领导者。集体行动为正式和非正式领导者提供多种角色，正式的领导职位包括指导委员会的主席、协调员或项目主任等。尤其当集体行动涉及较多的参与者，群体凝聚力下降，亚群体数目增加，集体行动参与者对领导者的要求变得更加复杂和多样。为了提高效率，这些正式协调领导需要正式和非正式的权威、远见、长期承诺、关系和政治技能。在整个合作过程中发展非正式领导也非常重要，因为有时候参与者不能依赖于许多明确的、易于实施的集中指导，此时面对面的协调领导技巧就尤为关键。尽管领导常常与控制和干预相联系，但是不能否认领导是合作能否形成和维持的关键因素。

促进性领导对利益相关者的管理特权的干扰最小，类似于协调中的回应性促进模式加上权变协调模式。促进性领导的作用是将利益相关者聚集在一起，要求利益攸关方进行真诚的谈判，探索妥协和互利的可能性，以及在发生利益冲突时进行调解。甚至，如果利益相关者不能在调解的帮助下达成共识，可以制订解决方案，如非约束性仲裁。促进性领导鼓励参与者相互倾听、互相理解和尊重。当参与的动机薄弱、权力和资源分配不对称、先前的敌对情绪高涨时，促进型领导还需要激发创造力，赋权给实力较弱的利益相关者，赢得各利益相关者的尊重和信任等。

（六）监督与制裁

集体行动理论强调监督、惩罚或制裁对于维持合作的作用，以克服集体行动中的"搭便车"问题。如奥尔森认为，在中等规模的群体中，"搭便车"问题可以通过战略互动来解决，即互惠互利；但在大的群体中，集体行动需要选择性的激励，比如惩罚叛逃者或奖励合作者的法律或社会规范。惩罚分为两种，一种是所谓的消极互惠，即在此后的博弈中也做出低贡献甚至零贡献。另一种是强互惠，即利他惩罚，博弈参与人花费一定的成本让另一个人在随后的博弈中遭受损失。另外，"传染性"惩罚的策略（行为者在 t 时段作弊时，他在 t 时期的对手在 t+1 时段，感染另一个玩家在 t+2 时段作弊）也是执行合作的一个相当有力的工具。

在一项集体行动中，参与者相互之间可以观察和监督对方的行动，一旦发现对方有"搭便车"的行为，便以消极互惠、利他惩罚或者具有"传染性"的惩罚措施来惩罚之。这种人际间的非正式制裁从长期演化来看是可以诱导出有利结果的。但是对于某一项具体的集体行动而言，很难完全依靠这种自发的监督与制裁措施来保证集体行动的顺利进行。尤其是利他惩罚措施本身也是集体物品，存在二级"搭便车"问题。

因此，进行分级制裁可能更有利于合作的维持。分级制裁是指违反操作规则的行动者可能会受到其他行动者、对这些行动者负责的协调领导或两者的逐步制裁①。赋予协调机构以监督和制裁权力，并不意味着回归传统的等级制度，而是协调方法和一种"较软"的监督形式的结合。比如有学者在奥尔森关于奖励和惩罚的基础上，发展了选择性激励的内容。如威尔森（Wilson）提出三种类型的激励：物质激励、团结激励和目的性激励。② 物质奖励，包括工资、保险计划以及物质或经济报复的威胁。团结激励来自与其他参与者的社会关系，如赞扬、尊重、友谊又或者耻辱、蔑视和排斥。目的地

---

① E. Lopez-Gunn, "The Role of Collective Action in Water Governance: A Comparative Study of Groundwater User Associations in La Mancha Aquifers in Spain," *Water International*, vol. 28, no. 3, 2003, pp. 367 – 378.

② J. Q. Wilson, *Political Organizations*, Princeton University Press, 1995.

激励来自内在的规范和价值观，在这些规范和价值观中，一个人的自尊取决于做正确的事情。协调机构可以从以上三个方面实行奖惩激励措施，或者监测集体行动的影响（如水资源的利用情况、水环境的污染情况），以及监督集体行动者遵守规则、贡献资源等合作和支持活动。

二、合作与协调：集体行动困境的进一步归因和改善

集体行动是集体行动者围绕如何提供集体利益的建构和实施过程，因此集体行动者的主观归因非常重要。一项集体行动的参与者、管理者或决策者将该集体行动的成功或失败的因果关系可归因于自身、他人、与他人的关系、偶然因素或外部情境。如奥尔森的集体行动理论关注集体行动的失败，将集体行动的失败归因于集体物品的性质、个人普遍存在的"搭便车"动机、集团规模过大等。阈值模型和奥斯特罗姆则关注成功的集体行动，阈值模型将集体行动的成功归因于存在愿意为集体利益率先做出贡献的初始者形成"临界规模"；奥斯特罗姆将集体行动的成功归因于制度安排的激励作用，以及行动者在反复交互中形成的互惠和信任关系。合作与协调的双因素分析则认为在已有集体行动理论给出的归因基础上，对集体行动困境的分析和解决方案可推进一步：集体行动困境可以进一步区分为合作困境和协调困境，相应地，解决集体行动困境也可以从合作和协调两方面进行努力。

之所以要将归因进一步细分，是因为不同的归因意味着不同的解决方案，归因的方式会影响集体行动进一步调整和完善的方向与路径。比如我国水治理实践者将河长制之前的集体行动困境归因于治理责任分工不明晰、平级单位之间的相互推诿扯皮等合作方面的问题，但将解决该困难的希望寄托于上级协调，由此催生了"积极协调下的合作"路径。河长制之所以能成功组织起我国水治理实践，其主要方面是发挥了等级协调机制的带动作用，其中不仅包括上传下达的指令性协调，也包括平级之间的沟通反馈协调；但另外也在工作的反复交流过程中，加强了集体行动伙伴之间的联合以及伙伴之间的心理契约①，进而促进了基于互惠和信任的合作行为。

---

① P. S. Ring, A. H. Van De Ven, "Development Processes of Cooperative Interorganizational Relationships," *Academy of Management Review*, vol. 19, no. 1, 1994, pp. 90 – 118.

对集体行动失败进行归因比对集体行动成功进行归因显得更加重要，因为从合作－协调角度，集体行动的失败可归因于合作失败和/或协调失败。如古拉迪（Gulati）等人指出，合作失败是一种关系风险，包括不稳定的承诺、隐藏动机、逃避责任、耽误观望、侵吞合作伙伴的资源或联盟的成果等机会主义行为，其根源在于合作伙伴利益的偏离或不一致；协调失败是一种操作风险，包括无法跨越组织边界进行行动的联合或调整、关键活动的疏漏、资源在空间或时间上的分配不当以及旨在互补的活动的不协调等，其根源在于设计和实施协调机制的人的认知局限性，潜在的文化差异，现有结构、过程和资源的僵化等。[①] 因此，对于合作失败和协调失败的解决方案是不同的。

根据本书对影响合作的自涉因素、关系因素、结构因素以及相应干预措施的分析，合作失败的解决方案可以从如下诸多方面综合得出。在合作产生阶段，如选择合作伙伴的过程中，选择相互之间存在重复互动关系、信任关系、互惠关系的伙伴能够提高合作的水平。从这些关系中引申出来的一些启示性的条件对于克服合作中的机会主义也非常有帮助。这些条件包括：互相明确责任与收益，强调合作带来的未来收益，运用从合作历史中习得的经验，充分的沟通与信息交流，发展信任和亲密关系，合作采用直接互惠规则，将合作行为与社会声誉相联系（如将合作行为置于社会压力或声誉机制之下），依靠正式的规则或第三方制裁，通过特定方式维持对伙伴关系的共同承诺等。当合作发展到一定阶段，可能需要改变集体行动参与者间的结构性要素才能提高整体合作水平，如将合作者置于集体行动者的中心节点以增加其影响力，增加集体行动者之间的同质性（包括对于集体利益、目标和文化的共识，行动者在学习模式与策略信念上的同步性）等。

在设计解决协调失败的方案时，比较重要的是突破将协调等同于等级制协调的观念。传统的等级制协调观点认为协调失败可以通过适当的组织和工作设计的手段来避免，如建立明确的权力关系、组织活动的正式化、标准操作程序、分级控制、明确和形式化的劳动分工、明确管理范围以克服个人的有限理性和有限的注意力范围等。这些协调设计有助于完成复杂和相互依赖的任务，然而规范化和严格的权威结构并不足以保证协调的效率和有效性，

---

① R. Gulati, F. Wohlgezogen, P. Zhelyazkov. "The Two Facets of Collaboration: Cooperation and Co-ordination in Strategic Alliances," *The Academy of Management Annals*, vol. 6, no. 1, 2012, pp. 531－583.

甚至僵化的结构设计会造成新的协调失败。如本书分析，在等级制协调模式之外还存在回应性促进、权变协调模式、积极协调模式以及非正式的协调活动。这些协调模式与活动扩展了关于协调的理论探讨边界的同时，也为协调失败的解决方案提供了更多的启发。它们表明协调失败不仅可以通过正式的和明确的规则，而且还可以通过非正式规范、个人间的关系和非正式活动来避免。如共享的非正式规范通过提供价值基础和文化共识（如互惠的重要性、信息共享、建设性的反馈等），可以减少参与者之间的协调成本。而在个人或团体临时完成的协调任务中，协调者的非正式协调能力发挥着很大作用。

比如，对于我国河长制下的集体行动而言，我国河长制通过"积极协调下的合作"路径，在等级协调机制导致的高边际合作收益的激励下，短期内取得了可被感知的水环境治理成效。可预测的是，协调激励下的合作边际收益会随着时间推移而下降，同时还存在河长制制度失灵和操作失灵的领域。因此河长制未来的集体行动应该考虑在等级协调机制影响效力下降的情况下，如何保持行为者间合作关系的长效机制问题。关于河长制的已有研究常认为河长制是一种制度安排或政策执行行为，通过目标设定、检查验收和以压力型考核为主的激励分配来保证河长制的执行。如果从这种政策执行分析视角出发，为了避免粉饰性的政策执行行为，河长制的长效机制在逻辑上需依靠监督考核等强制性的行政压力，容易得出强化强制性行政压力的政策结论。而如果将河长制下的实践作为水治理的集体行动，并从合作和协调双因素对其进行分析，则河长制下集体行动的改善需进一步"开发"协调的红利，同时"探索"合作的红利。

"开发"（exploitation）是从现有形式的集体行动中受益的能力，涉及的是强化和充分利用在实践中被证明了的成功的策略，与其相关的活动和要素包括改进、生产、效率、选择、执行等。所谓开发河长制的"协调红利"，是指继续在"积极协调下的合作"路径中充分发挥协调作为"黏合剂"和"润滑剂"的功能，减少河长制中的交易成本。这包括继续通过河长负责、工作督办、考核问责、督导检查等等级协调机制将上下游、左右岸、各部门的行动者集结在一起，同时改进绩效考核方式、提高协调效率、选择适当的激励、采取统一的执行标准等，以使河长制的交易成本维持在可接受的水平。继续开发协调红利的必要性在于防止河长制下的集体行动在"地方保护主义"和"部门本位主义"的双重夹击下，从"低合作－主动协调"状态退回到之前的"低合作－被动协调"状态。

"探索"（exploration）即尝试去开发新的策略，与学习、实验、对正在进行的活动信息的收集、分析和积累能力有关。探索河长制的"合作红利"，则包括在"积极协调下的合作"路径之中发掘行动者（主要是部门之间的和府际的）更深层次的自主合作能力，以及探索政府、企业、社会等水环境利益相关者之间的合作。比如，河长制在改变部门之间相互推诿扯皮的互动模式的基础上，可继续加强涉水职能部门之间的信息沟通和交流。经过一段时期的发展，各部门之间将有机会形成相互间"信任—互惠—声誉"的良性循环。一旦部门之间的自主合作能力提高了，河长制的等级协调成本也会随之降低。工作机制得以理顺，则组织机构的结构性调整（如机构改革或职责调整）就具备了一定的条件。当涉水活动管理职能部门的机构或权责设置进一步的合理化，则部门间的等级协调成本将进一步降低，同时自主合作能力将进一步提升，从而进入到部门间有序的、相互促进、相互合作的新的良性循环。

因此，合作和协调的双因素分析有助于面临复杂公共事务的管理者们对正在进行和已经完成的集体行动进行分析和诊断，同时需要集体行动者们对归因和认识有共同的理解。因为，对集体行动结果的不当归因可能对集体行动的调适造成不利影响，而且也有可能出现因认知和感知的局限性而出现归因偏差的情况。由于归因会转化为经验学习，因此错误的归因会导致信念的偏差而且偏差会延续下去，严重影响未来的集体行动。比如，关于基本归因偏差的研究表明，个体倾向于将消极的结果归结为不可阻挡的外部力量，将积极的结果归结为个人能力。[1] 这样集体行动的参与者就可能将集体行动的失败归因于外部协调的失败，而将集体行动的成功归因于自己的努力。如果将集体行动成功的关键因素过度地归因于合作，则参与者或决策者就可能错误地低估了协调在未来集体行动中的重要性。同样地，如果将行动成功的关键因素不恰当地归因于协调，则集体行动者们可能会过度依赖协调来解决未来集体行动中的各种问题。[2]

---

① M. Hewstone, "The 'Ultimate Attribution Error'? A Review of the Literature on Intergroup Causal Attribution," *European Journal of Social Psychology*, vol. 20, no. 4, 1990, pp. 311 – 335.

② T. Casciaro, M. S. Lobo, "When Competence Is Irrelevant: The Role of Interpersonal Affect in Task-Related Ties," *Administrative Science Quarterly*, vol. 53, no. 4, 2008, pp. 655 – 684.

由于合作问题和协调问题既相互区分，也相互交织，对集体行动参与者或管理者来说，理清集体行动中的合作与协调的问题，解释它们各自或共同对集体行动的成功（或失败）的贡献很有可能是非常困难的。基于合作问题是所有集体行动的基础，本书认为可以先审议集体行动中的合作问题，而后分析协调问题，因为高水平的合作和低水平的协调比反向的情况更有利于关系稳定。虽然协调可以为合作创造有利条件，但如果仅在协调方面采取行动，对于深层次的合作问题的解决也是有限的。但同时，协调问题也要作为一个独立的问题而对待，不能将协调失败的根源归咎于合作的不足，以免将最初的协调失败转变为真正的合作失败，从而引发关系恶化的恶性循环。

三、情境约束下的集体行动发生路径的多样性和互补性

对于集体行动发生方式的理解和探索是随着时间和情境的变化不断丰富和扩展的过程。迄今为止，集体行动理论研究者和经验研究者还没发现某种集体行动形式能够普遍适用于所有情境。相反，研究者和实践者们的共识是，复杂多样的情境造就了多样化的集体行动方式，一项有效的集体行动往往需要集体行动者、集体行动路径和情境条件的配合。

长期以来，关于集体行动的研究主要在由奥尔森开创和奥斯特罗姆发展的经典集体行动理论下进行。经典集体行动理论具有一定的适用情境，即多元独立主体基于自发秩序自主进行合作。然而根据奥尔森对于集体行动的定义，任何提供集体利益/集体物品的行动都属于集体行动的范畴。因此，在自发合作秩序的情境之外如何形成有效集体行动的问题也很值得探讨。另外，尽管不同情境各自具有特殊性和差异性，这些特殊性和差异性往往体现在细节之中，但这并不意味着不同情境之间完全没有可比性或者完全不存在共性因素。比如，当我们在探讨我国水治理中的集体行动时，会发现大多数情况下我国的水治理集体行动并非是相互独立的多元利益相关者之间自发自主的合作行为，而是由政府扮演着强有力的主导角色，在政府的积极协调下形成合作；哪怕是在政府内部的部门间或地域间合作，往往也由某个牵头部门来承担积极协调的工作。可见，我国水治理中的集体行动与经典集体行动理论所分析的集体行动是有差别的。例如，奥斯特罗姆所分析的集体行动主要关注中小规模的公共池塘资源治理，要求有一定的制度结构激励，参与者范围

明确且可以相互沟通协调，在这些条件下可通过自主建立集体行动规则以消除资源使用的搭便车问题，监督保证集体行动规则的顺利实施，从而维持公共池塘资源的长期可持续的利用。但同时，奥斯特罗姆也指出，在其他情形下，政府管制或市场化机制可能是更有效的方式。

因此，在分析我国水治理集体行动时不能忽视具体情境的特殊性，以及它和经典集体行动理论分析的差异性。但是，这种差异性和个性并不会阻碍我们从集体行动视角分析我国水治理实践，相反它说明了在不同的情境之中存在不同的集体行动形式和发生路径。集体行动的发生嵌构于具体的情境之中，多样化的情境自然需要发展多种集体行动的解释视角或路径，而且破解集体行动困境方式的有效性越发依赖于其对实际情境的解释力。

在讨论集体行动如何发生的问题时，经典集体行动理论主要以"合作"为切入视角，关注在背叛策略（如"搭便车"行为）更有利可图的情况下，合作行为是否会出现以及如何出现，哪些因素会影响集体行动参与者选择合作策略。当对集体行动的研究以"合作"作为切入点，就可以依据如何解决集体行动中的合作困境，即促使集体行动者选择合作的行为策略，而将集体行动区分为选择性激励或强制型集体行动、条件合作型集体行动和自组织型集体行动这三种发生方式。

而若将协调也作为集体行动分析要素，解决集体行动困境的研究就在原来的"合作"切入视角上，增加了"协调"的切入视角。在"协调"的视角下，就可以根据协调在集体行动中发挥的不同作用，将集体行动区分为"积极协调下的合作"路径（如河长制案例）和"自主合作上的协调"路径（如WSA案例）。在"自主合作上的协调"路径中，协调发挥的是"润滑剂"的功用。该路径的核心是行动者之间基于互惠和信任，自愿、自发、自觉地围绕集体行动目标达成合作意愿，尽力为集体行动目标做出贡献，协调只是承担信息沟通等辅助和促进的角色，主要采用回应性协调或权变协调模式。而在"积极协调下的合作"路径中，协调不仅是"润滑剂"，更是"黏合剂"。这条路径的关键是，外在力量或者群体中的少部分人通过积极协调或等级协调模式将群体成员动员和组织起来形成集体行动。

本研究说明，"积极协调下的合作"路径是适用于我国生态社会情境下的合理的集体行动发生路径。并且"积极协调下的合作"路径丰富了解决集体行动困境的工具箱，它同从合作视角提出的各种集体行动发生方式（如奥尔森的选择性激励方式、阈值模型的条件合作方式、奥斯特罗姆的自主合作方式等）相互之间可以启发和借鉴。在河长制案例和 WSA 案例中都观察到了不同集体行动路径之间相互补充的情况。例如，WSA 案例说明自下而上形成的积极的伙伴关系和自上而下发布指令的积极的监管机构可以很好地互补，决策者和实践者希望通过高合作－被动协调的流域组织伙伴关系来促进政策的执行。在河长制案例中，在其制度失灵（如没有高层级河长协调的情况或者面源污染情况）和操作失灵（如跨省大江大湖治理）领域，很多地区开始探索基于互惠和信任的自主合作行为，出现了以自主合作补充"积极协调下的合作"路径的情况。

在复杂多变的情境中解决公共事务治理中的集体行动困境问题，任何单一路径都面临着失灵的风险。多样化的集体行动发生方式之间具有互补性，应各取所长，完成集体利益或集体物品的供给目标。如果某一具体情境适合通过自主合作的方式来形成集体行动，在这个过程的某些情况下或某些阶段中，也可以使用"积极协调下的合作"路径来帮助解决集体行动中的"搭便车"问题。比如，集体行动可以通过积极协调的力量来克服顺序效应（不太感兴趣的成员免费搭乘最感兴趣的成员的初始贡献）和盈余问题（初始贡献造成供过于求的感觉，导致后续参与者不愿意贡献）。同样的，在"积极协调下的合作"路径下，调动集体行动者发展基于互惠和信任的自主合作不仅能够降低协调成本，而且使得伙伴关系更加稳固，更有助于解决集体行动中的各种困难。总之，对于复杂公共事务中的集体行动者而言，拥有多个解决方案更有助于避免单一路径失灵的风险。

结　　语

如何在复杂多变的情境中破解程度不一、形式各异的集体行动困境，形成促进集体利益或目标的共同行动，一直是公共管理研究领域的重要问题。一项集体行动要成功形成，一方面需要利益相关者或自发，或被激励，乃至被强制地参与共同行动，在各自能力范围内为集体利益或目标做出贡献；另一方面，需要利益相关者之间形成联系与有序互动，并尽力降低互动成本。换言之，集体行动既需要解决"是否做"和"做什么"的问题，也需要解决"怎么做"的问题。这是两个范畴的问题："是否做"和"做什么"是行动者独立个体的行为选择问题，而"怎么做"是行动者之间的联系问题。

在集体行动中，"是否做"和"做什么"属于合作范畴的问题，"怎么做"则是协调范畴的问题。在现实情况中，这两个范畴的问题往往相互交织，尤其是"怎么做"会对"是否做"和"做什么"产生影响。比如，行动者们在决定"是否"参与集体行动时，往往会考虑相互之间"怎么"联系和互动，不恰当的组织结构或过高的互动成本往往会让行动者在决定为集体利益做出贡献时产生犹疑。即使行动者们愿意参与集体行动，如果发现相互之间的联系无序而混乱，也会使得已经形成的集体行动瓦解。因此，"是否做""做什么""怎么做"在理想情况下是一环扣一环的线性逻辑关系（如先决定"是否做"，再商讨"做什么"，而后考虑"怎么做"），但是现实情况往往是"是否做"和"怎么做"的问题纠缠在一块，需要同时解决。在某些情况下，只有先解决了"怎么做"的问题（协调），"是否做"和"做什么"的问题（合作）才会有答案。

　　本研究仍存在很多局限与不足。首先在理论分析方面，有一些更深层次的问题暂时悬置，未在本书中解决。首先对集体行动、合作与协调三者的关系还需进一步细化和厘清。集体行动、合作与协调这三个概念都包含着非常复杂的内涵和外延，不同学科对三者的理解也不同，在这三个概念下集合了大量的理论研究和经验研究。本书围绕集体行动的发生，将合作和协调作为集体行动的两大分析要素。对于集体行动采用奥尔森的一般化的定义，即提供集体利益或集体目标的任何共同行动。合作方面关注的是各个行动者（网络中的"节点"）是否为集体利益/目标做贡献，协调方面关注的是有意和有序地联合或调整合作伙伴之间的互动关系（网络中的"纽带"）。这种界定和区分方式还是初步的，还需要进一步厘清相互间的关系。但是将集体行动中的合作和协调区分开是必要的，大量学者指出了将合作和协调割裂研究或混为一谈无论对于集体行动研究还是公共管理学科发展都造成了很大的阻碍，尤其当协作、协同这样新式概念的出现，更是增加了研究的困扰。因此，后续理论分析将在区分合作与协调的基础上，进一步厘清合作与集体行动、协调与集体行动、合作与协调之间的作用关系。其次，在经验研究方面，本书采取的河长制单案例分析的外部效度不足。本研究通过对河长制的案例研究提出"积极协调下的合作"集体行动发生路径，这个结论还需要其他案例的支撑。为此，在后续研究中希望收集河长制之外的其他公共事务治理领域的案例，或者是河长制制度规则下不同地区的多样化实践，进行案例迭代分析，以期丰富和巩固"积极协调下的合作"路径的内涵和作用机理。

河长制的产出和结果：以太湖流域片
河长制考核评价指标体系表为例

项目	指标	指标说明	项目	指标	指标说明
产出	河长体系	落实行政区内各级河长	产出	河长制制度	河长会议制度
		河长人事变动及时履行程序			信息共享制度
		河长信息在媒体、信息化管理平台和公示牌公示并及时更新			信息报送制度
					工作督察制度
	河长制公示牌	河长制公示牌设立在水域沿岸显著位置、信息完整准确并及时更新、维护规范			考核问责与激励制度
				河长制管理信息系统	建设河长制管理信息系统，并投入运行
	河长责任落实	河长按照规定履行巡河职责			建设完成河湖基础信息库
		同级河长向总河长述职，下级河长向上级河长述职		河湖管护体制机制	制定河湖管理制度河管护标准
		河长组织开展相应河湖管理和保护工作，协调解决重大问题			落实行政区河湖管护主体、队伍及经费
		河长办内部分工明确		资金保障	河长制经费纳入政府财政预算
		组织实施河长制具体工作，落实河长确定的事项		河长制宣传教育	采用多种方式（报刊、广播、电视、网络、微信、微博、客户端等）宣传普及河长制知识
	"一河一档"建立	建立"一河一档"			
	"一河一策"编制	编制符合工作要求的、完整的、针对性的"一河一策"，并经河长审定后印发			主流媒体宣传报道
					举办多种活动，吸引群众参与

续表

项目	指标	指标说明	项目	指标	指标说明
产出	流域区域协作交路	建立河长制工作交流平台	产出	水产养殖污染治理	划定水产养殖禁养区、限养区
		建立流域区域河湖管理保护议事协调机制			制定养殖尾水处理排放标准
	全面推进节水型社会建设	制定节水型社会建设相关规划（方案）并组织实施		水环境风险	建立健全水环境风险评估排查机制
		开展农业水价综合改革，执行水价加补贴政策			建立预警预报与相应机制
		制定城市供水管网漏损率控制计划		农村饮用水安全	划定农村集中式饮用水水源保护区或保护范围
	入河湖排污口管理	完成入河湖排污口摸底调查			每年至少开展一次农村集中式、分散式饮用水水源地监测
		入河湖排污口设置审批全覆盖		退田还湖还湿、退渔还湖	制定退田还湖还湿、退渔还湖规划或清理方案并组织实施
		落实入河湖排污口督导检查整改要求		河湖水系连通	完成江河湖库水系连通相关方案年度建设任务
		政府部门对规模以上河湖排污口监测全覆盖		生态清淤和河道疏浚	完成城镇、农村中小河道生态清淤和河道疏浚任务
	饮用水水源保护区划定	完成饮用水水源一级、二级保护区划定		河湖生态水量	制定重要河湖水体生态水量（流量、水位）控制目标
	重要河湖岸线利用管理	编制完成重要河湖岸线利用管理规划并获批复		水生生物	制定区域河湖水生生物多样性保护方案并实施
	河湖管理范围划界确权	完成重要河湖管理范围划定并确权		河湖健康评价	开展对水资源配置、水资源保护及水生态安全有较大影响的重要河湖健康评价
	涉水项目管理	按明确的审批权限开展涉河湖建设项目行政许可审批		重要河湖纳入生态保护红线管理	生态保护红线中包含重要河湖保护内容
		涉河湖建设项目事中事后监管到位		生态清洁小流域建设	制定生态清洁小流域规划并组织实施
	船舶污染治理	建立运行穿破污染物接受、转运、处置监管制度，实施防治船舶及其有关作业活动污染水域环境应急能力建设规划		水土流失预防监督和综合治理	开展水土流失动态监测，制定水土保持专项规划并组织实施，完成年度水土流失治理任务依法应当编制水土保持方案的生产建设项目水土保持方案行政许可全覆盖，强化事中事后监管
	港口污染控制	设区的市级以上人民政府完成内河港口和船舶污染物接受、运转及处置设施建设方案			

项目	指标	指标说明	项目	指标	指标说明
产出	部门联合执法	建立行政区内部门联合执法机制并组织实施	结果	用水量控制	用水总量小于等于年度用水总量控制指标
		建立跨行政区联合执法机制			万元国内生产总值用水量降幅满足年度控制目标
	行政执法与刑事司法衔接	建立行政执法与刑事司法衔接机制并组织实施			万元工业增加值用水量降幅满足年度控制目标
		行政区内涉河湖违法行为移送司法机关得到有效处置			农田灌溉水有效利用系数满足年度控制目标
	河湖日常监管巡查	建立河湖日常监管巡查制度		水功能区水质	河湖水功能区达标率达到年度考核目标
		重要河湖水质、水量、水生态监测全覆盖		集中式饮用水水源地达标	集中式地表水饮用水水源地水质全部达到或优于Ⅲ类
		针对河湖水域岸线、水利工程和违法行为进行动态监控		水面率管控	年度水面率不减少
	落实河湖管理保护执法监管责任主体	落实河湖管理保护执法监管人员、设备、经费		河湖生态护岸	平原区河湖建设生态护岸比例
	公众参与的问卷调查	群众对河长制工作满意度		工业污染防治	完成本地区产业结构调整升级年度任务
	举报投诉及处理	建立河长制举报投诉处理工作制度、窗口平台，将举报投诉线索移交相关职能部门		城镇污染治理	按照省（直辖市）制定的水污染防治行动计划考核实施方案，完成污水处理率目标
		河长制工作举报投诉处理率达100%			地级及以上城市污泥无害化处理率达到水污染防治行动计划考核实施情况年度工作要求
	处理结果反馈	群众举报投诉事项整改到位率到100%			
结果	节水型社会建设	城市非常规水资源替代率达标		畜禽养殖污染防治	规模畜禽养殖场或养殖校区配套建设废弃物理利用设施
		城市供水管网漏损率达标		农业面源污染治理	单位面积主要农作物肥料使用量较上一年实现零增长
		城市居民生活用水量低于或等于本区域用水指标		地表水水质	地表水水质优良比例和劣Ⅴ类水体控制比例满足年度目标要求
		公共场所和新建小区居民家庭全部采用节水器具			
		节水型企业覆盖率达标			

续表

项目	指标	指标说明	项目	指标	指标说明
结果	黑臭河道整治	地级及以上城市建成区黑臭河道控制比例	结果	农村饮用水安全	农村集中式、分散式饮用水水源地水质达标
	农村生活污水	农村生活污水处理率达标		入湖河道生态修复	开展重要湖泊入湖河道生态修复，入湖河道水质在Ⅲ类、Ⅱ类及以上
	农村卫生厕所建设和改造	开展农村卫生厕所建设和改造		河湖生态水量	重要河湖控制断面生态下泄水量或生态流量满足标准
	农村生活垃圾	农村生活垃圾无害化处理率达标			

注：本书根据产出和结果对太湖流域片河长制考核评价指标体系进行了整理。

资料来源：吴文庆：《河长制湖长制实务——太湖流域片河长制湖长制解析》，北京：中国水利水电出版社，2019年，第136～169页。

访 谈 提 纲

一、河长办公室的工作职责

1. 请您介绍一下河长办公室在组织协调方面的具体工作流程？

2. 在河长办公室的工作职责中，组织协调、调度督导、检查考核，这三项工作中哪项是耗时耗力较多？

追问：和哪些部门接触较多？多久接触一次怎么样？什么时候接触最频繁？

通过哪些途径？除了正式的渠道（如部门联席会议），还有非正式渠道吗（如微信、QQ 群）？

3. 河长办公室是如何与企业/社区/居民沟通的？

4. 河长办公室在协调过程中会遇到哪些困难，一般如何解决？

二、河长制的实施效果

5. 在河长制实行之前和实行之后，本市/县水资源治理工作有什么变化？

6. 您认为行政区域内水质的改变有多大程度上归因于河长制？

三、各部门以及行政区划之间的合作情况

7. 在河长制实施之前，各个部门和行政区划之间存在水资源治理的合作行为吗？

追问：部门之间是如何合作的？行政区划之间是如何合作的？

部门之间合作困难些？还是行政区划之间合作困难些？

会出现相互扯皮的情况吗？会如何处理？

各部门/行政区划之间合作的积极性如何？如何调动积极性？

8. 您认为河长制对各个部门之间以及行政区划之间的合作产生了什么

影响？

9. 您认为河长制有助于促进各个部门之间以及行政区划之间信任关系的建立吗？

追问：如果有，部门之间/行政区划之间的信任关系与渠道会辐射到水资源治理之外的其他领域吗？

四、河长制的考核方面

10. 请您介绍一下河长办公室在检查考核方面的具体工作情况？

追问：考核指标和目标是如何设置的？

认为考核（包括目标、方式）合理吗？

11. 您对河长制的考核怎么看？

追问：其他配合部门有相关考核吗？如果没有，如何保证其他部门的配合？

五、其他

12. 您对河长制有什么意见或建议吗？

| 附录三 |

访谈逐字稿编码

编码	访谈对象所在部门	行政级别
20161223WS1	××市河长办	市级
20161222WX1	××市××区河长办	县（区）级
20161222TX1	××市××区农水局	县（区）级
20161222TX2	××市××县级市水务局	县（区）级
20161222TX3	××市××县水利局	县（区）级
20161222TZ1	××市××区经济开发区	镇（街）级
20161222TZ2	××市××镇水利站	镇（街）级
20161222TZ3	××市××县经济技术开发区	镇（街）级
20161222TZ4	××市××乡镇水利站	镇（街）级
20180721NX1	××市××区环保局	县（区）级
20180802NX2	××市××区河长办	县（区）级
20180624NZ1	××市××区××镇水务站	镇（街）级
20180809NZ2	××市××区××镇水务站	镇（街）级
20180806ZX1	××市××区河长办	县（区）级
20180627ZZ1	××市××区××街道办事处	镇（街）级
20180727XX1	××市××县河长办	县（区）级
20180731XZ1	××市××县××街道水利站	镇（街）级
20180625JX1	××市××县河长办	县（区）级
20180627JZ1	××市××县××乡水利站	乡（镇）级
20180627JZ2	××市××县××乡	乡（镇）级

参考文献

一、中文部分

［1］［美］阿伦德·利普哈特：《比较研究中的可比案例战略》，孟令彤译，《经济社会体制比较》2006 年第 6 期。

［2］［美］埃德温·曼斯菲尔德：《微观经济学：理论与应用》，郑琳华译，上海交通大学出版社 1988 年版。

［3］［美］埃莉诺·奥斯特罗姆：《公共事物的治理之道：集体行动制度的演进》，余逊达、陈旭东译，上海译文出版社 2014 年版。

［4］［美］埃莉诺·奥斯特罗姆、罗伊·加德纳、詹姆斯·沃克：《规则、博弈与公共池塘资源》，王巧玲、任睿译，陕西人民出版社 2011 年版。

［5］陈景云、许崇涛：《河长制在省（区、市）间扩散的进程与机制转变——基于时间、空间与层级维度的考察》，《环境保护》2018 年第 46 卷第 14 期。

［6］戴胜利、云泽宇：《跨域水环境污染"协力－网络"治理模型研究——基于太湖治理经验分析》，《中国人口·资源与环境》2017 年第 27 卷第 11 期增刊。

［7］杜焱强、苏时鹏、孙小霞：《农村水环境治理的非合作博弈均衡分析》，《资源开发与市场》2015 年第 31 卷第 3 期。

［8］范仓海：《中国转型期水环境治理中的政府责任研究》，《中国人口·资源与环境》2011 年第 21 卷第 9 期。

［9］高家军：《河长制可持续发展路径分析——基于史密斯政策执行模

型的视角》，《海南大学学报》（人文社会科学版）2019 年第 37 卷第 3 期。

［10］龚小庆：《合作·演化·复杂性》，浙江工商大学出版社 2017 年版。

［11］郝亚光：《公共责任制：河长制产生与发展的历史逻辑》，《云南社会科学》2019 年第 4 期。

［12］郝亚光：《河长制设立背景下地方主官水治理的责任定位》，《河南师范大学学报》（哲学社会科学版）2017 年第 44 卷第 5 期。

［13］河海大学河长制研究与培训中心、李轶：《水环境治理·河（湖）长制系列培训教材》，中国水利水电出版社 2018 年版。

［14］侯志阳、张翔：《公共管理案例研究何以促进知识发展？——基于〈公共管理学报〉创刊以来相关文献的分析》，《公共管理学报》2020 年第 1 期。

［15］黄爱宝：《河长制：制度形态与创新趋向》，《学海》2015 年第 4 期。

［16］黄贤金、钟太洋、陈昌仁：《河长制下江苏省实施河湖流域化管理的改革建议》，《江苏水利》2019 年第 8 期。

［17］江苏省人民政府：《省水利厅关于印发〈江苏省水利厅关于建立河长制的实施办法〉的通知》，2010 年 12 月 17 日，http：//www. jiangsu. gov. cn/art/2010/12/17/art_46811_2680812. html。

［18］江苏省水利厅：《徐州市出台〈关于建立河长湖长制民间"三支队伍"的指导意见〉》，2019 年 8 月 23 日，http：//jswater. jiangsu. gov. cn/art/2019/8/23/art_42852_8681790. html。

［19］江西省水利厅：《江西省河长办公室关于印发〈江西省河长办公室成员名单〉〈江西省河长办公室工作规则〉的通知》，2018 年 8 月 14 日，http：//slt. jiangxi. gov. cn/resource/uploadfile/file/20180814/20180814163704 138. pdf。

［20］江西省水利厅：《中共中央办公厅　国务院办公厅印发〈关于全面推行河长制的意见〉的通知》，2016 年 12 月 7 日，http：//www. jxsl. gov. cn/resource/uploadfile/file/20161207/20161207163511316. pdf。

［21］黎元生、胡熠：《流域生态环境整体性治理的路径探析——基于河长制改革的视角》，《中国特色社会主义研究》2017 年第 4 期。

［22］李波、于水：《达标压力型体制：地方水环境河长制治理的运作逻辑研究》，《宁夏社会科学》2018 年第 2 期。

［23］李汉卿：《行政发包制下河长制的解构及组织困境：以上海市为例》，《中国行政管理》2018 年第 11 期。

［24］李强：《河长制视域下环境分权的减排效应研究》，《产业经济研究》2018 年第 3 期。

［25］刘长兴：《广东省河长制的实践经验与法制思考》，《环境保护》2017 年第 45 卷第 9 期。

［26］刘戎：《组织间关系理论与方法在水资源治理中的引入》，《科技与经济》2010 年第 23 卷第 6 期。

［27］吕志奎：《第三方治理：流域水环境合作共治的制度创新》，《学术研究》2017 年第 12 期。

［28］［英］马尔科姆·泰特：《案例研究：方法与应用》，徐世勇、杨付、李超平译，中国人民大学出版社 2019 年版。

［29］马捷、锁利铭：《区域水资源共享冲突的网络治理模式创新》，《公共管理学报》2010 年第 7 卷第 2 期。

［30］马亮、王程伟：《管理幅度、专业匹配与部门间关系：对政府副职分管逻辑的解释》，《中国行政管理》2019 年第 4 期。

［31］［美］曼瑟尔·奥尔森：《集体行动的逻辑》，陈郁、郭宇峰、李崇新译，格致出版社 2011 年版。

［32］任敏：《河长制：一个中国政府流域治理跨部门协同的样本研究》，《北京行政学院学报》2015 年第 3 期。

［33］瑞安市人民政府：《300 余名民间河长守护家乡碧水清流》，2019 年 8 月 22 日，http：//www. ruian. gov. cn/art/2019/8/22/art_1327206_37213057. html。

［34］沈坤荣、金刚：《中国地方政府环境治理的政策效应——基于河长制演进的研究》，《中国社会科学》2018 年第 5 期。

［35］沈满洪：《河长制的制度经济学分析》，《中国人口·资源与环境》2018 年第 28 卷第 1 期。

［36］搜狐新闻：《温家宝总理批示：太湖水污染给我们敲响警钟》，2007 年 6 月 12 日。http：//news. sohu. com/20070612/n250512507. shtml。

［37］陶逸骏、赵永茂：《环境事件中的体制护租：太湖蓝藻治理实践与河长制的背景》，《华中师范大学学报》（人文社会科学版）2018 年第 57 卷

第 2 期。

[38]《完善水治理体制研究》课题组：《我国水治理及水治理体制的历史演变及经验》，《水利发展研究》2015 年第 8 期。

[39]《完善水治理体制研究》课题组：《我国水治理及水治理体制现状分析》，《水利发展研究》2015 年第 8 期。

[40] 万金红、杜梅、马丰斌：《北京推进河长制的经验与政策建议》，《前线》2018 年第 5 期。

[41] 王金南、马国霞等：《2010—2030 年国家水环境形势分析与预测报告》，中国环境出版社 2013 年版。

[42] 王俊敏、沈菊琴：《跨域水环境流域政府协作治理：理论框架与实现机制》，《江海学海》2016 年第 5 期。

[43] 王洛忠、庞锐：《中国公共政策时空演进机理及扩散路径：以河长制的落地与变迁为例》，《中国行政管理》2018 年第 5 期。

[44] 王书明、蔡萌萌：《基于新制度经济学视角的河长制评析》，《中国人口·资源与环境》2011 年第 21 卷第 9 期。

[45] 吴季松：《治河专家话河长》，北京航空航天大学出版社 2017 年版。

[46] 吴勇、熊晨：《湖南省河长制的实践探索与法制化构建》，《环境保护》2017 年第 45 卷第 9 期。

[47] 熊烨：《跨域环境治理：一个"纵向－横向"机制的分析框架——以河长制为分析样本》，《北京社会科学》2017 年第 5 期。

[48] 熊烨：《我国地方政策转移中的政策"再建构"研究——基于江苏省一个地级市河长制转移的扎根理论分析》，《公共管理学报》2019 年第 16 卷第 3 期。

[49] 熊烨、周建国：《政策转移中的政策再生产：影响因素与模式概化——基于江苏省河长制的 QCA 分析》，《甘肃行政学院学报》2017 年第 1 期。

[50] 徐艳晴、周志忍：《水环境治理中的跨部门协同机制探析——分析框架与未来研究方向》，《江苏行政学院学报》2014 年第 6 期。

[51] 杨华国：《浙江河长制的运作模式与制度逻辑》，《嘉兴学院学报》2018 年第 30 卷第 1 期。

[52] 姚毅臣、黄瑚、谢颂华：《江西省河长制湖长制工作实践与成效》，

《中国水利》2018 年第 22 期。

［53］叶成城、唐世平：《基于因果机制的案例选择方法》，《世界经济与政治》2019 年第 10 期。

［54］［美］应瑞：《案例学习研究：设计与方法》，张梦中译，中山大学出版社 2003 年版。

［55］游宇、陈超：《比较的"技艺"：多元方法研究中的案例选择》，《经济社会体制比较》2020 年第 2 期。

［56］于文轩：《中国公共行政学案例研究：问题与挑战》，《中国行政管理》2020 年第 4 期。

［57］于潇、郑逸芳等：《农村水环境网络治理思路分析》，《生态经济》2015 年第 31 卷第 5 期。

［58］［美］约翰·纳什：《纳什博弈论论文集》，张良桥、王晓刚译，首都经济贸易大学出版社 2015 年版。

［59］詹国辉：《跨域水环境、河长制与整体性治理》，《学习与实践》2018 年第 3 期。

［60］詹国辉、熊菲：《河长制实践的治理困境与路径选择》，《经济体制改革》2019 年第 1 期。

［61］张军红、侯新著：《河长制的实践与探索》，黄河水利出版社 2017 年版。

［62］张玉林：《承包制能否拯救中国的河流》，《环境保护》2009 年第 9 期。

［63］中国江苏网：《太湖推出湖长制"升级版"：建立国内首个跨省湖长协商协作机制》，2018 年 11 月 14 日，https：//baijiahao. baidu. com/s？id = 1617115596249819306&wfr = spider&for = pc。

［64］中国科学院可持续发展战略研究组：《2015 中国可持续发展报告：重塑生态环境治理体系》，科学出版社 2015 年版。

［65］中华人民共和国生态环境部：《2018 中国生态环境状况公报》，2019 年 5 月 22 日，http：//202. 119. 32. 195/cache/6/03/www. mee. gov. cn/bfdd06cb753 60fa167033d504081e357/P020190619587632630618. pdf。

［66］中华人民共和国水利部：《2018 年中国水资源公报》，2019 年 7 月 12 日，http：//www. mwr. gov. cn/sj/tjgb/szygb/201907/t20190712_1349118. html。

［67］中华人民共和国水利部：《北京市进一步全面推进河长制工作方案》，2017 年 8 月 11 日，http：//www. mwr. gov. cn/ztpd/gzzt/hzz/gzjz/gzfa/201708/t20170811_974011. html。

［68］中华人民共和国水利部官网：《河北省实行河长制工作方案》，2017 年 8 月 11 日，http：//www. mwr. gov. cn/ztpd/gzzt/hzz/gzjz/gzfa/201708/t20170811_974009. html。

［69］中华人民共和国水利部：《贵州省全面推行河长制省级会议制度》，2017 年 8 月 17 日，http：//www. mwr. gov. cn/ztpd/gzzt/hzz/gzjz/gzzd/zymqyqdgzzd/201708/t20170817_979921. html。

［70］中华人民共和国水利部：《江西省河长制省级会议制度》，2017 年 8 月 17 日，http：//www. mwr. gov. cn/ztpd/gzzt/hzz/gzjz/gzzd/zymqyqdgzzd/201708/t20170817_979926. html。

［71］中华人民共和国水利部：《老刘的心事儿》，2019 年 5 月 14 日，http：//www. mwr. gov. cn/ztpd/gzzt/hzz/jcsj/201905/t20190514_1159520. html。

［72］中华人民共和国水利部：《全面建立河长制新闻发布会》，2018 年 7 月 17 日，http：//www. mwr. gov. cn/hd/zxft/zxzb/fbh20180717/。

［73］中华人民共和国水利部：《山东省省级河长制部门联动工作制度》，2017 年 8 月 02 日，http：//www. mwr. gov. cn/ztpd/gzzt/hzz/gzjz/gzzd/gdjjtsctdgzzd/201708/t20170824_980394. html。

［74］中华人民共和国水利部：《山西省河长制省级会议制度（试行）》，2017 年 8 月 24 日，http：//www. mwr. gov. cn/ztpd/gzzt/hzz/gzjz/gzzd/zymqyqdgzzd/201708/t20170824_980400. html。

［75］中华人民共和国水利部：《水利部环境保护部关于印发贯彻落实〈关于全面推行河长制的意见〉实施方案的函》，2017 年 2 月 13 日，http：//www. mwr. gov. cn/zw/tzgg/tzgs/201702/t20170213_858914. html。

［76］中华人民共和国水利部：《太湖流域推出重大创新举措：建立太湖淀山湖湖长协作机制》，2019 年 12 月 17 日，http：//www. mwr. gov. cn/xw/slyw/201912/t20191217_1375186. html。

［77］中华人民共和国水利部：《天津市关于全面推行河长制的实施意见》，2017 年 8 月 11 日，http：//www. mwr. gov. cn/ztpd/gzzt/hzz/gzjz/gzfa/201708/t20170811_974010. html。

[78] 中华人民共和国水利部：《"小湖长"徐进观和"大水缸"的故事》，2019 年 5 月 7 日，http：//www. mwr. gov. cn/ztpd/gzzt/hzz/jcsj/201905/t20190507_1133744. html。

[79] 钟凯华、陈凡、角媛梅、刘欢：《河长制推行的时空历程及政策影响》，《中国农村水利水电》2019 年第 9 期。

[80] 周建国、熊烨：《河长制：持续创新何以可能——基于政策文本和改革实践的双维度分析》，《江苏社会科学》2017 年第 4 期。

[81] 周志忍、蒋敏娟：《中国政府跨部门协同机制探析——一个叙事与诊断框架》，《公共行政评论》2013 年第 1 期。

[82] 朱玫：《太湖流域治理十年回顾与展望》，《环境保护》2017 年第 45 卷第 24 期。

二、外文部分

[1] Agranoff, R. , M. Mcguire, *Collaborative Public Management*：*New Strategies for Local Governments*, Georgetown University Press, 2004.

[2] Akamani, K. , P. I. Wilson, "Toward the Adaptive Governance of Transboundary Water Resources," *Conservation Letters*, 2011, vol. 4（6）：409 –416.

[3] Alexander, R. , *The Biology of Moral Systems*, Routledge, 2017.

[4] Ansell C. , A. Gash, "Collaborative Governance in Theory and Practice," *Journal of Public Administration Research and Theory*, 2008, vol. 18（4）：543 –571.

[5] Apicella, C. L. , F. M. Marlowe, J. H. Fowler, et al. , "Social Networks and Cooperation in Hunter-gatherers," *Nature*, 2012, vol. 481：497 –501.

[6] Bardach, E. , *Getting Agencies to Work Together*：*The Practice and Theory of Managerial Craftsmanship*, Brookings Institution Press, 1998.

[7] Berry, K. D. , *Assessing Western US Interstate River Watershed Cooperation for Water Quality Issues*, University of Nevada, Reno, 2011.

[8] Bingham, L. B. , "Legal Frameworks for Collaboration in Governance and Public Management," in L. B. Bingham and R. O'Leary, eds. , *Big Ideas in Collaborative Public Management*, M. E. Sharpe, Inc.

[9] Bischoff-Mattson, Z. , A. H. Lynch, "Integrative Governance of Environmental Water in Australia's Murray-Darling Basin：Evolving Challenges and

Emerging Pathways," *Environmental Management*, 2017, vol. 60 (1): 41 –56.

[10] Blomquist, W. , E. Schlager, S. Y. Tang, "Mobile Flows, Storage, and Self-organized Institutions for Governing Common-pool Resources," *Land Economics*, 1995, vol. 70 (3): 294 – 317.

[11] Blonski, M. , P. Ockenfels, G. Spagnolo, *Co-operation in Infinitely Repeated Games: Extending Theory and Experimental Evidence*, JW Goethe Universität Frankfurt Working Paper, 2007.

[12] Brandes, O. M. , J. O'Riordan, *Decision-Makers' Brief: A Blueprint for Watershed Governance in British Columbia*, Victoria, Canada: POLIS Project on Ecological Governance, University of Victoria, 2014.

[13] Caponera, D. A. , "Patterns of Cooperation in International Water Law: Principles and Institutions," *Natural Resources Journal*, 1985, vol. 25 (3): 563 – 587.

[14] Carraro, C. , C. Marchiori and A. Sgobbi, *Applications of Negotiation Theory to Water Issues*, The World Bank, 2005.

[15] Casciaro, T. , M. S. Lobo, "When Competence Is Irrelevant: The Role of Interpersonal Affect in Task-Related Ties," *Administrative Science Quarterly*, 2008, vol. 53 (4): 655 –684.

[16] Centola, D. M. , "Homophily, Networks, and Critical Mass: Solving the Start-up Problem in Large Group Collective Action", *Rationality and Society*, 2013, vol. 25 (1): 3 –40.

[17] Chisholm, D. , *Coordination without Hierarchy: Informal Structures in Multiorganizational Systems*, University of California Press, 1992.

[18] Considine, M. , *Joined at the Lip? What does Network Research Tell us about Governance*, Knowledge Networks and Joined-Up Government: Conference Proceedings, University of Melbourne, Centre for Public Policy, 2002.

[19] Curran, D. , "Leaks in the System: Environmental Flows, Aboriginal Rights, and the Modernization Imperative for Water Law in British Columbia," *UBC Law Review*, 2017, vol. 50 (2): 233 –291.

[20] Curran, D. , S. Mascher, "Adaptive Management in Water Law: Evaluating Australian (New South Wales) and Canadian (British Columbia) Law Re-

form Initiatives," *McGill Int'l J. Sust. Dev. L. & Pol'y*, 2016.

[21] Dal Bó, P., G. R. Fréchette, "The Evolution of Cooperation in Infinitely Repeated Games: Experimental Evidence," *American Economic Review*, 2011, vol. 101 (1): 411 –429.

[22] Dinar, A., S. Dinar, S. McCaffrey, et al., *Bridges over Water: Understanding Transboundary Water Conflict, Negotiation and Cooperation*, World Scientific Publishing Company, 2007.

[23] Di Stefano, A., M. Scatà M, et al., "Quantifying the Role of Homophily in Human Cooperation Using Multiplex Evolutionary Game Theory," *PloS One*, 2015, vol. 10 (10).

[24] Duffy, J., J. Ochs, "Cooperative behavior and the frequency of social interaction," *Games and Economic Behavior*, 2009, vol. 66 (2): 785 –812.

[25] Ellison, G., "Cooperation in the Prisoner's Dilemma with Anonymous Random Matching," *The Review of Economic Studies*, 1994, vol. 61 (3): 567 – 588.

[26] Elster, J., *The Cement of Society: A Survey of Social Order*, Cambridge University Press, 1989.

[27] Embrey, M., G. R. Fréchette, S. Yuksel, "Cooperation in the Finitely Repeated Prisoner's Dilemma," *The Quarterly Journal of Economics*, 2017, vol. 133 (1): 509 –551.

[28] Emerson, K., T. Nabatchi, S. Balogh, "An Integrative Framework for Collaborative Governance," *Journal of Public Administration Research and Theory*, 2012, vol. 22 (1): 1 –29.

[29] Farrell, J., M. Rabin, "Cheap Talk," *Journal of Economic Perspectives*, 1996, vol. 10 (3): 103 –118.

[30] Fehr, E., S. Gächter, "Altruistic Punishment in Humans," *Nature*, 2002, vol. 415: 137 –140.

[31] Fehr, E., S. Gächter, "Cooperation and Punishment in Public Goods Experiments," *American Economic Review*, 2000, vol. 90 (40): 980 –994.

[32] Feiock, R. C., I. W. Lee, H. J. Park, "Administrators' and Elected Officials' Collaboration Networks: Selecting Partners to Reduce Risk in Economic

Development," *Public Administration Review*, 2012, vol. 72 (s1): S58 – S68.

[33] Flanagin, A. J. , C. Stohl, B. Bimber, "Modeling the Structure of Collective Action," *Communication Monographs*, 2006, vol. 73 (1): 29 – 54.

[34] Folke, C. , S. Carpenter, et al. , "Resilience and Sustainable Development: Building Adaptive Capacity in a World of Transformations," *AMBIO: A Journal of the Human Environment*, 2002, vol. 31 (5): 437 – 441.

[35] Fowler, J. H. , N. A. Christakis, "Cooperative Behavior Cascades in Human Social Networks," *Proceedings of the National Academy of Sciences*, 2010, vol. 107 (12): 5334 – 5338.

[36] Gächter, S. , E. Fehr, "Collective Action as a Social Exchange," *Journal of Economic Behavior & Organization*, 1999, vol. 39 (4): 341 – 369.

[37] Gittell, J. H. , L. Weiss, "Coordination Networks Within and Across Organizations: A Multi-level Framework," *Journal of Management Studies*, 2004, vol. 41 (1): 127 – 153.

[38] Goldsmith, S. , W. D. Eggers, *Governing by Network: The New Shape of the Public Sector*, Brookings Institution Press, 2005.

[39] Granovetter, M. , "Threshold Models of Collective Behavior," *American Journal of Sociology*, 1978, vol. 83 (6): 1420 – 1443.

[40] Gulati, R. , F. Wohlgezogen, P. Zhelyazkov. "The Two Facets of Collaboration: Cooperation and Coordination in Strategic Alliances," *The Academy of Management Annals*, 2012, vol. 6 (1): 31 – 583.

[41] Hage, J. , M. Aiken and C. B. Marrett, "Organization Structure and Communications," *American Sociological Review*, 1971: 860 – 871.

[42] Hardy, C. L. , M. Van Vugt, "Nice Guys Finish First: The Competitive Altruism Hypothesis," *Personality and Social Psychology Bulletin*, 2006, vol. 32 (10): 1402 – 1413.

[43] Hardy, S. D. , T. M. Koontz, "Rules for Collaboration: Institutional Analysis of Group Membership and Levels of Action in Watershed Partnerships," *Policy Studies Journal*, 2009, vol. 37 (3): 393 – 414.

[44] Heckathorn, D. D. , "The Dynamics and Dilemmas of Collective Action," *American Sociological Review*, 1996, vol. 61 (2): 250 – 277.

［45］ Herranz, J. Jr, *Network Management Strategies*, Daniel J. Evans School of Public Affairs University of Washington Working Paper, April 2006.

［46］ Hewstone, M. , "The 'Ultimate Attribution Error'? A Review of the Literature on Intergroup Causal Attribution," *European Journal of Social Psychology*, 1990, vol. 20 (4): 311 –335.

［47］ Hill, C. J. , L. E. Lynn, "Is Hierarchical Governance in Decline? Evidence from Empirical Research," *Journal of Public Administration Research and Theory*, 2004, vol. 15 (2): 173 –195.

［48］ Hoekstra, A. Y. "The Global Dimension of Water Governance: Why the River Basin Approach is No Longer Sufficient and Why Cooperative Action at Global Level is Needed," *Water*, 2010, vol. 3 (1): 21 –46.

［49］ Honadle, G. , L. Cooper, "Beyond Coordination and Control: An Interorganizational Approach to Structural Adjustment, Service Delivery, and Natural Resource Management," *World Development*, 1989, vol. 17 (10): 1531 –1541.

［50］ Huitema, D. , E. Mostert, W. Egas, et al. , "Adaptive Water Governance: Assessing the Institutional Prescriptions of Adaptive (co-) management from a Governance Perspective and Defining a Research Agenda," *Ecology and Society*, 2009, vol. 4 (1): 26 –45.

［51］ Hurlbert, M. , S. Regina, *An Analysis of Trends Related to the Adaptation of Water Law to the Challenge of Climate Change: Experiences from Canada*, Paper presented at the Climate 2008, Online, 3 –7 Nov 2008.

［52］ Innes, J. E. , D. E. Booher, "Consensus Building and Complex Adaptive Systems," *Journal of the American Planning Association*, 1999, vol. 65 (4): 412 –423.

［53］ Institute of Governance Studies, *The State of Governance in Bangladesh 2008: Confrontation, Competition, Accountability*, Institute of Governance Studies, 2009.

［54］ Jager, N. W. , "Transboundary Cooperation in European Water Governance—A Set-theoretic Analysis of International River Basins," *Environmental Policy and Governance*, 2016, vol. 26 (4): 278 –291.

［55］ Janssen, M. A. , "Evolution of Cooperation in a One-shot Prisoner's

Dilemma Based on Recognition of Trustworthy and Untrustworthy Agents," *Journal of Economic Behavior & Organization*, 2008, vol. 65 (3): 458 – 471.

[56] Jones, C., W. S. Hesterly, S. P. Borgatti, "A General Theory of Network Governance: Exchange Conditions and Social Mechanisms," *Academy of Management Review*, 1997, vol. 22 (4): 911 – 945.

[57] Kaufman, D., A. Kraay, M. Mastruzzi, "Governance Matters Ⅳ: Governance Indicators for 1996 – 2004," *Policy Research Working Paper*, 2005, no. 3630.

[58] Kettl, D. F., *The Transformation of Governance: Public Administration for the Twenty-first Century*, Johns Hopkins University Press, 2015.

[59] Kickert, W. J. M., E. H. Klijn, J. F. M. Koppenjam, "Managing Networks in the Public Sector: Findings and Reflections," in W. J. M. Kickert, E. H. Klijn, and J. F. M. Koppenjam, eds., *Managing Complex Networks: Strategies for the Public Sector*, London Thousand Oaks, Calif. : Sage Publications, 1997.

[60] Kochen, M., K. W. Deutsch, "A Note on Hierarchy and Coordination: An Aspect of decentralization," *Management Science*, 1974, vol. 21 (1): 106 – 114.

[61] Koontz, T. M., C. W. Thomas, "What Do We Know and Need to Know about the Environmental Outcomes of Collaborative Management?" *Public Administration Review*, 2006, vol. 66 (s1): 111 – 121.

[62] Koontz, T. M., J. Newig, "From Planning to Implementation: Top-Down and Bottom-Up Approaches for Collaborative Watershed Management," *Policy Studies Journal*, 2014, vol. 42 (3): 416 – 442.

[63] Kossinets, G., D. J. Watts, "Origins of Homophily in an Evolving Social Network," *American Journal of Sociology*, 2009, vol. 115 (2): 405 – 450.

[64] Laird, R. K., *Transboundary Watersheds: Political Obstacles to Basin-wide Cooperation Between States*, University of Texas at Dallas, 2010.

[65] Lance, K. T., Y. Georgiadou, A. K. Bregt, "Cross-agency Coordination in the Shadow of Hierarchy: 'Joining up' Government Geospatial Information Systems," *International Journal of Geographical Information Science*, 2009, vol. 23 (2): 249 – 269.

［66］Laurence, J., O'Toole Jr., "Treating Networks Seriously: Practical and Research-based Agendas in Public Administration," *Public Administration Review*, 1997, vol. 57 (1): 45 – 52.

［67］Lautze, J., S. De Silva, M. Giordano, et al., "Putting the Cart before the Horse: Water Governance and IWRM," *Natural Resources Forum*. Oxford, UK: Blackwell Publishing Ltd, 2011, vol. 35 (1): 1 – 8.

［68］Lawson, H., "Improving Conceptual Clarity, Accuracy, and Precision and Facilitating More Coherent Institutional Designs," *The Contribution of Interprofessional Collaboration and Comprehensive Services to Teaching and Learning, The National Society for the Study of Education Yearbook*, 2002.

［69］Lazer D., M. C. Binz-Scharf, *Managing Novelty and Cross-agency Cooperation in Digital Government*, National Conference on Digital Government Research, 2004.

［70］Lewis, K., L. Yacob, *Water Governance for Poverty Reduction: Key Issues and the UNDP Response to Millenium Development Goals, Water Governance Programme*, Bureau for Development Policy, UNDP, 2004.

［71］Lichbach, M. I., *The Cooperator-s Dilemma*, University of Michigan Press, 1996.

［72］Lopez-Gunn, E., "The Role of Collective Action in Water Governance: A Comparative Study of Groundwater User Associations in La Mancha Aquifers in Spain," *Water International*, 2003, vol. 28 (3): 367 – 378.

［73］Lubell, M., M. Schneider, J. T. Scholz and M. Mete, "Watershed Partnerships and the Emergence of Collective Action Institutions," *American Journal of Political Science*, 2002, vol. 46 (1): 148 – 163.

［74］Macy, M. W., "Chains of Cooperation: Threshold Effects in Collective Action," *American Sociological Review*, 1991, vol. 56 (6): 730 – 747.

［75］Macy, M. W., "Walking out of Social Traps: A Stochastic Learning Model for the Prisoner's Dilemma," *Rationality and Society*, 1989, vol. 1 (2): 197 – 219.

［76］Madani, K., "Game Theory and Water Resources", *Journal of Hydrology*, 2010, vol. 381 (3): 225 – 238.

［77］ Margerum, R. D., "Collaborative Planning: Building Consensus and Building a Distinct Model for Practice," *Journal of Planning Education and Research*, 2002, vol. 21 (3): 237 –253.

［78］ Marsh, L. L., P. L. Lallas, "Focused, Special-area Conservation Planning: An Approach to Reconciling Development and Environmental Protection," *Collaborative Planning for Wetlands and Wildlife: Issues and Examples*, 1995: 7 – 34.

［79］ Marwell, G., P. E. Oliver, and R. Prahl, "Social Networks and Collective Action: A Theory of the Critical Mass. Ⅲ," *American Journal of Sociology*, 1988, vol. 94 (3): 502 –534.

［80］ Marwell, G., P. Oliver, *The Critical Mass in Collective Action*, Cambridge University Press, 1993.

［81］ McCawley, P. "Governance in Indonesia: Some Comments," *Asian Development Bank Institute Discussion Papers*, 2005.

［82］ McGuire, M., "Managing Networks: Propositions on What Managers Do and Why They Do It," *Public Administration Review*, 2002, vol. 62 (5): 599 –609.

［83］ McPherson, J. M., L. Smith-Lovin, "Homophily in Voluntary Organizations: Status Distance and the Composition of Face-to-Face Groups," *American Sociological Review*, 1987, vol. 52 (3): 370 –379.

［84］ Miller, J. H., J. Andreoni, "Can Evolutionary Dynamics Explain Free Riding in Experiments?" *Economics Letters*, 1991, vol. 36 (1): 9 –15.

［85］ Milward, H. B., K. G. Provan, *Managing Networks Eeffectively*, National Public Management Research Conference, Georgetown University, Washington DC, October 2003.

［86］ Moss, T., J. Newig, "Multilevel Water Governance and Problems of Scale: Setting the Stage for a Broader Debate," *Environmental Management*, 2010, vol. 46 (1): 1 –6.

［87］ Moyano, L. G., A. Sánchez, "Evolving Learning Rules and Emergence of Cooperation in Spatial Prisoner's Dilemma," *Journal of Theoretical Biology*, 2009, vol. 259 (1): 84 –95.

[88] Nowak, M. A. , "Five Rules for the Evolution of Cooperation," *Science*, 2006, vol. 314 (5805): 1560 – 1563.

[89] OECD, "Water Governance in OECD Countries: A Multi-level Approach," *OECD Studies on Water*, OECD Publishing, 2011.

[90] Oliver, P. , "Rewards and Punishments as Selective Incentives for Collective Action: Theoretical Investigations," *American Journal of Sociology*, 1980, vol. 85 (6): 1356 – 1375.

[91] Oliver, P. E. , "Formal Models of Collective Action," *Annual Review of Sociology*, 1993, vol. 19 (1): 271 – 300.

[92] Oliver, P. E. , G. Marwell, "The Paradox of Group Size in Collective Action: A Theory of the Critical Mass. II .," *American Sociological Review*, 1988, vol. 53 (1): 1 – 8.

[93] Ostrom, E. , "A Behavioral Approach to the Rational Choice Theory of Collective Action: Presidential Address, American Political Science Association," *Journal of East China University of Science & Technology*, 1998, vol. 92 (1): 1 – 22.

[94] Ostrom, E. , "Analyzing Collective Action," Agricultural Economics, 2010 (41): 155 – 166.

[95] Parrachino, I. , S. Zara, F. Patrone, *Cooperative Game Theory and its Application to Natural, Environmental, and Water Resource Issues: 1. Basic Theory*, The World Bank, 2006.

[96] Peters, B. G. , "Managing Horizontal Government: the Politics of Coordination," *Public Administration*, 1998, vol. 76 (2): 295 – 311.

[97] Powell, W. , "Neither Market nor Hierarchy," *The Sociology of Organizations: Classic, Contemporary, and Critical Readings*, 2003, vol 315: 104 – 117.

[98] Reuben, E. , S. Suetens, "Revisiting Strategic versus Non-strategic Cooperation," *Experimental Economics*, 2012, vol. 15 (1): 24 – 43.

[99] Ring, P. S. , A. H. Van De Ven, "Development Processes of Cooperative Interorganizational Relationships," *Academy of Management Review*, 1994, vol. 19 (1): 90 – 118.

［100］Rogers，P.，A. W. Hall，*Effective Water Governance*，Stockholm：Global Water Partnership，2003.

［101］Sadoff，C. W.，D. Grey，"Beyond the River：The Benefits of Cooperation on International Rivers，" *Water Policy*，2002，vol. 4 （5）：389 –403.

［102］Sandler，T.，Global Collective Action，Cambridge University Press，2004.

［103］Satz，D.，J. Ferejohn，"Rational Choice and Social Theory，" *The Journal of Philosophy*，1994，vol. 91 （2）：71 –87.

［104］Scatà，M.，A. Marialisa，et al. "Combining Evolutionary Game Theory and Network Theory to Analyze Human Cooperation Patterns，" *Chaos，Solitons & Fractals*，2016，vol. 91：17 –24.

［105］Scharpf，F. W.，"Games Real Actors could Play：Positive and Negative Coordination in Embedded Negotiations，" *Journal of Theoretical Politics*，1994，vol. 6 （1）：27 –53.

［106］Seabright，P.，"Managing Local Commons：Theoretical Issues in Incentive Design，" *Journal of Economic Perspectives*，1993，vol. 7 （4）：113 –134.

［107］Simon，H.，J. G. March，*Organizations*，New York：Wiley-Blackwell，1958.

［108］Snijders，C.，W. Raub，"Revolution and Risk：Paradoxical Consequences of Risk Aversion in Interdependent Situations，" *Rationality and Society*，1998，vol. 10 （4）：405 –425.

［109］Stein，C.，H. Ernstson，J. Barron，"A Social Network Approach to Analyzing Water Governance：The Case of the Mkindo Catchment，Tanzania，" *Physics and Chemistry of the Earth*，2011，vol. 36 （14）：1085 –1092.

［110］Sugden，R.，*The Economics of Rights，Co-operation and Welfare*，Basingstoke：Palgrave Macmillan，2004.

［111］Szolnoki. A.，M. Perc，"Impact of Critical Mass on the Evolution of Cooperation in Spatial Public Goods Games，" *Physical Review*，2010，vol. 81 （5）：1 –4.

［112］Thacher，D.，"Interorganizational Partnerships as Inchoate Hierarchies: A Case Study of the Community Security Initiative," *Administration & Society*, 2004, vol. 36 (1): 91 – 127.

[113] Thompson, G. , *Markets, Hierarchies and Networks: The Coordination of social life*, Sage, 1991.

[114] Thompson, J. D. , *Organizations in Action: Social Science Bases of Administrative Theory*, Routledge, 2017.

[115] Toledo-Bruno, A. G. *Linking Social and Biophysical Variables of Water Governance: An Application of the Model*, State University of New York College of Environmental Science and Forestry, 2009.

[116] Uitto, J. I. , A. M. Duda, "Management of Transboundary Water Resources: Lessons from International Cooperation for Conflict Prevention," *Geographical Journal*, 2002, vol. 168 (4): 365 – 378.

[117] Ulibarri, N. , T. A. Scott, "Linking Network Structure to Collaborative Governance," *Journal of Public Administration Research and Theory*, 2016, vol. 27 (1): 163 – 181.

[118] United Nations Development Programme, Regional Bureau for Europe and the CIS. *The Shrinking State: Governance and Sustainable Human Development in Europe and the Commonwealth of Independent States*, UNDP, 1997.

[119] Van Assen, M. A. L. M. , C. C. P. Snijders, "The Effect of Nonlinear Utility on Behaviour in Repeated Prisoner's Dilemmas," *Rationality and Society*, 2010, vol. 22 (3): 301 – 332.

[120] Visseren-Hamakers, I. J. , "Integrative Environmental Governance: Enhancing Governance in the Era of Synergies," *Current Opinion in Environmental Sustainability*, 2015, vol. 14: 136 – 143.

[121] Walker, B. , C. S. Holling, et al. , "Resilience, Adaptability and Transformability in Social-ecological Systems," *Ecology and Society*, 2004, vol. 9 (2): 1 – 9.

[122] Waugh, W. L. Jr. , G. Streib, "Collaboration and Leadership for Effective Emergency Management," *Public Administration Review*, 2006, vol. 66 (s1): 131 – 140.

[123] Whitman, K. M. , *Regional Sustainability Assessment: Improving Col-

laboration and Coordination Across Watershed Plans in the Spokane River Basin, Washington State University, 2013.

[124] Wilson, J. Q. , *Political Organizations*, Princeton University Press, 1995.

[125] Yin, R. K. , *Case Study Research*, SAGE Publications, Inc, 2008.

[126] Yoeli, E. , M. Hoffman, D. G. Rand, et al. "Powering up with Indirect Reciprocity in a Large-scale Field Experiment," *Proceedings of the National Academy of Sciences*, 2013, vol. 110 (S2): 10424 – 10429.

[127] Zeng, W. , M. Li, N. Feng, "The effects of Heterogeneous Interaction and Risk Attitude Adaptation on the Evolution of Cooperation," *Journal of Evolutionary Economics*, 2017, vol. 27 (3): 435 – 459.

后　记

　　自 2011 年至今，不知不觉我与母校南京大学的缘分已有九年之久。九年前，南京大学以其诚朴与包容为一个曾经随波逐流、惝恍迷离的年轻人提供了一处心灵居所，向其展示了学术研究的魅力与通途。在南京大学的三年硕士和五年博士学习生涯是我最为充实快乐的日子，同时南京大学丰厚的学术底蕴与济济英才又让我因自己的才疏学浅、治学乏术而日日羞愧惶恐，九年的时光就在这快乐与痛苦的交织中转瞬即逝。

　　回顾研究生学习生涯，最应感谢的人是我敬爱的、亲爱的导师庞绍堂教授。庞老师高尚的学术品格、勤谨的治学态度、渊博的学术见识、宏阔的学术视野持续不断地感染和指引我，是九年来鼓舞和激励我在学术之路上不断前行的最大动力。本书是在我的博士毕业论文基础上完成，受到了庞老师耐心、细致与精辟的指导，浸透了恩师的心血与汗水。经师易遇，人师难得，恩师与师母在生活上对我尤为关心。平时生活中，恩师对我谆谆如父语，殷殷似友亲，在我遇到困难时给予我极大的帮助。恩师是我求学生涯和人生之路上有幸遇见的好导师、好长辈，在此向恩师和师母表示最诚挚的感谢！

　　我的博士毕业论文受到答辩委员会各位专家和南京大学政府管理学院诸位老师的集体指导和影响，在此我要特别感谢欧名豪教授、刘祖云教授、孔繁斌教授、周建国教授、张海波教授、陈志广教授、张乾友教授、朱春奎教授、程倩教授等的帮助和指导。各位老师从论文标题到文章结构、研究方法、行文写作为我提供了大量的指导与建议。我在这个过程中的收获远远超出完成一篇博士论文，这些启迪与收获将持久地影响我今后的研究工作。同时，我也要感谢三位匿名评审专家对本书的中肯的批评与建设性的意见。

　　我还要感谢国家留学基金委提供的赴美访学一年的机会，如果没有这次访学经历，我也许可以提前两年毕业。但是，正是这次访学经历开拓了我的学术视野，近距离见识了美国公共行政领域的学者们对于公共事务治理的热诚。在此，我要特别感谢两位女性学者，分别是我在印第安纳大学布鲁明顿分校访学时的导师 Lisa Blomgren Amsler 教授和亚利桑那大学的 Kirk Emerson 教授。在与两位教授的交流和探讨过程中，我逐渐形成了博士论文的研究视角和基本研究思路。同时这两位女性学者的经历和表现出的学术热情给予了我很大激励。在美国新冠肺炎疫情肆虐的当下，希望她们一切安好。

　　接下来我要感谢我的小伙伴们。博士求学期间，我非常幸运地结识了一群在学术和生活上相互关心、互帮互助的小伙伴们。在此，感谢肖哲、熊烨、张弘对于这篇博士论文提供的建议和帮助，感谢以杨志为代表的政府管理学院 2015 级公共管理专业博士生同学们，感谢以孟荣芳为代表的同门师兄弟姐妹。我非常珍惜与小伙伴们相遇相知、相互学习、彼此鼓励的岁月。

　　最后，我要感谢一直以来给予我无私支持和关爱的亲人们——我的母亲、姐姐和王鑫同学。这个社会在舆论上对女博士常有苛刻之语，但我的亲人们从未给过我任何世俗和现实的社会压力，而是给予我无限的宽容，无条件地支持我在热爱的领域自由和尽情地探索。在我最困难的时候，她/他们是我最坚实的后盾，给予我最无私的爱。本书献给你们。

余益伟

2020 年 8 月 3 日于南京仙林